건축설계방법론

신창훈 · 도규환 · 이재국 · 이원근 · 홍석주 공저

기문당

머 리 말

건축물은 과거에서 현재까지 각 시대의 건축형태들과 기술들이 모여서 집성된 것으로 표현되며, 시대의 흐름에 따라 공간구성도 다양하게 변화되고 있다. 건축은 필요한 공간구성을 합리적으로 배열하여 그 공간이 사용상 지장이 없고, 건물의 외형이 주위 환경과 잘 어우러지는 아름다운 형태일 때 우리는 잘 표현된 건축물이라 말한다. 이 필요한 공간을 합리적으로 배열하고 아름다운 건축물의 형태미를 만드는 작업은 많은 설계작업의 반복에 의해 이루어진다.

이 책은 건축설계를 처음 접하는 학생이나 교육실습생들을 대상으로 설계과제를 어떤 방법으로 풀어가야 해결할 수 있는지 몰라 곤란을 겪고 있는 이들에게 길잡이가 되었으면 하는 바람으로 집필한 것이다. 건축설계는 매우 어려운 작업이고, 설계 방법도 매우 다양하지만 건축설계를 하기 위해 필요한 준비과정과 구상하는 방법들을 가르치는 것은 가능하다고 생각한다.

이 책에서는 건축설계를 진행하기 위한 방법으로 먼저 알아두어야 할 건축디자인의 구성요소인 형태, 비례, 균형, 스케일 등에 관해서 설명하였고, 건축설계 접근방법으로 대지 조건과 분석, 공간개념과 실의 배치, 평면계획, 그리고 건축물 내부의 각 부분 설계와 설계 보고서인 프레젠테이션까지 이해할 수 있도록 설명하였으며, 마지막 장에는 건축설계 제도를 삽입하여 도면 연습과 도면 표현방법을 알 수 있도록 하였다.

이번 개정판은 설계 제도의 도면 표현방법들을 수정하고 보완하여 좀 더 정확한 도면의 내용을 전달할 수 있도록 하였다. 자료는 선배 제현들의 저서와 외국서적을 참조하였으며, 앞으로 계속 보완하여 건축설계 방법에 좀 더 도움이 되는 책이 되도록 노력할 것이다.

끝으로 이 책이 나오기까지 여러 조언을 해주신 교수님들과 자료수집을 도와준 조교들과 학생들, 그리고 출판해주신 기문당 사장님께 감사드립니다.

2018. 3 저자

Contents

제1장

건축디자인 구성요소

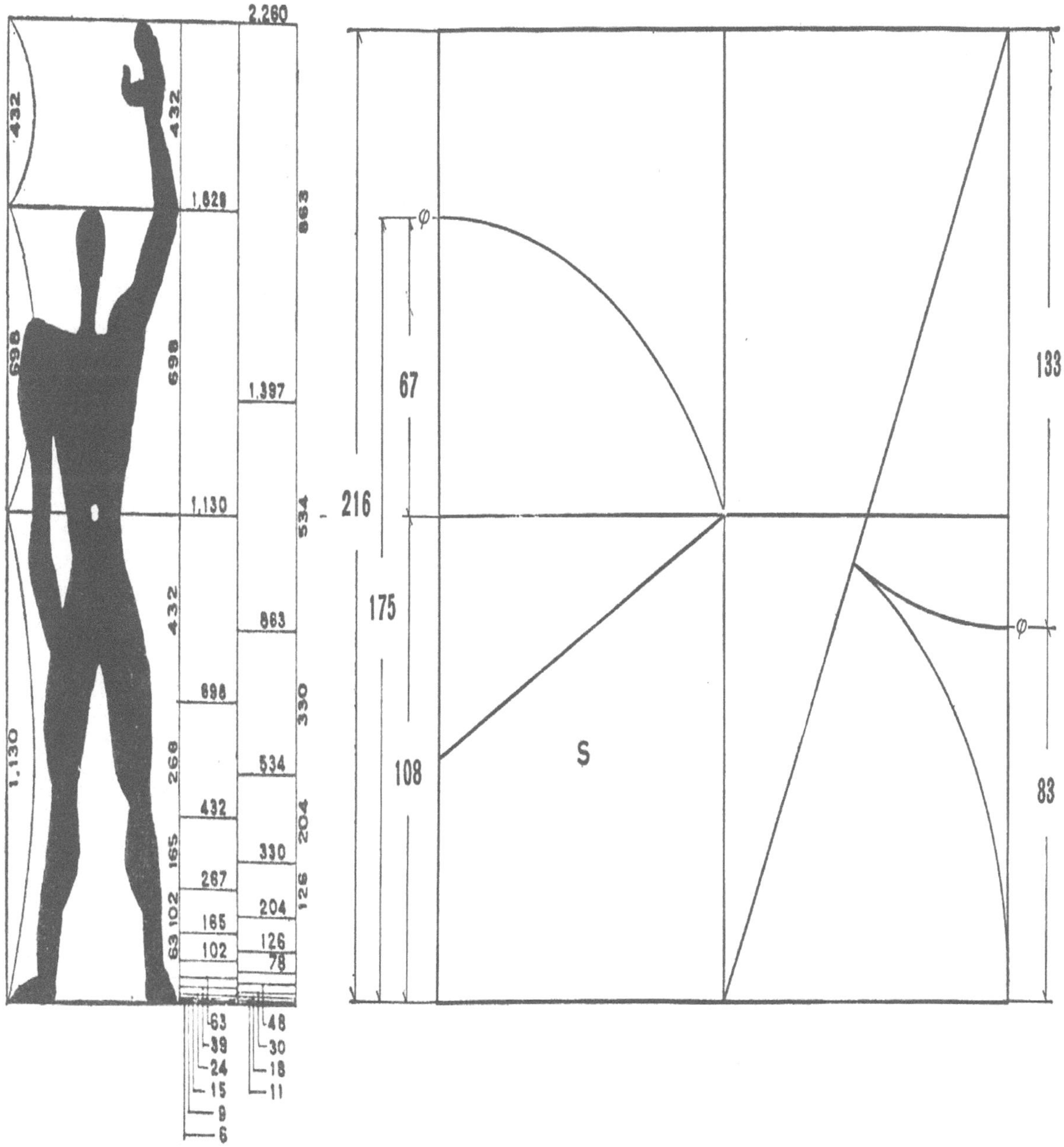

디자인(Design)은 주어진 목적에 맞게 계획을 세워서 실체화시키는 것으로 설계 의장, 도안을 뜻하며, 라틴어의 데시그나레(Designare)인 "표현하다"라는 뜻이다. 이 디자인이란? 새로운 것을 창조하는 행위에서 유래된 말이며, 디자인은 건축물이나 구조물 또는 각종 기계장치 등의 요구조건들을 만족시키고 합리적이며 경제적인 설계도를 작성하는 것을 나타낸다.

디자인의 개념은 넓은 의미에서 보면 인류의 역사와 어우러져 시작되었다고 생각해볼 수 있다. 디자인의 발전은 인류가 도구를 사용하고, 주위환경에 적응하기 위해 공간(집)을 만들고, 만든 공간을 구획하기 위해 계획하는 것, 이 모든 것들이 디자인에 포함되는 것이다. 디자인이란 용어는 1919년 건축가 발터 그로피우스(Walter Gropius)가 미술학교와 공예학교를 병합하여 바우하우스(Bauhaus)를 설립하고 예술과 건축기술을 종합한 건축의 디자인 교육이 체계화되면서 근대 디자인(Modern design)이라는 용어가 본격적으로 사용되기 시작하였으며, 현대 건축, 조형예술 분야에도 많은 영향을 주었다.

디자인이란 예술과 건축기술의 혼합체로 여러 상황 속에서 가장 합리적인 해법을 찾는 계획과정이라 할 수 있으며, 주위의 조화와 이상적인 형태로 표현되어야 한다.

건축에 있어서 어떤 형태를 객관적으로 정확하게 표현하고자 할 때는 가늘고 명확한 선에 의해 표현된다. 선은 형태의 외형을 나타내는 윤곽선이나 면에 숨어 있는 은둔선 또는 면의 경계를 표현하는 경계선 등이 있다.

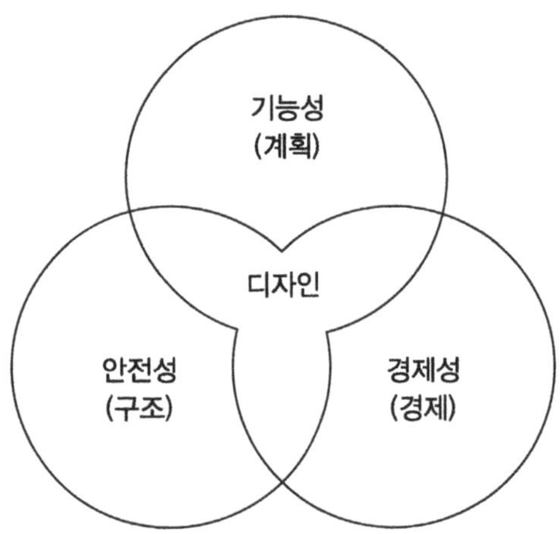

계획과 구조와 아름다움과 경제성이 하나로 조합된 디자인 설계

그림 1-1 건축디자인의 구성요소

1.1 점 Spot,Point

점은 어떤 위치만 표시되고 점 자체의 크기는 표현되지 않는다. 점은 가장 간단한 단위로 임의의 위치를 지정하며, 이 위치의 주위에서 팽창과 수축의 활동성 잠재에너지에 의해 공간성의 존재를 인지하게 된다. 정확한 위치를 표시하기 위해서는 점은 작게 찍어야 하며, 작은 점의 위치를 잘 표현하기 위해서는 점에 위에 ✓를 하거나 점에 작은 원을 그리거나 짧은 두 직선을 그 점에 교차시켜 표현한다.

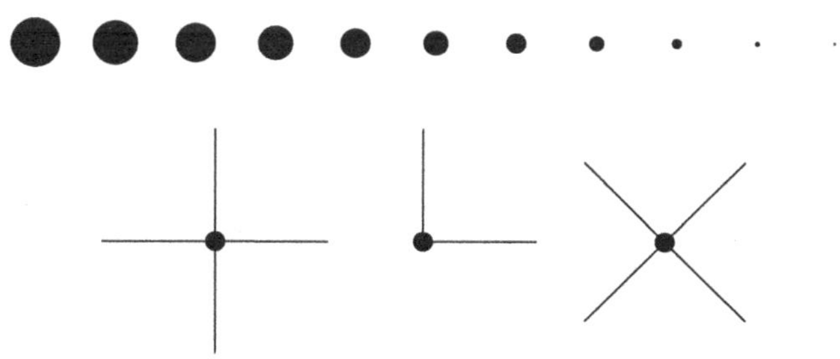

그림 1-2 점의 표시법

1.2 선 Line

임의의 두 점을 최단거리로 연결하면 선이 된다. 이 선은 직선으로 두 점을 연결하며 곡선에 비해 반듯하고 단순명쾌한 느낌을 준다. 선은 항상 시작과 끝이 있으며 길이와 방향성을 갖고 있는 가장 기본적인 표현요소이다.

건축도면에서 선은 형태와 굵기에 의해 결정되고, 이 선들의 종류에 따라서 도면에서 각기 다른 의미를 나타낸다. 선은 기본적으로 실선, 파선, 점선, 쇄선이 있다.

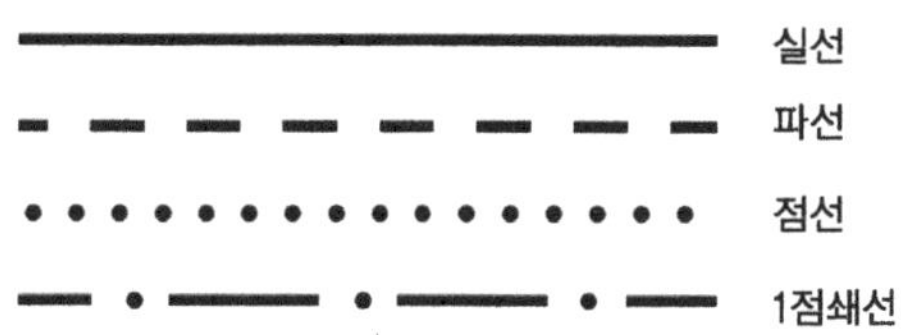

그림 1-3 선의 종류

1·2·1 실선

실선은 보여지는 모든 건축 구성요소들의 형태 외형선과 단면선, 경계선 등에 사용된다. 건축도면에서 형태의 외각표면 윤곽선, 치수보조선 등은 가는 실선으로 표현하고, 단면의 윤곽선은 굵은 실선, 지표면(GL. Ground line)이나 테두리선 등은 더 굵은 실선을 사용한다.

1·2·2 파선

파선은 건축물의 숨겨진 부분이나 바라보는 방향에서 보이지 않게 가려진 부분, 도면 상부의 모양이나 형태 등을 표현할 때, 계단실 상세에서 계단참 등을 표현할 때 사용한다. 파선의 선분은 일정한 등간격으로 띄어 표현하는데, 파선의 띄는 간격보다 짧은 실선의 길이를 약간 길게 표현한다.

1·2·3 점선

점선은 각층의 평면도나 단면도에서 층높이가 달라서 표현되지 못한 부분이나 표현상 잘린 부분의 아래에 가려져 있는 건축물의 외형선 등을 표현하기 위해 사용한다. 점선은 둥근 점이나 아주 짧은 실선을 반복 사용하여 표현하며, 점이나 짧은 실선보다 띄는 간격을 약간 넓게 표시한다.

1·2·4 쇄선

쇄선은 부재나 단면의 중심선과 경계선, 절단면을 표현하는 데 사용한다. 쇄선에는 일점쇄선과 이점쇄선이 사용되며 이 쇄선들은 서로를 구분하기 위해 사용한다. 쇄선은 짧은 실선 사이에 점을 일점쇄선 하나를, 이점쇄선은 점 둘을 일정한 등간격으로 사슬고리와 같이 이어진 선으로 표현한다.

1.3 형태 Form

선은 방향성을 갖고 이동하며, 이 선이 수평이나 수직, 사선, 회전 등으로 이동하여 그리는 자취의 궤도가 면(Plane)이 된다. 이 면들은 서로 조합되거나 구성되어 공간을 갖춘 형태를 만들게 된다.

형태는 어떤 사물의 생김새나 모양을 나타내며, 입체적인 3차원 요소를 갖고 있기 때문에 공간을 형성하게 된다. 평면적인 모양(Shape)은 2차원적인 평면윤곽인 사물의 모습이 가지는 이미지(Image)라는 의미로 사용되며, 형태는 3차원적으로 입체화된 것을 말한다. 형태는 자연의 현상을 가지는 자연적인 형태, 인위적으로 디자인된 기하학적인 형태, 인위적인 형태들이 조합되어 의미화시킨 추상적인 형태, 자연의 현상이나 생물체처럼 전체를 구성하고 있어서 서로를 떼어낼 수 없는 유기적인 형태 등으로 구분한다.

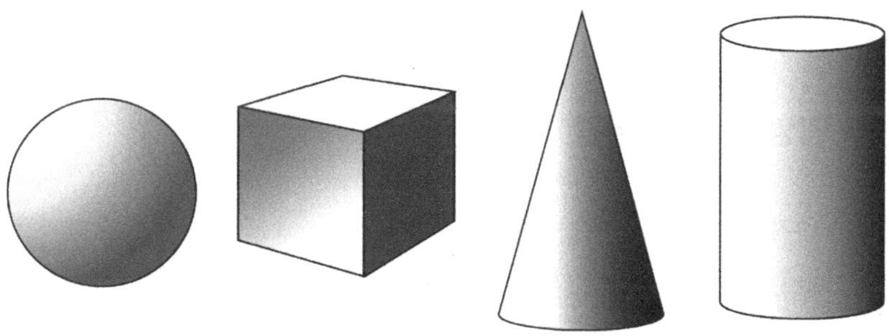

(a) 유클리드 기하학적 형태

(b) 자연적 형태

(c) 기하학적 형태

(d) 추상적 형태

그림 1-4 형태

1.4 명암 Tone과 질감 Texture

햇빛이 존재하는 모든 곳에는 양지와 음지(Light and Shade)가 존재하여 사물에 명암이 존재하고, 이 빛과 색채, 사람의 오감에 의해 사물의 질감을 느끼게 된다.

명암은 빛과 그림자에 의해 표현되어지며, 밝음과 어두움의 차이가 클수록 시선을 끌게 되고, 미적이나 감정적, 심리적 변화를 주게 된다. 건축물에서 이 명암은 빛과 음영의 대비를 이용하여 건축공간미와 건축형태미를 표현할 수 있는 중요한 요소 중의 하나이다.

질감은 흡수하거나 반사되는 빛과 색채 그리고 인간의 오감에 의해 시각이나 촉각에 의해 느끼고 알 수 있는 것이다. 질감은 재료의 재질 차이에 의해 느껴지는 독특한 느낌을 줄 수도 있다. 건축물 외부나 내부에 사용하는 재료의 질감과 재질에 따라 건축물의 외부형상이나 실내공간의 느낌도 매우 다르기 때문에 건축물 디자인에 매우 중요한 요소로 생각할 수 있다.

(a) 물체와 명암 (b) 건물의 명암과 질감

그림 1-5 명암과 질감

1.5 매스 Mass와 볼륨 Volume

매스란 부피를 가진 하나의 덩어리로 평면적인 모양을 기본으로 해서 입체적인 질량감을 가진 덩어리를 말한다. 예를 들면 사각형의 평면적인 모양에 사각의 입체적 형태는 육면체이다. 이와 같이 매스는 사각형이나 원, 삼각형, 다각형 또는 여러 모양을 합친 것 등의 모양이 입체화된 것들이다. 매스 크기(Mass Size)는 매스가 놓이는 주변의 다른 사물들과 비교되는 상대적 개념이므로 사용목적과 주위의 환경들과 적절하게 어우러지거나, 또는 상징적인 목적으로 크기를 매우 크고 높게 결정하기도 한다.

볼륨은 기본적으로 사물의 공간을 나타내는 부피의 개념으로 사용되어 진다. 이 부피의 개념은 시각을 통해서 얻어지는 양(Quantity)의 감각인 용적의 느낌으로 주어진다. 그러므로 볼륨은 3차원적인 공간개념이다.

수평부재인 바닥면과 천장면, 그리고 수직부재인 기둥이나 벽체에 의해 구성된 공간형태가 공간의 폭이 넓거나 공간의 깊이가 깊거나 또는 공간의 천장고의 높이가 높으면 우리 눈에 공간의 볼륨은 매우 다르게 보여주게 된다. 설계를 할 때는 이 서로 다른 볼륨을 어떻게 표현하여 건축물에 설계자가 구상한 공간표현의 의지가 제대로 표현될 수 있을까 고민하지 않으면 안 된다.

건축은 공간개념이므로 설계자는 자기가 구상한 공간개념에 기초를 두고 건축물의 형태와 공간을 서로 잘 조화시켜 아름답다 라는 느낌을 줄 수 있어야 한다.

TWA 터미널(JFK공항) 외부와 내부

그림 1-6 매스와 볼륨

1.6 비례 Proportion

자연에 존재하는 사물의 넓이, 부피, 양 등의 모든 크기(Size)는 우리 인간의 신체 크기에 비례하여 그것들의 크기를 말하게 된다. 건축물은 건축물을 구성하는 각 요소(기둥, 보, 바닥, 지붕, 문, 창 등)들이 어우러져 하나의 건축물을 구성하게 된다. 이 건축물의 각각의 요소들이 서로 잘 어우러져 있을 때에 건축물이 아름답다고 생각되고 느끼게 될 것이다.

아름다움이란 각 요소들이 부분(Part)과 부분, 부분과 전체(Total)의 크기 관계가 시각적으로 잘 어우러졌을 때 아름답다고 말하고, 이 부분과 부분, 부분과 전체가 서로 아름답게 잘 어우러지는 각 요소들의 크기 관계를 비례라 한다.

그림 1-7 파르테논 신전

건축물은 건축물을 구성하는 기둥, 보, 바닥판, 벽, 창, 문 등의 각 요소들이 서로 결합되어 하나의 건축물을 만들게 된다. 이 건축물의 각 요소들이 서로 조화를 이루어 연결되었을 때, 우리는 이 건축물이 "아름답다 또는 예술적이다." 라고 느끼는 것이다.

건축에서 각 요소들이 서로 잘 조화되게 하기 위해서는 건축물에서 각 요소들의 비율은 어떻게 할 것인가? 한 층의 높이는 얼마로 하고 기둥의 크기와 높이, 그리고 기둥의 간격, 보의 크기, 벽면 창의 크기, 문의 크기, 지붕의 크기 등 설계단계에서 각 부분들의 크기를 수학적 비율로 설계할 때 적용시키는 치수와 단위 등의 일정한 모듈(Module)을 만들 필요성으로 인해 건축물이 가장 아름답게 보이는 비례와 수학적인 관계를 생각하게 된다.

1·6·1 황금비 Golden Proportion

황금분할(Golden section)은 자연이나 건축물, 미술작품 등의 형태미(The beauty of form)를 규정하고 있는 각종 비례 중에서 가장 이상적인 비례법이라 하여 황금비라 하고, 작도 기호로는 그리스 문자 Ø를 사용한다. 황금분할을 기하학의 명제로 설명한 사람은 그리스의 기하학을 대표하는 유클리드(Euclid)로 그는 기원전 300년경의 사람이다.

유클리드의 황금분할 해법은 임의의 평행선 AB의 황금분할점 Ø를 찾기 위해서는 선분 AB를 2등분(AB/2)하고, B점에서 수직으로 AB/2 만큼 이동하여 C점을 잡고 A점, B점, C점을 연결하는 직각삼각형을 만든다.

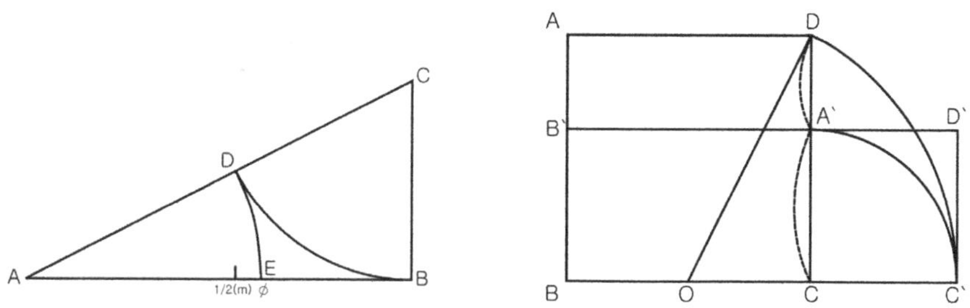

(a) 유클리드 직선의 황금분할 (b) 사각형의 황금분할

그림 1-8 황금분할

점 C를 중심으로 길이 BC를 반경으로 원호를 그려 직선 AC와 만나는 점을 D라 한다. 그리고 점 A를 중심으로 길이 AD를 반경으로 원호를 그려 직선 AB와 만나는 점을 E라 하면

$$BE : AE = 1 : \varnothing \quad (\fallingdotseq 1.61803....)$$

이다. 이 수식관계를 황금비라 한다.

또한 사각형의 황금분할은 정사각형의 밑변을 이등분하고, 이 점에서 상부 모서리까지의 대각선을 반경으로 원호를 그려 정사각형 밑변의 연장선과 만나는 점을 기준으로 직사각형을 만들면 황금비에 맞는 사각형을 찾을 수 있다.

1 · 6 · 2 인체와 황금비 Golden Proportion

자연에서 모든 크기와 비례관계는 인간의 신체치수에 비례되어 표현되고, 이 인체치수의 비례를 가장 이상적으로 생각하고 이를 황금분할(Golden section)이라 한다. 황금비는 인체비례(Body proportion)와 매우 밀접한 관계를 가지고 있다.

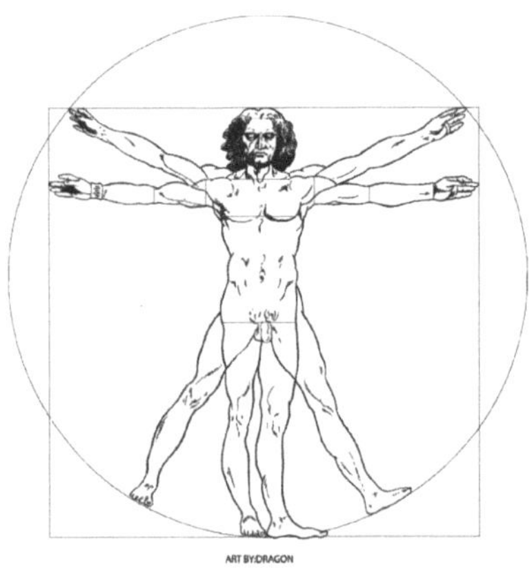

(a) 레오나르도 다빈치의 비트루비우스적 인간

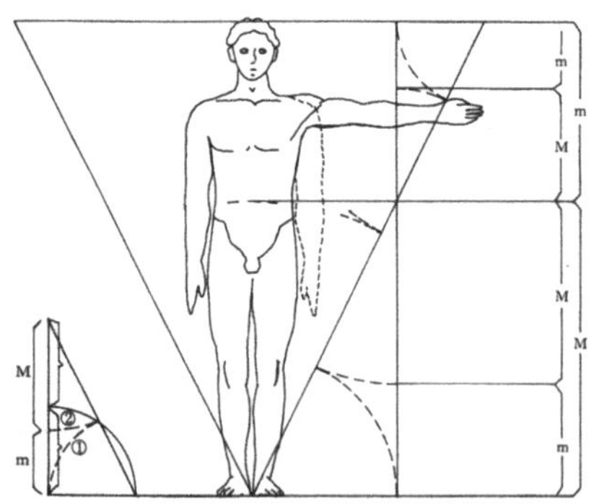

(b) 자이징(Zeising)의 인체비례

그림 1-9 인체의 황금비

수직과 수평이 2:1인 직각 삼각형을 이용하여 수직길이를 황금비로 나누면, 인체의 양팔을 벌린 길이는 키와 거의 같으며 인체의 배꼽은 상체와 하체를 황금비(m:M)로 나누고 있다.

그리스, 로마의 인체조각상들은 머리의 크기를 1로 하여 전신을 8단계로 분할하여 황금비로 제작되었다. 인체의 머리 치수를 전신의 1/8인 8등신으로 표현하고 머리에서 배꼽까지 길이를 3, 배꼽에서 발까지 길이가 5일 때 가장 이상적인 아름다움으로 비율 5:3은 황금비의 근사값에 가깝다.

1.7 균형과 대칭 Balnce & Symmetry

균형이란 좌우대칭으로 배치되어 생기는 중력적인 대칭을 말한다. 균형도 어느 한쪽으로 기울거나 치우치지 않은 평형상태로 무게중심이 정중앙에 위치하는 경우(축을 중심으로 좌우가 완전 대칭을 이루는 균형)와 중심의 이동에 의해 평형을 이루는 경우(축을 중심으로 좌우가 비대칭적인 균형)가 있다.

건축물에도 균형은 대칭균형과 비대칭균형이 존재한다. 건축에서 대칭균형은 기준 축을 중심으로 좌우의 거리가 동일한 가장 일반적인 형식으로 질서와 균형미를 갖는다.

이 대칭균형의 건축물은 종교건축물, 기념건축물, 권력과 법을 나타내는 정적이고 균형잡힌 건축물의 설계에 주로 사용되었다.

비대칭균형은 기준 축을 중심으로 좌우의 거리나 모양의 형태가 동일하지는 않지만 면적이나 대립되는 개체들이 한쪽에 몰려 있지 않고 평형에 가깝게 균형잡힌 모양을 말한다. 이 비대칭균형의 건축물은 동적인 느낌을 주어, 대칭균형의 웅장하고 단순한 단조로움을 탈피한 다양하고 역동적인 느낌을 줄 수도 있다.

(a) 보룸스 대성당(비례)

(b) 아그라의 타지마할 영묘(대칭)

그림 1-10 비례와 대칭

1.8 스케일과 모듈 Scale & Module

스케일이란 원래 일이나 계획에 틀이나 범위, 규모, 크기를 표현하거나 치수나 측정용 기구, 자 등을 말한다. 그리고 실물과 그린 도형과의 비율을 뜻하기도 한다.

건축에 있어서 스케일은 우리 눈의 시각적 요소를 크기에 대한 값으로 표현 할 때 사용한다. 건축물은 주변상황에 따라 크기의 감각을 각각 다르게 느끼게 된다.

고층 빌딩이 있는 실외 공간에서 보는 느낌과 전원주택이 있는 실외공간에서 느끼는 느낌은 전혀 다른 크기의 느낌을 주게 된다. 이와 같이 스케일감은 사람의 신체 치수 조건과 시각적인 요소에 따라 다르게 표현된다.

우리는 설계할 때 필요한 실의 공간 크기를 실제 치수보다 너무 크게 표현하거나 작게 표현할 때 스케일감이 부족하다라고 말한다. 이 스케일감이란 인간의 신체적인 조건에 맞는 인체공학적 치수 스케일을 말하며, 이를 휴먼스케일(Human scale)이라 한다.

실내공간에 있어 스케일감에 영향을 주는 요소는 수평면적에 대한 높이인 천장높이의 변화에 따라 실내공간이 주는 느낌은 각각 달라진다. 그러므로 실내 공간의 사용목적과 기능에 따라 공간스케일감도 달리해야만 한다.

모듈이란 기존 치수나 기존 치수와의 조정을 위해 새로 선정하여 사용할 치수단위를 말하며, 인체공학적 치수인 휴먼 스케일(Human scale)에 맞는 합리적인 치수와 구조, 기능 등에 맞아야 한다. 그리고 모듈은 건축의 생산수단으로 모든 기준 치수의 집성으로 이 모듈을 사용하여 건축물의 모든 부위의 치수와 재료치수, 가구치

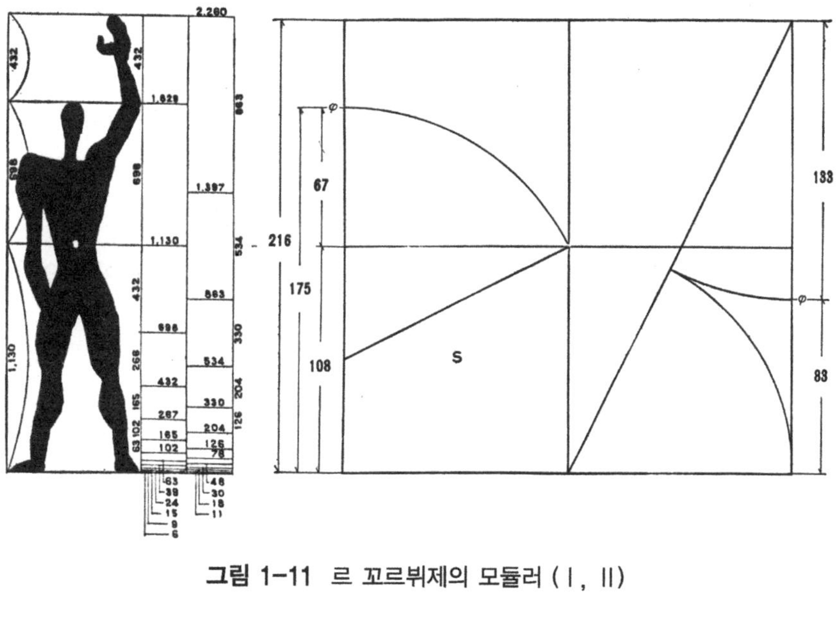

그림 1-11 르 꼬르뷔제의 모듈러 (I , II)

수 등을 규격(Standard)화하여, 공장제품으로 양산하여 사용함으로써 건축물의 공기를 단축시킬 뿐만 아니라 유지 · 보수도 쉬우며 생산단가도 저렴하게 할 수 있다.

이 모듈은 치수조정(Dimensional coordination)이라 하고, 이 치수조정의 장점은 · 설계작업의 단순화와 편리성, 부재나 재료, 가구 등의 대량생산이 용이하고 생산단가를 저렴하게 할 수 있으며, 현장작업이 간단하고 단순해지며 공기가 단축된다.

1.9 기본도형의 형태

건축물의 기본도형 형태는 각형(a Square shape)이나 원형(Circle shape), 그리고 이 2가지 유형의 조합들에 의해 이루어진다.

각형(a Square shape)이란 직선 3개가 각각의 각을 가지고 만나면 3변과 3각을 가지는 가장 기본적이고 단순한 삼각형(Triangle) 도형을 만들 수 있으며, 여기에 각을 갖는 변이 추가되면 사각형, 오각형, 육각형 …… 등 많은 각을 갖는 다각형(Polygon)을 만들 수 있다.

1 · 9 · 1 삼각형 Triangle

삼각형은 모든 직선도형 중에서 모서리수가 가장 적고 단순한 형태로 3개의 점이 주어지면 이 점들을 직선으로 연결하여 얻을 수 있는 도형이다. 삼각형은 모든 직선도형들을 삼각형으로 나눌 수 있어, 임의의 다각형을 여러 개의 삼각형으로 나누어서 면적계산에 이용하고 있다. 그리고 삼각형은 형태적 안정감을 주며, 그 형태는 예리해보이므로 디자인에서 강하고 예리한 조형감을 준다.

삼각형의 기본 종류는 정삼각형, 직각삼각형, 직각이등변삼각형 등이 있으며, 그 이상의 삼각형을 조합하여 사용하기도 한다.

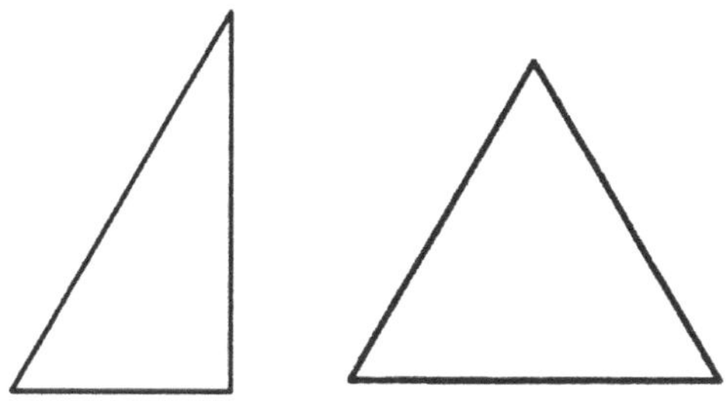

(a) 정삼각형, 직각삼각형

(b) 피라미드

(c) 루브르박물관 피라미드 외부와 내부

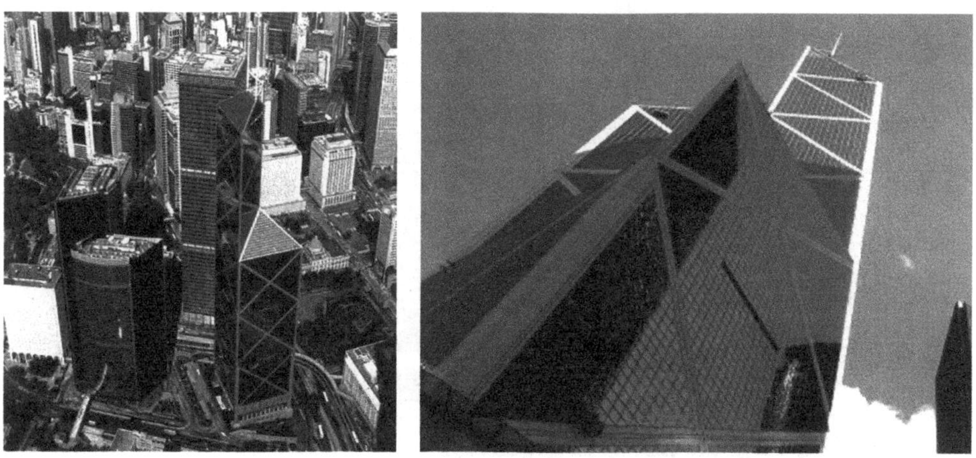

(d) 중국은행 타워

그림 1-12 삼각형의 도형과 건축물

1·9·2 사각형 Quadrangle

사각형은 삼각형에 각을 가지고 있는 변이 하나 추가되어 이루어지는 형태로, 각(Angle)과 변의 수가 적은 간단한 기본 형태로서 넓은 공간감을 느낄 수 있는 형태이다. 이 사각형의 4개의 각이 모두 직각에 가까울수록 사용하기 좋으며, 직각일 때가 가장 공간감이 좋다. 사각형의 종류에는 많은 형태가 있으나 기본적인 형태는 정사각형과 직사각형이다.

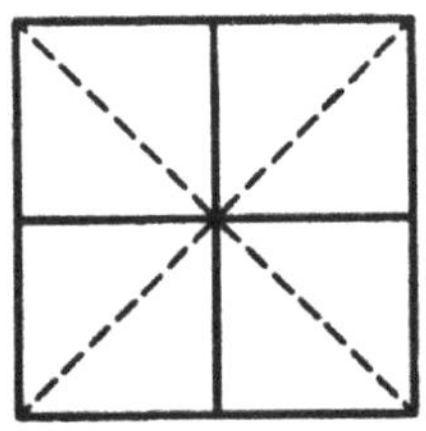

(a) 정사각형

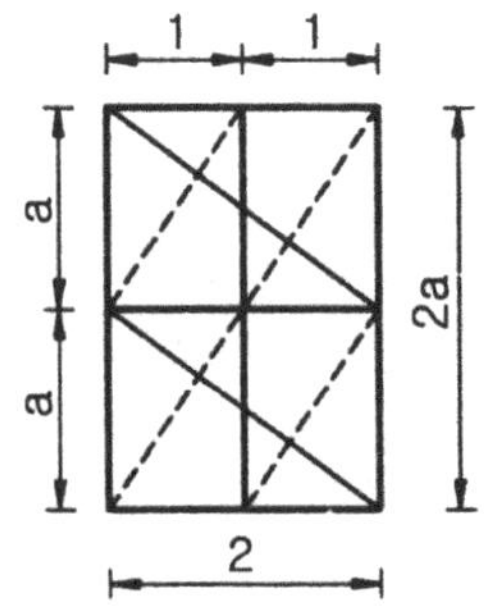

(b) 직사각형

(c) 시그램 빌딩

(d) 860,880아파트

그림 1-13 사각형의 도형과 건축물

정사각형은 상하좌우의 변의 길이가 모두 같고 대각선과 중심점에서도 대칭을 이루며 4각이 모두 직각으로 이루어진 형태로 균등과 질서를 표현하기도 한다.

직사각형은 정사각형이 가로, 세로방향으로 변형된 형태로 가장 사용성이 좋으며, 가로와 세로의 비율에 따라 형태의 아름다움과 효율성을 달리한다. 직각사각형은 구형(矩形) 또는 방형(方形)이라 하고, 수직과 수평에 직각으로만 이루어져 있어 공간을 구획하거나 연결하기가 좋으며 가장 합리적이고 실용적인 형태이다.

직각사각형의 가로 · 세로비는 1:2 이하일 때 공간감과 효율성이 가장 좋다고 할 수 있다.

1 · 9 · 3 다각형 Polygon

다각형은 사각형에 각을 갖고 있는 변이 하나씩 추가되면 오각형, 육각형, 칠각형, 팔각형, ……, 다각형을 이루게 된다.

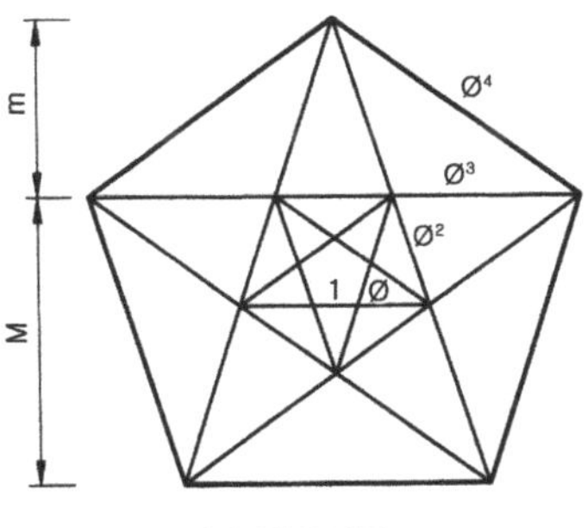

(a) 정오각형

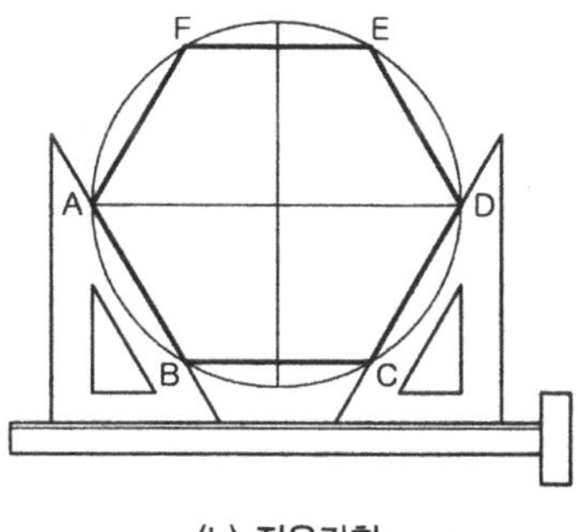

(b) 정육각형

(c) 미국 국방성 펜타곤(오각형 평면)

(d) 옥스퍼드 퀸스 대학 플로리빌딩(육각형 평면)

그림 1-14 정오각형, 정육각형 도형과 건축물

오각형(Pentagon)은 각을 갖고 있는 변이 다섯 개인 도형을 말하며, 정오각형이란 모든 각이 108°를 이루어 내각의 합이 540°인 도형을 말한다. 이 정오각형은 황금비와 밀접한 관계를 가지며 도형이 반듯하고 보기 좋은 질서감과 신비스러움이 있다.

육각형(Hexagon)은 변과 모의 수가 삼각형의 2배인 도형을 말한다. 정육각형은 모든 각이 120°이고 내각의 합은 720°인 도형이다. 이 정육각형은 눈의 결정이나 벌집모양 등으로, 정삼각형으로 분할하고 서로 연결할 수도 있는 형태의 구조로서 기능이 우수하고 조직적인 평면형태로 커다란 질서감을 준다.

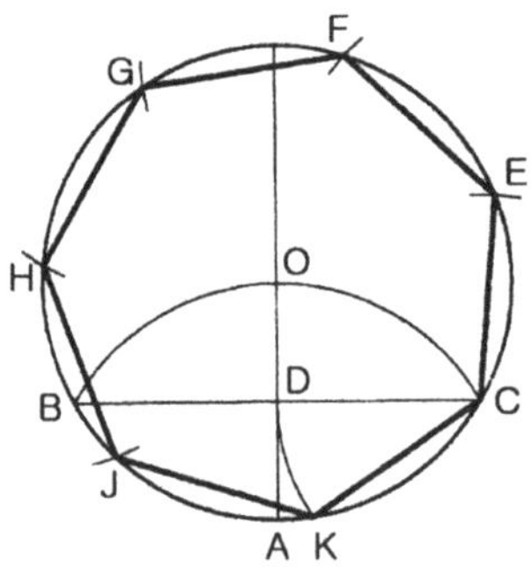

(a) 정칠각형

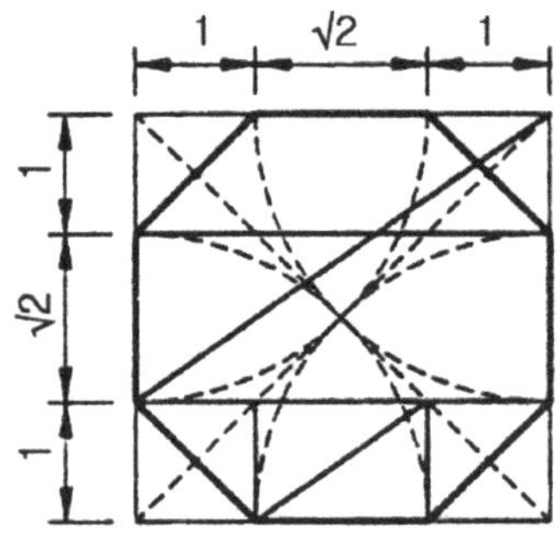

(b) 1: $\sqrt{2}$:1 비례의 정팔각형

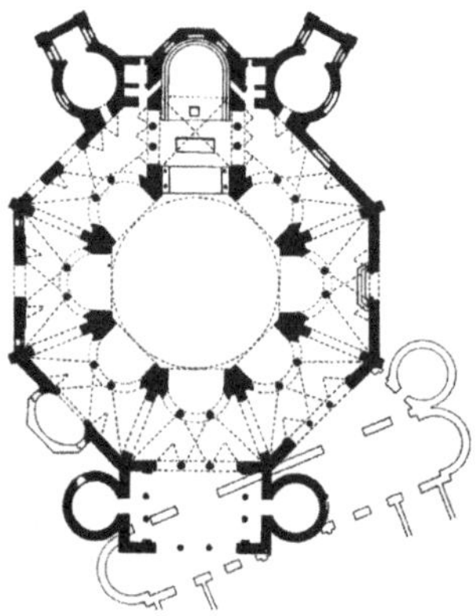

(c) 성 비타레 성당(팔각형 평면, 이탈리아)

그림 1-15 정칠각형, 정팔각형 도형과 건축물

칠각형(Heptagon)은 각을 가지고 있는 7개의 변으로 둘러싸여 있는 도형으로 홀수 다각형으로 독특하고 강인한 인상을 주는 신비감을 갖고 있는 도형이다.

팔각형(Octagon)은 변의 수가 사각형보다 2배인 도형이다. 이 팔각형은 직사각형이나 정사각형에서 타원팔각형이나 정팔각형을 유도할 수 있어서 매우 용도가 다양하며, 사각형의 딱딱함에서 원의 부드러움과 원만함에 접근되는 공간감이 매우 큰 형태이다.

1·9·4 원형 Circle

원형은 모든 형태에서 가장 부드럽고 원만·단순하고 구심적이며 가장 아름다운 형태이다. 원의 중심점에서 일정한 반경으로 둘러쳐져 구획된 원주(Circumference)는 공간을 한정해주고 완결성과 이상향을 상징하며 규범을 보여준다. 원이나 원호는 가장 그리기 쉽고 간편하고 편리하면서도 아름다운 곡선을 나타낸다. 원과 원호를 이용하여 반원 아치, 다중심 원호를 연결하는 여러 종류의 아치가 있으며 타원 등의 이용이 많다.

타원(Ellipse)은 원호(Circular arc)와 직선(Straight line) 또는 중심이 다른 두 원호를 연결할 때 연결점이 부드럽고 자연스러워야 한다. 이는 두 원호의 연결점에서의 공통법선 위에 반경이 다른 원호가 연결되어 접선이 일직선으로 겹쳐져야 한다. 타원은 원과 밀접한 관계를 갖는다. 원을 일직선 방향으로 원의 일정비례에 맞추어서 줄이거나 늘리면 타원을 만들 수 있다. 타원은 장축방향으로 역동성을 가지고 있어 진취적인 이미지를 보여준다.

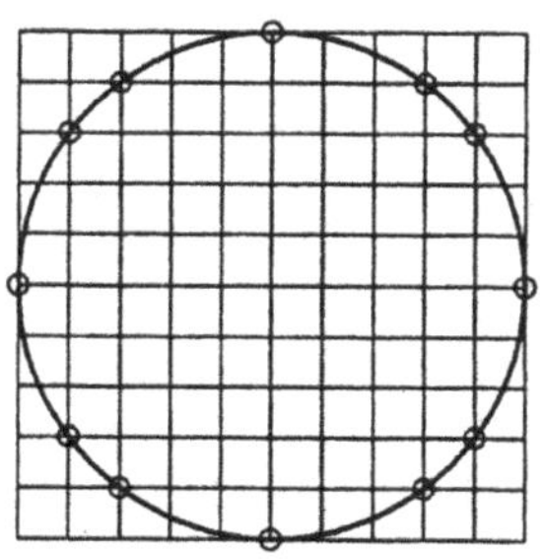

(a) 원의 스케치

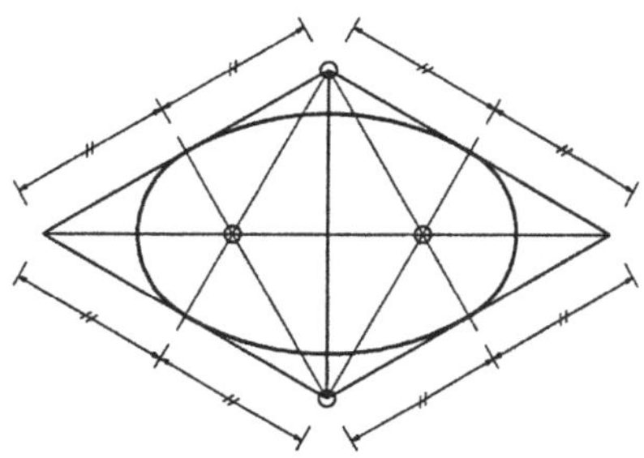

(b) 2곡률 유사 타원

그림 1-16 원과 타원

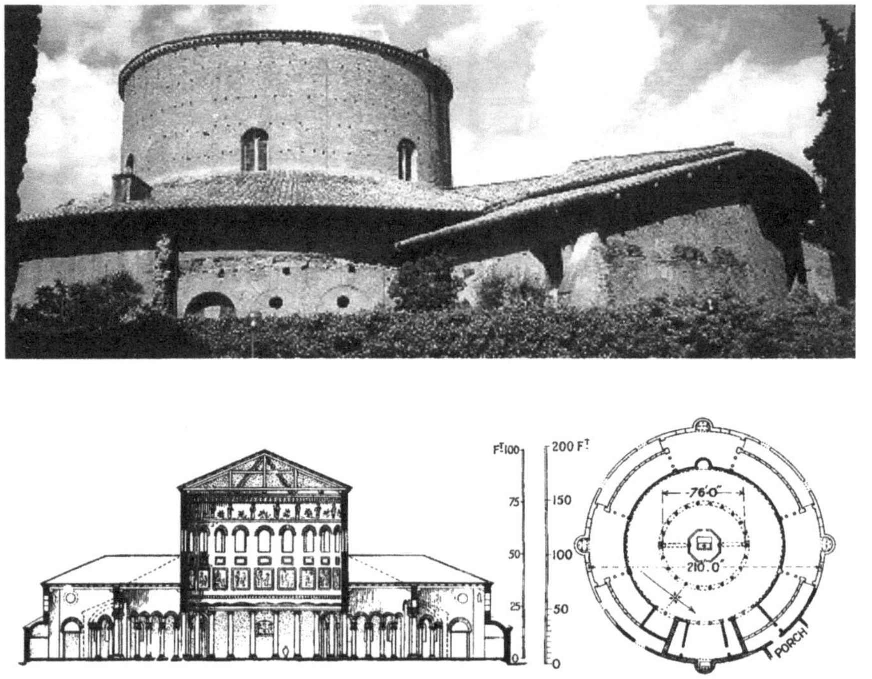

그림 1-17 스테파논 로톤도교회(원형평면)

오금원(Pentalled form)은 크기가 동일한 작은 원들이 큰 원틀 속에 균등하게 배열되어 꽃잎 모양의 윤곽선을 이루고, 이 작은 원호들이 꽃잎 모양의 둥근 돌출부와 원호가 만난 점들을 만든다. 오금원 중에는 큰 원의 틀 속에 작은 원의 수에 따라 3엽, 4엽, 5엽, 6엽, 8엽 …… 등의 오금원들이 있다. 오금원은 원형과 같이 부드럽고 아름다우며 이상향을 상징하는 형태이다.

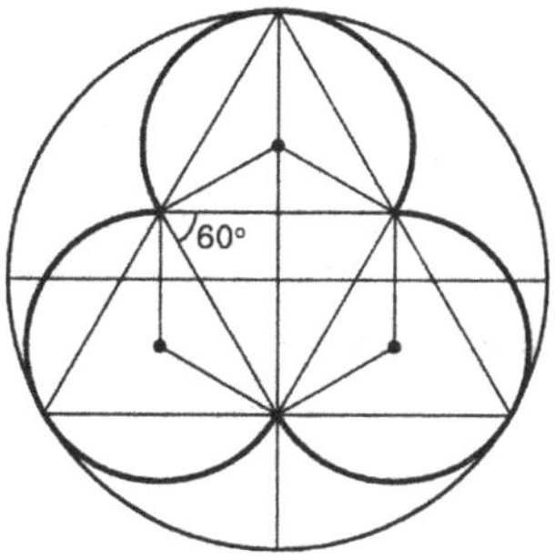

(a) 3엽 오금원

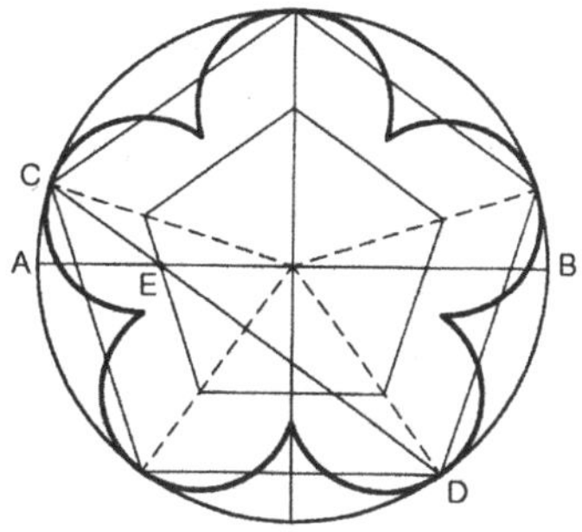

(b) 5엽 오금원

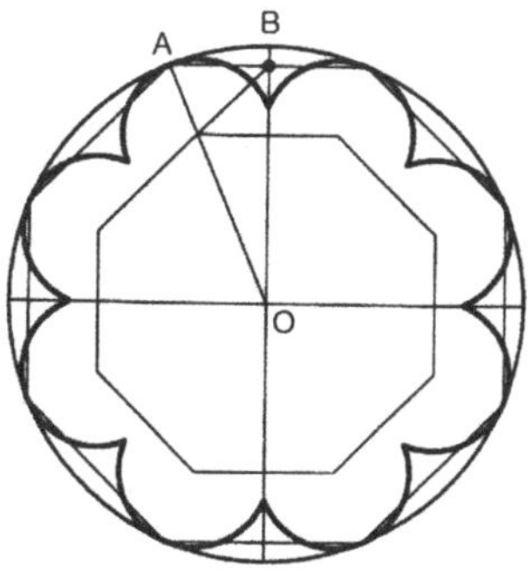

(c) 8엽 오금원

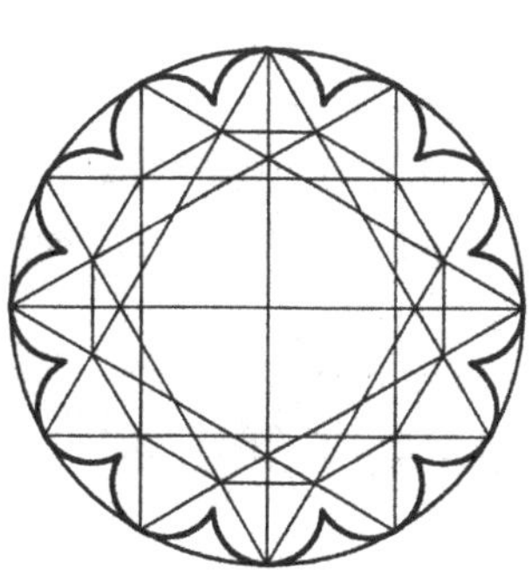

(d) 12엽 오금원

(e) 샤르트르 대성당

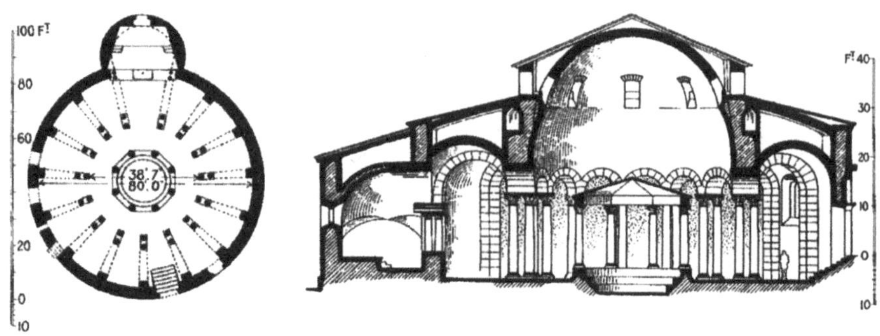

(f) 노새라의 세례당

(g) 로마의 성 콘스탄자 영묘

그림 1-18 오금원 도형과 건축물

포물선(Parabola)은 모든 2차방정식에 의해 표현되는 곡선으로 모두 닮은 꼴 형상이다. 이 포물선은 질서있고 아름다운 곡선의 형태를 가지며 어느 방향으로든 일정 비율로 확대 축소해도 항상 새로운 포물선을 보여준다. 또 쌍곡선(Hyperbola)은 평면 위에 있는 2접점으로부터의 거리차가 일정한 점들의 집합으로 만들어지는 곡선을 얻을 수 있다.

이 쌍곡선면의 수평투영에서는 직선을 유지하면서 기본형의 경계를 회전시키면 입면에서 그 형태는 곡선을 이루며 현수 모양, 아치 모양, 말안장 모양, 장구통 모양 등 여러 형태들을 만들 수 있다.

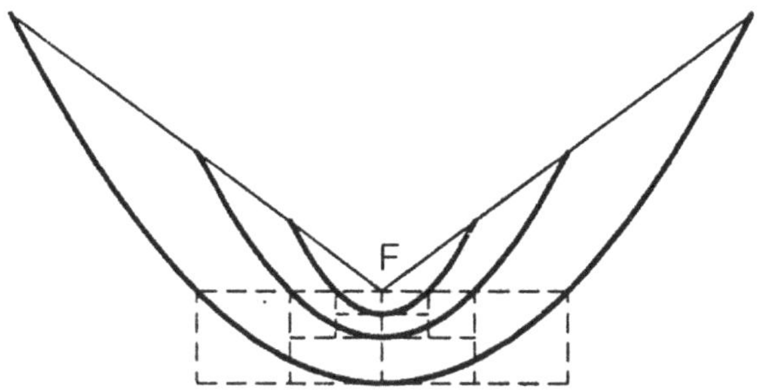

(a) 초점공유 대소포물선들(정점 이동)

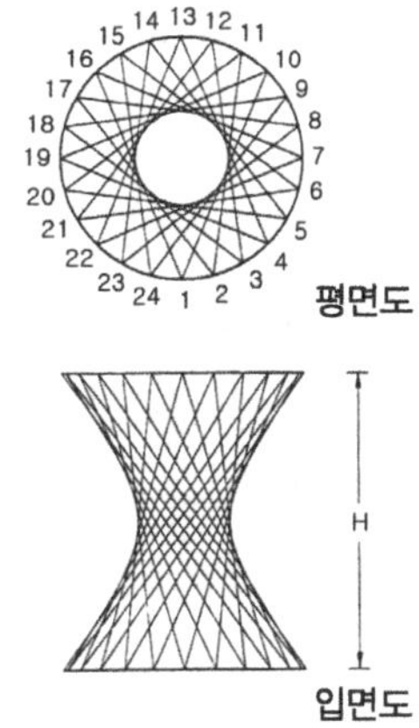

(b) 쌍곡선의 회전체 1

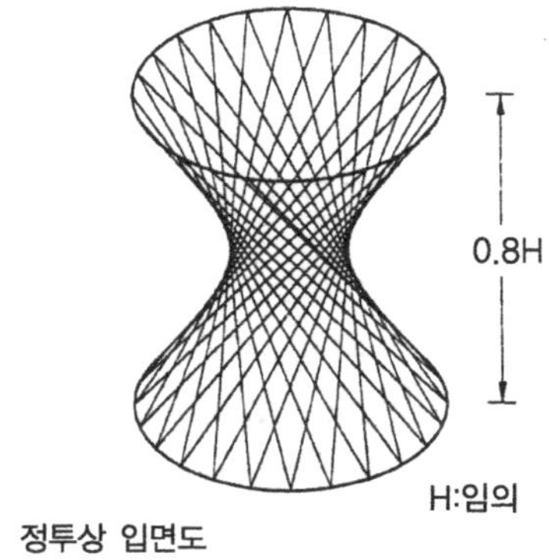

(c) 쌍곡선의 회전체 2

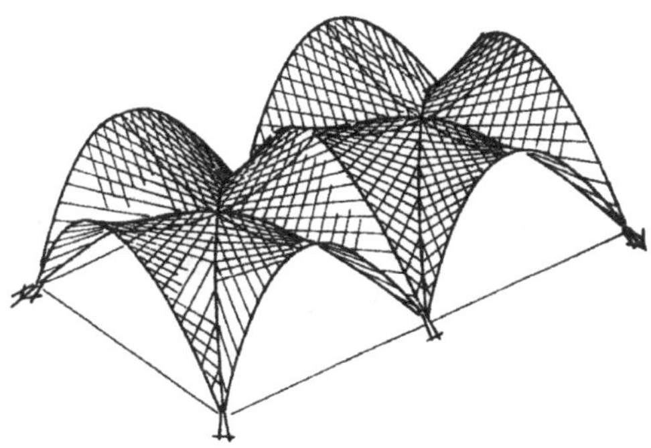

(d) 쌍곡포물선형 쉘

그림 1-19 포물선을 이용한 입체구조

1.10 건축의 공간구성

건축이란 동서남북 사방을 가리고 하늘에 천장을 씌워 공간을 만드는 행위로 모양과 공간에 기초한 공간개념에 의해 이루어져야 한다.

공간개념의 공간형성은 시각의 형상에 의해 규정되어지며, 자연과 사회적인 환경에 따라 건축공간도 달라지게 된다. 이 건축의 공간개념은 건축가의 시각적인 의식에 의해서 형태와 공간에 의해 결정된다.

1·10·1 원형을 이용한 공간구성

호수에 돌을 던져보면 수면의 요동이 원을 그리며 주위로 둥글게 물무늬가 퍼져 나가는 것을 볼 수 있다. 이 현상은 중심점에서 밖으로 나갈수록 원은 더 커지게 되며, 이 원들은 모두 같은 중심을 갖고 있는 동심원이다. 이 원리를 디자인의 기본개념으로 하면 원형의 평면들도 일정한 모듈을 적용하여 설계할 수 있다.

원형은 곡선 중에서 가장 단순하면서 간단한 형태이고, 모든 방향에서 대칭이고 균형잡힌 배열상태를 가지고 있으며, 도형이 원만한 형태로 풍요롭고 부드러운 여성적인 느낌을 주며, 방향성을 갖지 않은 공간을 구성할 수 있다.

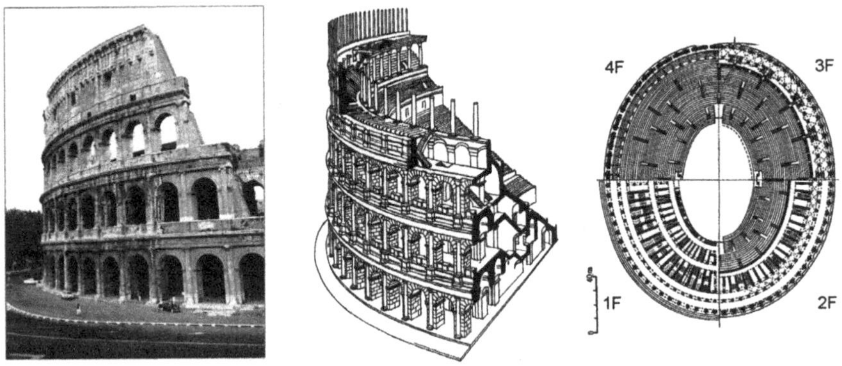

(a) 콜로세움(이탈리아)

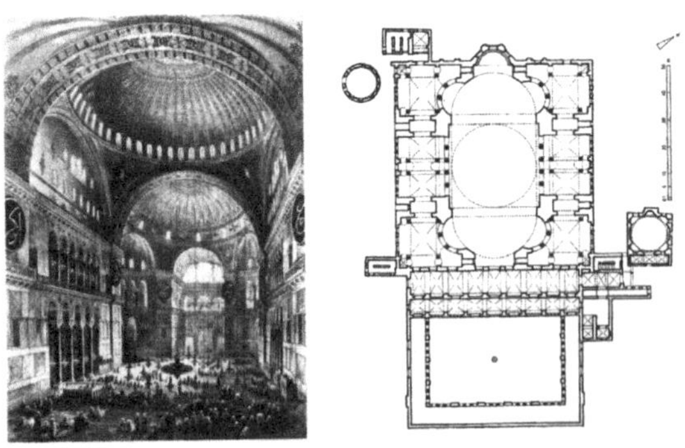

(b) 성 소피아 대성당

그림 1-20 원형공간

이 원형을 이용한 공간은 원의 중심으로부터 바깥방향으로 물무늬가 퍼지듯이 증가되는 기하학적인 질서에 따라 하나의 중심을 지닌 동심원(Concentric circle)을 기준으로 설계되는 원형극장이나 원형의 체육시설물, 동심원을 기준으로 원형모듈을 방사선의 형으로 분산 배열시키는 건축물, 방사선의 일부 동심원 구조인 부채꼴 모양의 원형 모듈, 크고 작은 여러 개의 원형을 복합적으로 서로 중복되게 배열한 형상의 구조물, 타원형, 나선형, 곡선형 등 매우 다양한 형상을 갖고 있는 공간들을 구성할 수 있다.

1·10·2 선형을 이용한 공간구성

선(線, Line)처럼 가늘고 긴 선형(Linear)은 직선적인 구성형태 중 가장 기본적이고 단순하며 긴장된 형상을 가지고 있고 강인함을 보여주며, 일정한 모듈을 적용하면 수많은 복제가 가능한 공간을 구성 할 수 있다.

(1) 수평, 수직의 격자공간구성

수평적인 공간은 안정적이고 정적이며 공간이 좌우로 늘어날 수 있는 공간구성감을 보여준다. 수직적인 공간은 규칙적이고 잘 정돈되어 긴장감을 주는 공간으로 기념비적인 건축물, 종교건축물 등에서 많이 나타난다.

격자공간이란 수평과 수직 이 두 방향의 평행공간들이 직교교차되어서 만들어진 규칙적인 공간을 말한다. 격자(Grid)는 일정한 모듈에 의한 단위공간으로 체계적인 질서와 합리적인 디자인을 얻을 수 있다. 이 격자는 건축구성의 가장 일반화된 형식으로 평면구성, 구조물의 형태, 공간구성이나 분할 등에 일정한 체계적인 질서를 준다.

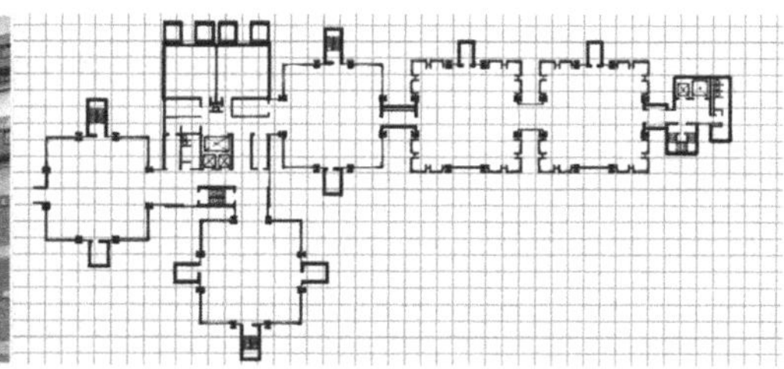

그림 1-21 수평 · 수직 격자공간

(2) 사선격자의 공간구성

사선을 30°, 45°, 60° 등으로 서로 직교되게 격자를 짜서 공간을 구성하면 정방형의 격자와는 다른 형태의 공간으로 나눌 수 있다. 이 공간은 삼각형이나 육각형, 다각형의 공간과 사선격자를 절단해갈 경우 다양한 조형을 얻을 수 있다. 사선격자를 사용하면 직교격자형태보다 동적이고 진취적인 구성의 공간형태를 얻을 수 있다.

그림 1-22 사선격자 공간

1.11 건축의 형태에 영향을 주는 요소

1·11·1 도로·대지와의 관계

건축물은 대지의 형태와 도로에 접한 위치에 따라 건축물의 평면 모양과 현관의 위치 등을 결정하는 매우 중요한 요소가 되며, 대지 주위의 환경도 건물의 채광이나 전망 등에 큰 영향을 준다.

대지 모양은 정사각형에 가까운 장방형의 형태가 넓은 공간감을 가질 수 있어 좋다. 대지의 크기가 작을 경우에는 동서로 조금 긴 것, 대지의 크기가 매우 클 경우에는 남북으로 긴 것이 유리하다.

대지에 접한 도로는 대지에 한 면이(1면)이 접한 도로보다는 대지에 두 면(2면)이 접한 대지가 더 좋으며, 2면이 접한 대지의 출입구는 교통이 많지 않은 보조간선도로에 설치되는 것이 바람직하다.

대지를 효율적으로 이용하기 위해서는 대지의 차량동선, 사람의 동선, 서비스 면적의 위치, 주 건물의 위치 등을 잘 파악하여 계획을 세워야 한다.

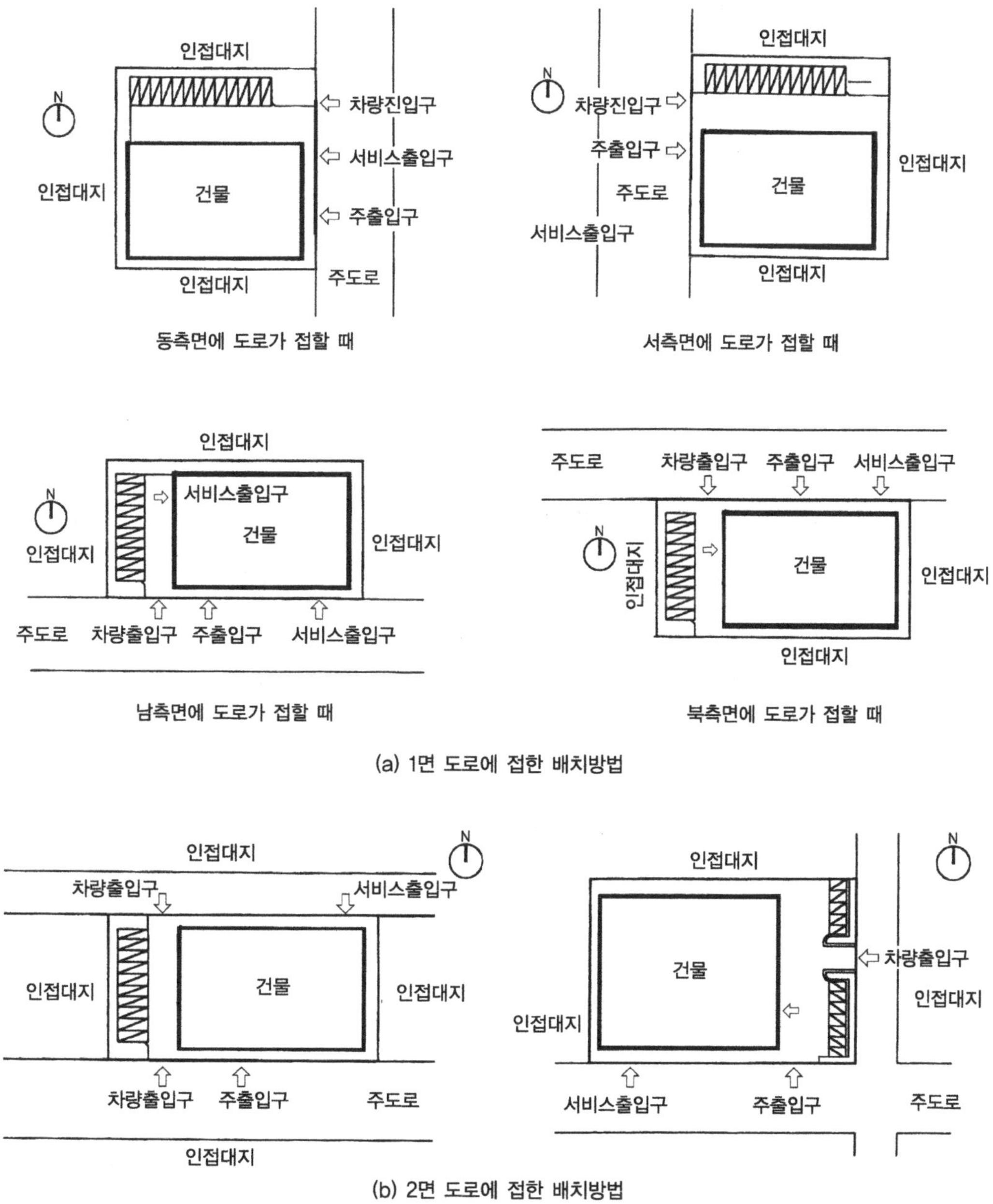

그림 1-23 1면과 2면 도로에서의 건물 배치방법

1 · 11 · 2 바닥면 Floor

건축물의 위치와 모든 건축공사의 높이에 기준이 되는 위치점을 기준점(Bench mark)이라 한다. 이 기준점은 도로에서 대지의 출입구를 통해 건물의 주출입구, 부출입구, 차량이동출입구 등의 모든 동선들을 검토하고 파악하여 기준점을 정하게 된다.

이 기준점은 도로에서 대지 내부로 들어가는 흐름의 선이며, 이 선은 건물로 연결되는 하나의 축을 이루게 된다. 이를 대지의 축이라 말한다. 이 축은 직선이나 곡선으로 계획의 요소들이나 특징들을 연결시키는 계획적인 요소로, 대지에 대한 전체행위의 요소들이 이 축을 따라 나열된다. 건물은 이 기준점의 위치에 바닥면(Floor)을 만들고, 이 바닥면을 기준으로 상부층, 하부층으로 수직 공간이동을 위한 계단을 통해 상부층의 바닥면, 하부층의 바닥면을 갖는다.

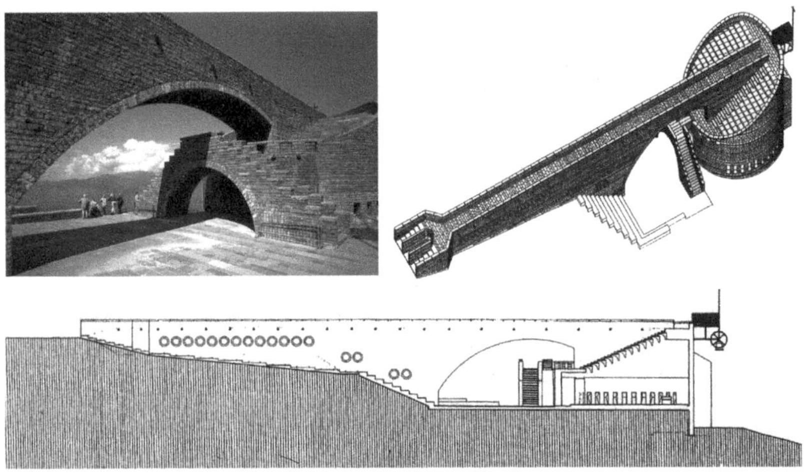

그림 1-24 대지 안의 도로, 계단과 바닥면

1 · 11 · 3 건물의 형상 Mass

도로에서 대지 내부로 들어오는 흐름선이 결정되면 대지의 모양과 기준점이 되는 바닥면에 건물을 세우게 된다. 어떤 형상의 건물을 대지에 배치시키는가는 대지의 지형, 접근성, 동선계획, 건축법규, 경관분석 등을 통해 건물의 기본 형상(Mass)을 만들고 장 · 단점을 충분히 검토한 후 수정을 반복하여 기본형상을 완성시킨다.

• 건물 형상의 종류

① 단일 모양의 형상

단일형의 매스(Mass)는 중소형 규모의 건물에서 주로 계획설계된다. 이 단일형 매스는 건물의 규모가 작기 때문에 하부와 상부가 동일한 형태로 만들어지며, 코어(Core)는 편측형이 주로 설계된다.

② 상 · 하 분리 모양의 형상

상 · 하 분리형 매스는 하부의 기능과 상부의 기능이 서로 다른 경우의 건물에 사용되는 매스형태이다. 이 상 · 하 분리형은 건물의 규모가 클 때 계획설계된다.

③ 2이상의 모양을 합한 형상

서로가 다른 기능을 갖고 있는 여러 형태의 건물들을 분리시키면서 하나의 형태군(Mass group)으로 조합한 모양을 말한다. 이 서로 다른 형태의 건물들을 연결통로나 옥외휴식공간, 중정(中庭) 등을 이용하여 배열시켜서 하나의 건물군을 형성하는 것을 말한다.

(a) 단일모양의 형상　(b) 상 · 하 분리 모양의 형상　(c) 2이상의 모양을 합한 형상

그림 1-25 건물형상의 종류

1 · 11 · 4 벽 Wall

벽은 외부와 내부, 내부와 내부를 구획하여 공간 구획을 결정하는 건물의 중요한 부재이며, 이 벽에 의해 건물의 아름다움이 결정되기도 한다. 벽은 도시의 성벽에서 개인주택의 방과 방을 구획하는 벽에 이르기까지 집단이나 개인의 영역과 장소를 구획하는 도구로 사용된다. 또 벽은 대지 내부로 들어오는 흐름선을 조절하기도 하고 건물 내부의 동선 흐름을 조정하기도 한다.

대지 내부로 들어오는 흐름선을 조절하기 위한 벽은 길게 뻗은 수직의 가벽을 세워 동선 흐름을 유도하고자 하는 방향이나 목적지로 진입하는 흐름만을 위해 세운 벽체이다. 이 흐름을 유도하는 수직의 가벽을 곧게 길이로 설치하거나 자유곡선으로 세워 동선의 흐름을 유도한다.

벽을 만드는 사용재료와 마감의 차이에 따라 건물이 우리에게 주는 느낌은 각기 다르게 나타나며, 벽면의 처리방법이나 장식의 정도와 단순함에 따라 건축양식 등을 판별하기도 한다. 중세시대의 벽체면은 요철이 많고 많은 장식을 하여 벽체면의 미를 추구한 것에 비해, 근대건축의 벽체면은 장식을 배제하여 단순성을 강조한 형태이다. 벽이 석조건축물처럼 두꺼우면 형태감이 강하고 무거운 중량감이 느껴지며, 커튼월(Curtain wall)이나 유리를 사용한 가벼운 피막(Skin)으로 구성된 벽체를 가진 건물은 단순하고 가벼운 느낌을 준다. 그리고 벽면에 개구부(Opening)가 많을수록 건물은 가볍게 느껴지고, 반대로 벽면에 개구부가 없이 닫힌 면이 많을수록 무겁게 느껴지므로 건물이 주는 이미지는 벽체의 형상에 의해 서로 달리 나타난다.

그림 1-26 폐쇄된 벽과 개방된 벽

1 · 11 · 5 문 · 창문 Door · window

문이나 창문과 같은 개구부(Opening)는 사람의 출입과 물건 등의 반입, 그리고 채광, 환기, 조망 등의 역할과 실내와 실외, 실내공간 구획을 하며, 건물의 외관이나 실내공간 디자인에 매우 중요한 역할을 한다.

개구부는 벽에 설치된다. 벽은 공간을 구획하는 데 사용되고, 개구부인 문이나 창문은 벽에 의해 구획된 공간을 개방시키는 역할을 한다.

건물은 벽면에 배열되는 개구부의 형태와 위치에 따라 건물의 디자인이 크게 달라진다. 벽과 개구부를 만들어 이것들의 기능적인 역할을 가지도록 벽과 개구부가 존재하여 왔으나, 최근에는 그 개념이 바뀌어가고 있다. 벽과 개구부에 기능적인 역할을 주지 않는 가벽과 가개구부를 설치하여 독특한 건축의 표피(Epidermis)를 만들어서 건축의 형태미와 시각적인 조화를 이루려는 경향이 표출되고 있다.

그림 1-27 벽과 개구부

1 · 11 · 6 지붕 Roof

지붕은 건물의 구성요소 중 형태를 결정하는 중요한 요소로 건축물의 조형에 많은 영향을 주어 왔다. 지붕의 형태는 건물의 종류와 크기, 용도, 규모, 건물이 위치한 주위의 환경과 조건 등에 따라 결정된다. 일반적으로 건물지붕의 모양은 한 가지 형태의 지붕틀로 이루어지기보다는 2가지, 3가지의 지붕틀구조를 조합하고 혼용하여 사용된다.

지붕 모양은 지붕틀구조 형태가 단순하고 합리적으로 설계되어야 좋은 지붕틀

구조라 할 수 있다.

지붕은 20세기 이전에는 동양이나 서양이나 경사지붕이 주류를 이루어 왔다. 이 경사지붕은 19세기 중반 이후 철근콘크리트(Reinforced concrete)구조가 나타남으로써 지붕 형상이 평지붕 상자형태의 단순한 건축물로 발전하게 되었다.

이 평지붕 상자형의 단순 디자인은 철근콘크리트구조를 사용함으로써 가능한 골조형태로써, 건축조형의 현대적인 감각을 갖는 대표적인 형태로 20세기 초기의 건축 형상을 구축해왔다. 그러다 20세기 중 · 후반에 단순 상자형 조형물에 반하여 1960년대 이후 단순한 상자형태의 근대건축에서 탈피하려는 포스트모던 건축물들에 의해 지붕의 형태는 여러 모양으로 변형되어지게 된다.

그리고 지붕의 구조는 쉘(Shell)구조, 절판(Folded plate)구조, 막(Pneumatic)구조, 케이블(Suspension)구조 등 새로운 구조 개발과 공법들에 의해 지붕형태가 매우 다양하게 변형되었으며, 설계자가 원하는 모든 형상의 지붕도 모두 설계가 가능하게 되었다.

(a) 케이블구조와 막구조 (b) 쉘구조

그림 1-28 건축물 지붕의 다양한 형상

제2장

건축계획
Architectural planning

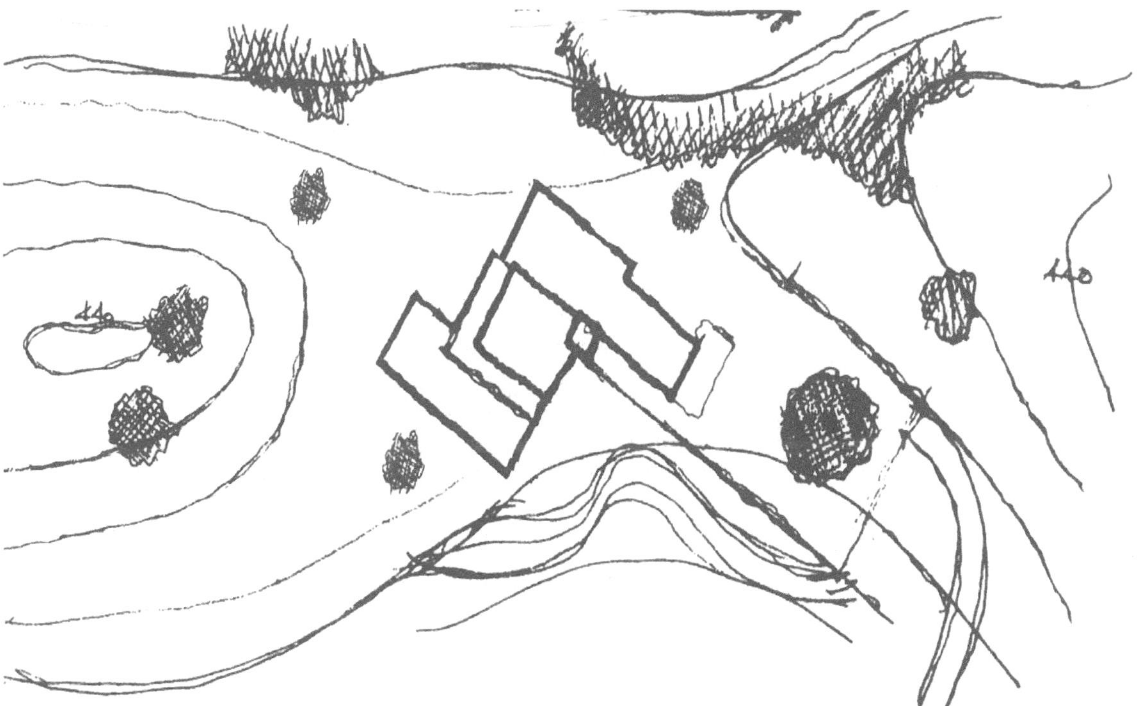

건축계획과 설계는 건물을 기획(Plan)하여 구체화시키기 위한 과정이나 행위를 말한다. 이 건축설계에는 계획과 설계과정에서 요구되는 여러 사항들을 분석하여 적합한 조건, 요소들을 찾아 새롭게 요구되는 공간을 구획(Block)하는 방법이 요구된다. 이는 건축설계(Architectural design)에서 필요로 하는 요구조건의 변화와 증대에 대응하는 설계방법이 필요하다는 것을 의미한다.

설계 진행과정은 건축주의 제반조건들을 받아 설계자는 설계조건을 설정하고 계획설계를 실시하여 기본설계, 본설계, 실시설계가 이루어지고 실시설계와 함께 시공계획을 수립하여 공사가 착공되면서 감리업무도 진행된다.

건축설계는 설계작업 진행과정 중에서 건축주의 결정과 설계 검토에 의한 설계작업의 반복(Feed back)에 의해 이루어지며, 이 반복작업에 의해 설계는 아이디어(Idea)와 계획(Plan)의 향상과 발전을 가져온다.

그림 2-1 주택 기본계획안

2.1 건축물의 공간규모계획

건축물의 공간규모는 대지의 지형이나 형태, 대지의 접근성, 동선계획, 법규적용, 경관분석, 매스의 형태 등을 적용하면 기본적인 공간규모의 매스(Mass)를 계획하고 제안할 수 있다.

건축물의 공간규모를 계획할 때는 건물의 사용용도에 맞는 기능들을 서로 구분하고 조합하여 각각의 시설 소요면적의 목록을 만들고, 필요한 시설면적에 맞는 볼륨과 매스를 가지는 건물이 되도록 계획되야 한다.

2·1·1 동선계획 Flow planning

건축물의 평면계획에서 동선(Traffic line)은 매우 중요한 요소이다. 동선이란 보행거리와 그 빈도의 상호 관계를 선으로 표시한 것으로, 동선은 굵고 짧은 것이 이상적이며 사용상의 기능이 서로 다른 동선은 교차되지 않게 계획한다.

동선계획은 건축물의 각실이나 공간의 기능을 연결시켜서 건물을 사용함에 편리하게 해주는 기능적인 역할이 되도록 수평방향과 수직방향으로 짧게 계획되어야 한다. 건물에서 동선을 위한 공간들은 서비스 공간(Service space)으로 설계되고 이 공간들은 서로 원활하게 연결되어야 건물의 사용상의 기능이 매우 편리하게 된다.

건물을 계획할 때 동선계획은 건물 이용자의 거리동선과 시간대별 동선을 계획하고 사용빈도와 사용속도, 사용시간, 사용위치, 이용자의 교통량 산출 등을 기본으로 계획설계한다.

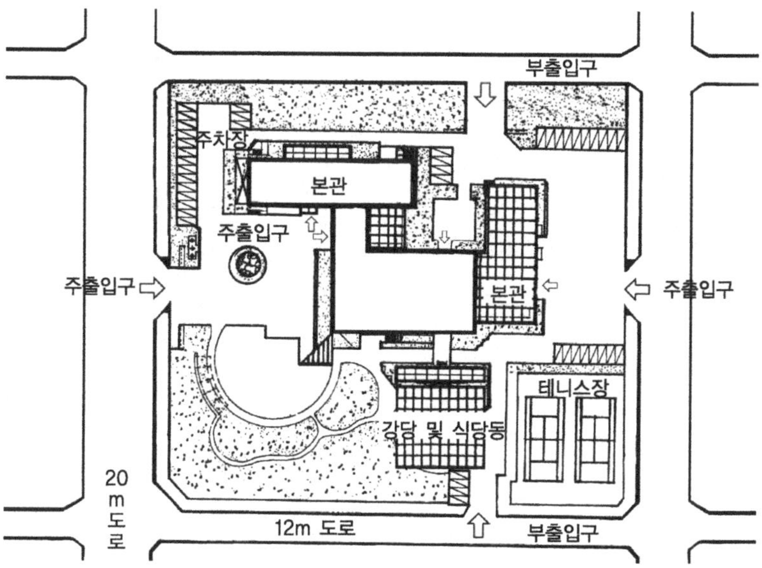

그림 2-2 건축물의 공간규모 계획

2·1·2 배치계획 Site planning

건물의 배치계획은 대지의 지형과 형태, 대지에 접한 도로와의 접근성, 동선계획, 경관분석, 법규적용 등의 대지분석에 의한 토지이용계획과 토지의 효율성에 의한 대지의 효용가치를 창출하기 위해 대지와 건물의 배치를 분석하여 배치계획도를 만들게 된다.

배치계획을 할 때 고려해야 할 사항은 대지의 지형을 등고선에 의해 고도분석을 하고 경사도를 구분하여 일조, 통풍, 방위 등 자연적인 요소들이 대지에 쾌적한 환경으로 고려될 수 있도록 하는 것이다.

이 대지에 접한 도로에서 대지 내의 진입계획을 세우고 공간규모계획에 의한 건물의 볼륨과 매스, 그리고 건물의 동선계획에 맞는 평면계획을 가진 건물의 형태와 규모로 설계한다. 이렇게 설계된 건물은 주변경관과 서로 잘 조화되어야 한다.

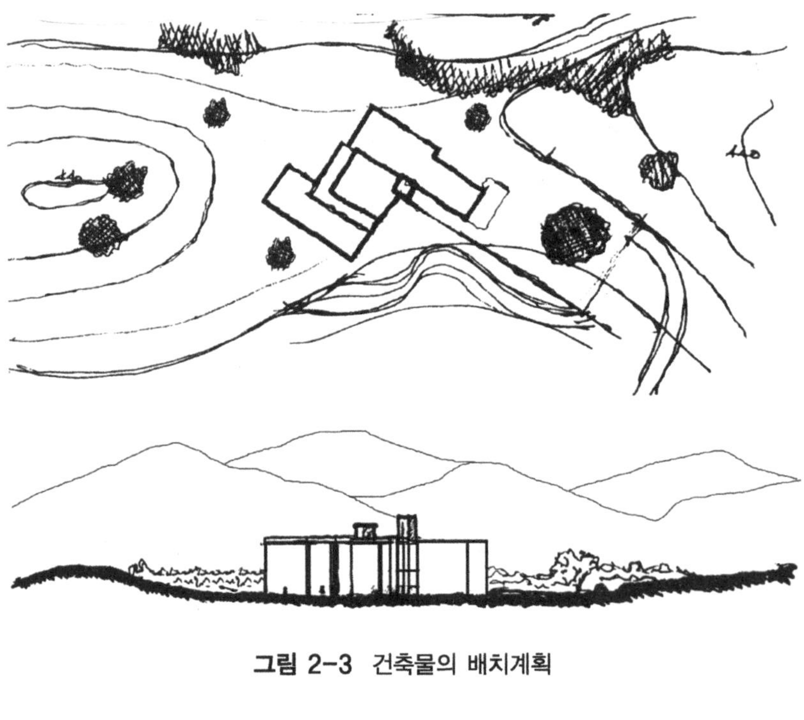

그림 2-3 건축물의 배치계획

2·1·3 평면계획 Planning

평면계획이란 건물의 사용용도에 맞는 기능들을 나열하고 서로 나누어 조합하여 각각의 평면상에 필요한 소요면적 만큼 평면에 배치하는 것을 말한다.

• 건물의 평면계획에서 고려되어야 할 사항은

① 기능에 따라 나누어 조합한 각각의 실들은 소요면적과 공간의 크기를 충분히 만족시켜야 하며, 이 실들은 서로 상호 유기적인 관계를 갖도록 자연환경조건에 맞게 배치한다.

② 배치된 평면에서 전용공간과 서비스 공간을 나누어 각각의 면적비를 산출하고 점검한다.

③ 각 실의 이용률에 맞는 단위면적과 공간을 확인하여 산출하고 전체 건축면적을 계산한다.

④ 설비계획에 맞게 각종 설비실의 규모와 위치를 확인하고 점검한다.

⑤ 건축법규 항목 중 서비스 공간(공용부분)이 잘 배치되고 설계되었는지 다시 확인한다.

⑥ 기본평면계획도에 기능도와 동선도를 다시 검토하여 결정하는 과정에서 설계작업이 반복되며, 이 과정을 통해서 평면계획은 더욱더 충실해지게 된다.

2.2 건물의 디자인 상세계획

디자인은 미적인 개념과 기능적인 개념을 가진 형태나 형상으로 표현한다. 건물의 디자인 계획은 건물의 형태, 형상과 공간의 구성을 사용목적에 맞는 기능을 가지고 주위환경과 어우러지는 아름다운 조형물을 찾는 것을 말한다. 건물의 디자인 상세계획은 구조계획, 설비계획, 조경계획을 포함하여 이루어진다.

2·2·1 구조계획 Structural planning

건축물은 인간의 생활에 다양한 요구들을 충족시켜주기 위한 공간으로 기능적인 합리성, 미적인 아름다움과 공간의 안전인 구조적인 면도 고려한다.

건축디자인에서 기능과 미는 함께 추구되어야 하며, 디자인에 있어 구조의 역할은 매우 중요하다.

건물은 사용재료에 따라 공간의 형태와 형상, 구조가 서로 조화되고 융합되어 만들어진다. 18세기 후반 이전의 건축물인 벽돌이나 돌을 이용한 조적구조와 목재를 이용한 목구조 등은 이 사용재료들의 경험을 바탕으로 형태와 구조가 만들어져 왔으며, 산업혁명 이후 19세기 후반에 질 좋은 철을 얻게 되면서 철근콘크리트와 철골구조 등에 의해 건물의 디자인에 매우 큰 변화를 가져오게 되었다.

모든 건축물의 상부하중(지붕, 벽, 바닥판 등)은 수직부재(기둥, 벽체)를 통해 안전하게 지반으로 전달되어야 한다. 그러므로 건축가는 디자인 단계에서 건물의 형상과 형태에 맞는 구조를 디자인 단계에서 해결해야만 한다.

주택과 같은 소규모의 건물에서는 구조적인 문제를 경시할 수도 있으나, 규모가 큰 대형구조물인 고층 · 초고층빌딩, 대공간의 집회시설, 스타디움, 체육관, 공연시설물 등은 구조적인 뒷받침이 없는 개념적인 디자인만에 의한 설계는 이루어질 수 없다.

건축설계를 할 때 구조계획은 자연의 법칙에 순응하는 형태와 형상, 구조부재들의 크기 등으로 이루어지는 것들이 매우 중요하다고 생각하므로, 설계공간의 형상과 이미지가 만족할 수 있도록 구성한다.

2 · 2 · 2 설비계획 Equipment planning

건축설비는 건축계획에 맞추어 진행되는 것이 일반적이다. 건축에서 건축설비는 급배수 위생설비, 공기조화설비, 전기설비 등으로 나눌 수 있으며, 최근에는 설비가 복잡하고 세분화, 고도화되어 일반 건축물은 전체 공사비의 30% 정도, 병원이나 특수건축물, 고층 건축물들은 전체공사비의 50% 정도까지도 설비공사비가 차지하므로 건축계획의 기본에서부터 설비도 고려되어야만 한다.

건축은 자연환경에서 주거지로서의 공간을 구성하고, 구성한 공간이 쾌적한 상태로 유지될 수 있도록 하기 위해, 설비계획은 건축계획의 기본요소로 생각하고 설계한다.

건축계획에서 설비용량의 증대는 설비면적과 설비비의 증가를 가져오므로 설비용량의 적정성에 대해 충분히 고려된 계획이어야 한다. 설비계획 중 냉난방 공기조화설비는 건축의장 마감의 단열성, 건물의 방위, 형태 등에 따라서도 매우 큰 영향을 주고, 설비계획의 설계방법, 시공, 유지보수, 관리 등을 생각하고 기획된 건축계획에 맞는 설계가 이루어져야 한다.

건축평면계획에서 기능도와 동선도에 맞는 설계가 이루어지듯, 건물 내부에서 물이나 공기, 에너지 등의 흐름을 나타내는 설비선도 동선과 같이 사용목적이나 사용시간대 등이 유사한 실들은 동일한 층에 배치하거나 상하에 같은 위치에 실을 배열하는 등, 건물의 사용목적에 맞게 간결하게 정리되어 있어야 한다.

건축설비계획은 건물의 목적과 조건에 맞는 설비방식을 선정하고 건물의 설비시스템도를 작성하며, 이 설비도는 평면계획도의 동선과 잘 조화되도록 한다.

2·2·3 조경계획 Landscape planning

건축계획에서 조경계획은 대지의 옥외공간계획으로, 대지에 건물을 배치한 후 건물 주변의 자연환경에 어울리며 조경계획의 법적인 요구사항에 맞게 계획되어야 한다. 건축에서 조경계획은 옥외공간계획으로 동측과 남측 부분에는 옥외공간을 계획

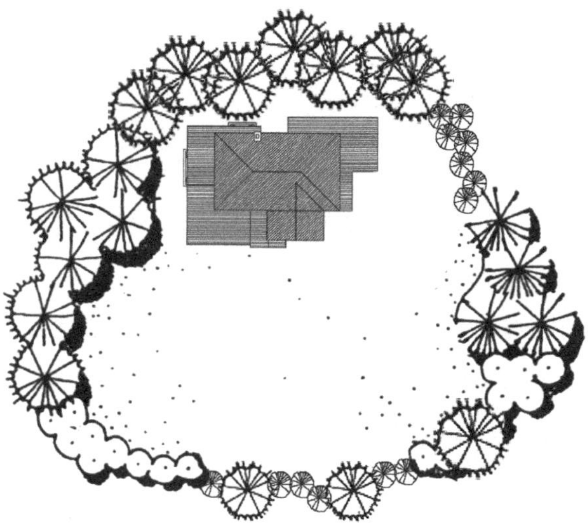

그림 2-4 공간조경계획

하고, 북측의 일조권 지역에는 침엽수 종류의 규모가 큰 수목들을 배열하며, 대지경계선을 기준으로 1m 이상의 조경공간을 두어 건물을 둘러쌈으로써 안정감을 주도록 설계하는 것이 좋다.

옥외공간조경계획은 공간의 개방 정도에 따라 수목의 상대적 높이, 간격, 밀도 등에 따라 변화한다. 수목은 관목과 교목으로 분류할 수 있다. 교목은 나무줄기가 곧고 굵으며 키가 8m를 넘는 나무로 소나무, 향나무 등을 말한다.

설계도면에 관목과 교목을 표기할 때에는 나무폭을 고려하여 스케일에 맞게 도면에 표기되어야 하며, 소음차단을 위해서 녹지를 군집으로 식수할 때에는 녹지폭 6m 이상으로 계획되어야 소음차단효과를 얻을 수 있다.

공간조경계획에서 공간의 개방 정도에 따라 개방공간, 반개방공간, 공간차폐로 나눌 수 있다. 개방공간은 낮은 관목이나 지표를 낮게 덮는 지피식물로 계획하고 반개방공간은 건물의 프라이버시가 요구되는 방향과 조망이 요구되는 방향을 구분하여, 공간을 계획할 때 사용하는 방법으로 차단시키고자 하는 면은 수직면의 기능이 큰 교목을 이용하고 조망을 요구하는 면은 개방공간으로 처리한다.

공간을 구획하는 차폐는 공간의 내부, 외부로의 시선이 차단되도록 한정된 지역을 식물재료로 둘러싸는 것을 말한다. 수목식재로 건물 주변의 환경, 불필요한 대상이나 시선 등을 감추는 식재방법으로 수종의 선택, 배치방법, 위치 등에 영향을 많이 받으므로 제반요인들을 검토하고 계획한다.

2·2·4 계획에 필요한 가구

가구(Furniture)는 인체의 치수와 동작에 따라 치수가 정해지며, 건물의 양식이나 건물의 스케일에 의해 좀 더 세분화되고, 그 시대의 생활습관과 사용자의 요구에 의해 형태와 치수가 결정된다.

건축과 가구는 구획된 하나의 공간을 사용하는 데 편리하고 사용공간을 구획하거나 공간을 장식할 목적으로 사용되며, 가구는 공간속의 공간을 디자인하는 중요한 요소로 가구는 사용된다. 건축설계자는 건축과 조화되지 않는 가구는 건축계획의 의도를 충분히 표현할 수 없으므로 가구디자이너를 선정하여 가구부분의 설계를 위임하거나, 가구디자인에 대한 기본적인 개념을 스케치나 도면에 의해 기성품을 선

그림 2-5 계획에 필요한 가구들

택하거나 제조업체를 선정하여 제작시켜야 한다.

가구를 선정할 때 중요한 것은 가구의 사용목적과 치수이다. 치수는 사용하는 사람과 밀접한 관계가 있고 주어진 공간과도 충분히 고려되어야만 한다. 사용하는 가구는 그 높이에 따라 실내의 연결상태가 변화하며 하나의 공간이나 구획된 다른 공간으로도 디자인할 수 있으므로 각각의 공간특성과 필요한 기능을 고려한 가구설계가 이루어져야 한다.

최근 설계에서는 실내(Interior design)부분을 분리하여 디자이너를 두고 설계자와 협의하여 공간의 세부부분까지도 계획되고 설계되며, 건물의 사용상 필요한 각종 기기나 가구 등을 건물에 내장하는 빌트인(Built-in)공법들이 많이 사용된다.

제3장

건축설계

Architectural design

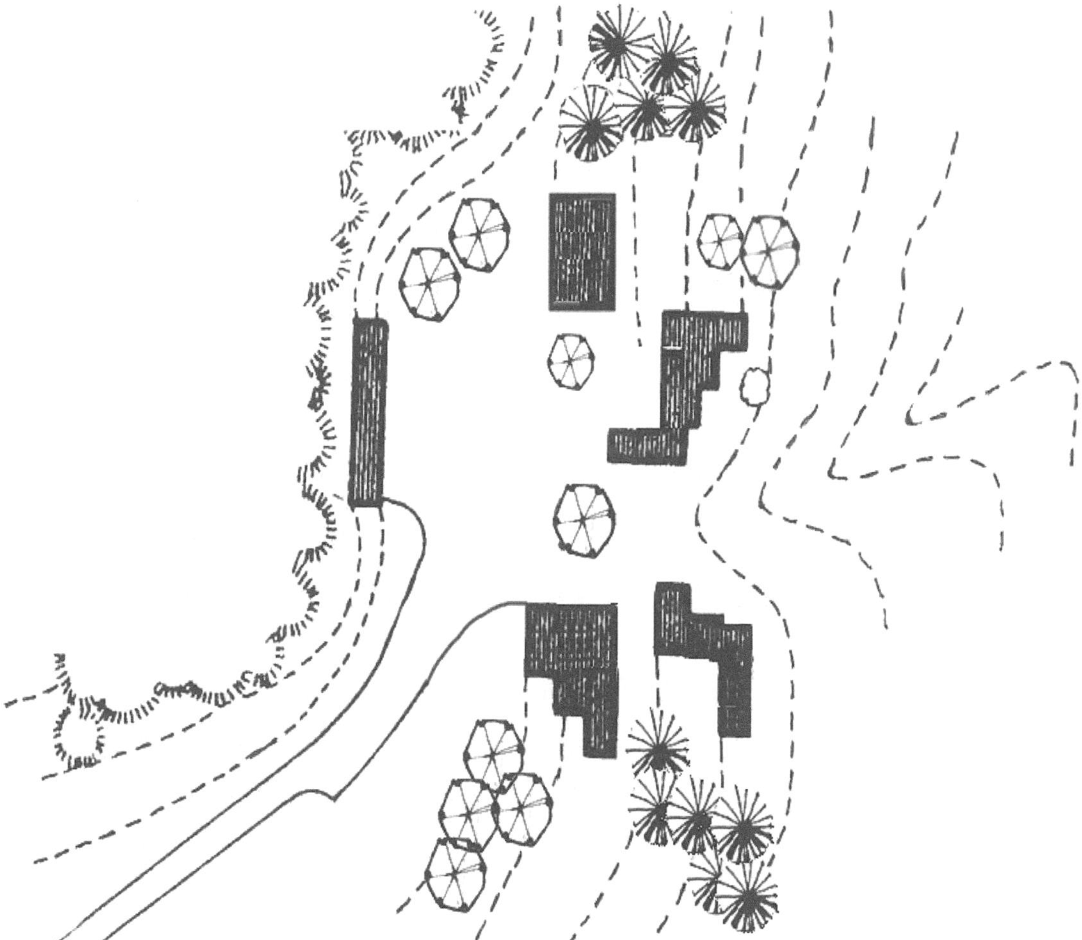

건축은 인간의 사회생활을 영위하기 위한 공간을 구성하는 것으로 자연적인 요소와 인위적인 요소에 의해 이루어진다. 자연적인 요소는 기온, 습도, 비, 눈, 바람 등이고 인위적 요소는 사회적, 예술적, 공학적 기술 등의 창조적 요소라 할 수 있다. 건축물은 주거지(Shelter)로서 자연재해로부터 안전해야 하고 사용목적에 적합하며 편리한 기능을 갖도록 설계해야 하고, 공간을 만드는 데 경제성이 좋고 오랜 기간 사용가능한 내구성을 갖고 있어야 한다.

이 건축물은 주변환경과 잘 조화되어야 하고 건축물이 아름답게 설계되어야 한다.

3.1 건축설계의 기본

건축은 쾌적한 주거지 공간이므로 이 공간을 만드는 설계과정에서 각각의 사용목적에 알맞은 공간들을 구성하고 조합하여 하나의 조형물로 표현하는 것이다. 건축설계는 각각의 공간구성과의 조합을 사용목적과 기능에 맞게 계획하여 도면화한 것을 말한다.

3·1·1 계획설계

건축계획설계의 계획방법은 건축주의 요구사항, 대지의 제반사항, 관련 제법규 사항, 각종 설계규정, 실례와 경험을 조합하여 계획의 조건 등을 만들고, 사용목적에 필요로 하는 실의 종류와 규모, 크기 등을 산출하고 동선과 기능에 따라 실들을 건물의 형태와 규모에 맞게 수평과 수직으로 배치하는 것을 말한다.

이 계획방법은 건축주의 결정과 설계 검토의 설계작업의 반복에 의해 결정된다. 이 계획은 방안지(Section paper)에 프리핸드(Free hand)로 구상을 도형화하여 표현한 것으로, 이 평면계획 작업 시에도 건물의 입면과 단면, 부대설비의 계획 등이 고려된 계획이어야 한다.

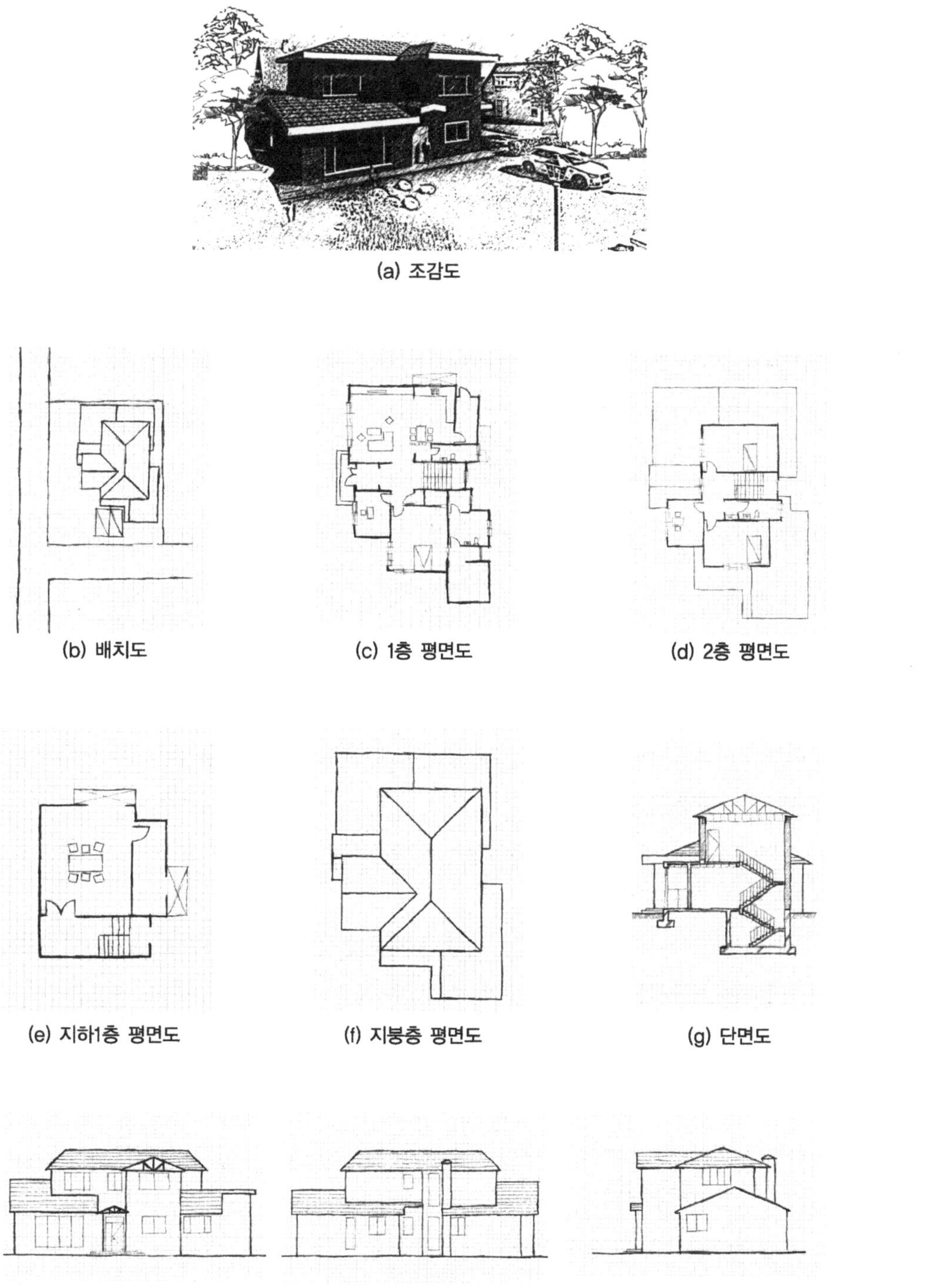

(a) 조감도

(b) 배치도 (c) 1층 평면도 (d) 2층 평면도

(e) 지하1층 평면도 (f) 지붕층 평면도 (g) 단면도

(h) 정면도 (i) 배면도 (j) 측면도

그림 3-1 주택계획 설계도면

3·1·2 중간설계 Basic design

중간설계는 건축계획방법에 의해 결정된 내용을 기본으로 대지와 도로와의 관계, 대지의 이용방법, 건축물의 형상과 크기, 층수, 동선과 기능에 의해 구획된 공간들의 배분 등을 고려한 기본계획안을 건축물의 구조, 규모, 형태, 사용재료 등을 결정하고 구체적인 도면으로 정리하는 단계를 말한다.

이 중간설계에서는 건축주의 요구사항 결정과 설계 검토된 설계도면을 포함한 기본설계도인 배치도, 평면도, 입면도, 단면도, 투시도나 조감도, 모형 등이 작성되며, 설계 설명서인 건물개요, 골조형식, 사용재료 그리고 공사비개산서 등도 포함한다. 작성된 기본 설계도는 건축주와 반복 협의하여 결정되며, 건축주의 최종확인과 승인이 결정되면 본설계를 하게 된다.

3·1·3 본설계 Design

실시설계(Final design)는 본설계라고도 하며 중간설계에서 결정한 건물의 설계를 정확하게 시공자에게 전달하기 위해 도면을 좀 더 상세하게 작성하게 된다.

본설계에는 현장에서 공사를 하기 위한 전문적이고 기술적인 내용인 각종 상세도면들과 구조도면, 설비도면 등이 작성된다. 본설계도면에는 중간설계의 계획에 관한 배치도, 평면도, 입면도, 단면도, 각종 상세도, 구조설계도, 급배수와 공조, 전기의 설비설계도, 조경 및 옥외시설설계도 등과 시방서, 계산서, 표준공사비 산출서 등이 있다.

이 본설계도는 시공단계에서 건축주와 시공자, 설계자, 허가관련 담당자와 소통이 가능하도록 정확하게 작성되어야 하고, 도면은 세밀한 부분까지도 명확하게 알 수 있도록 세부마감까지 표시되도록 하며 재료와 구조, 시공방법까지도 표현되어야 한다.

3·1·4 설계감리

시공자에게 건물의 설계를 정확하게 전달하기 위해 알기 쉽고 상세하게 표현한 본설계의 도면작업이 완료되면, 이 도서로 건설업자(시공자)에 의해 건물의 건설공사가 이루어지게 된다.

설계자는 건설업자가 설계도면과 시방서에 맞게 건축공사가 진행되는 것을 확인하기 위해, 공사의 감리(Surveillance)를 설계자나 별도의 감리단에 의뢰하여 현장에서 공사가 진행되는 과정을 확인하고 감독하며 협의 지도하기 위한 작업을 설계감리라 한다.

3.2 기본설계도

건축은 3차원 입체로 구조물을 표현하나, 설계도서는 2차원 평면이므로 3차원의 건물을 2차원 평면에 표현하는 것이 쉬운 작업은 아니다. 설계제도를 습득하려면 도면의 표현방법을 충분히 익히고 도면을 보고 3차원의 공간개념을 감지할 수 있어야 한다.

건축설계는 정해진 규정에 의해 표현되어야만 설계자와 건축 관련자들 모두가 쉽게 이해할 수 있다. 건축설계제도는 도면을 작성할 때 필요한 특성들을 빠짐없이 기호화하여 사용해야만 표현하고자 하는 도면을 작성할 수 있다.

3·2·1 기본설계도면

(1) 배치도(Block plan)

배치도란 건축물을 대지 위에 배치한 후 대지 전체를 건축물과 함께 투영하여 그린 도면을 말한다. 이 배치도에는 대지에 지역여건이나 주위환경에 어울리는 건물을 어떻게 앉히고, 건물의 사용자가 도로에서 건물까지 어떻게 진입하는지, 대지의 형상, 건축물의 위치, 건물의 규모, 대지의 조경계획, 주차장, 방위 등을 표현한다.

대지와 건물의 규모가 작을 경우에는 1/100 축척, 규모가 큰 건물일 경우에는 1/200~1/600 축척을 사용하여 표현한다.

(2) 지붕평면도(Roof plan)

지붕평면도는 건물의 상부에서 수직으로 투영(정투영)하여 보여지는 것을 도면화한 것으로 건물의 지붕, 볼륨, 건물의 돌출된 부분 등을 파악하는 데 도움을 주며,

건물의 최상위층이나 지붕, 옥상층의 형상, 패러핏, 물매, 배수구 등의 위치와 치수 등을 표시한다.

(3) 평면도(Floor plan)

평면도는 건물의 각층마다 공간의 상호관계 구조를 보여주는 건축도면으로 가장 기본이 되는 것이다. 평면도는 건축물의 바닥면에서 1m~1.5m 높이에서 수평으로 절단하고, 상부부분을 제거한 후 바닥면 상부에서 수직으로 내려본 형태를 도면으로 작성한 것이다. 평면도는 절단면 상부에서 바라본 공간의 형태, 규모, 구조형태 등을 보여주며, 평면도에 표현된 선들은 절단된 단면선이거나 부재의 외각선들로 표현한다. 평면도는 일반적으로 1/50~1/300 축척 범위 내에서 작도하며, 기둥, 벽, 창, 문, 계단, 가구, 바닥 마무리 등을 표시하고, 각 기준선과 치수, 실의 명칭 등을 기입한다.

건축물에는 평면도가 여러 개 존재할 수 있으므로 각층의 층수를 사용하여 평면도 이름을 붙이고, 층수가 많으나 평면의 크기와 치수가 동일하게 반복될 경우에는 기준층이라 명한다.

(4) 입면도(Elevation)

입면도는 건축물을 수평 기준으로 수직으로 바라본 외관 형상을 표현한 도면이다. 입면도는 일반적으로 방위에 따라 남측, 동측, 서측, 북측의 4개 입면을 기본으로 작성한다. 입면도는 건축물의 형태, 비례, 사용재료, 창이나 문, 대지의 경사, 인접건물과의 관계, 조경계획 등을 보여준다. 입면은 평면과 단면 등과 함께 건물의 디자인을 완성할 수 있는 수단이므로, 입면도의 변화는 평면과 단면의 변화를 가져오게 된다. 건물의 형태를 조정하는 것은 단순히 입면형태를 바꾸는 것을 의미하지는 않는다. 입면도는 신축건물과 기존의 주위환경과의 관계를 시각적으로 확인할 수 있으므로, 필요시에는 좀 더 정확한 입면도가 작성되어야 한다.

(5) 단면도(Section)

단면도는 건축물에 임의로 설정한 위치에서 수직으로 절단하고 수평방향에서 수직으로 바라본 도면으로 건축물의 사용재료와 마감재 등을 알기 쉽게 확인할 수 있는 도면이다. 단면도는 일반적으로 건물의 특징을 가장 잘 나타낼 수 있는 부분에서 수평방향(X축), 수직방향(Y축)인 2방향으로 절단하나 필요에 따라 더 많은 단면을 잘라서 많은 상세정보와 정확한 도면을 이해할 수 있도록 해야 한다.

절단면은 계단이나 주 현관 등을 기준으로 해서 필요한 부분을 끊은 꺾인 절단선으로 단면선을 표현한다. 단면선은 평면도, 배치도에 위치를 정확히 표현해야 한다. 단면선은 일점쇄선을 사용하여 절단면을 표시하고 절단면의 양끝단에는 화살표를 표시하여 어느 방향으로 본 단면도인지 확인할 수 있도록 한다. 단면선 끝단의 화살표와 2개의 알파벳(A-A')은 단면도의 위치와 방향, 명칭을 나타낸다.

축척이 작은 정확한 단면도는 건축물의 지붕, 바닥면, 벽체, 개구부, 기초 등의 구조재료와 가장 중요한 치수를 확인할 수 있도록 하며, 계단, 램프, 코어박스의 내부구조 등도 표현한다.

(6) 투시도(Perspective drawing)

투시도는 구상중인 건축물을 시각적으로 표현할 수 있는 가장 자연스러운 디자인 방법으로 설계자의 아이디어와 건물의 형상과 매스, 볼륨까지도 잘 표현할 수 있다. 투시도는 건축물의 배치도, 평면도, 입면도, 단면도 등 2차원적인 모습을 건축물의 3차원적인 입체로 표현한 도면으로 일반인들도 쉽게 이해할 수 있는 도면이다.

투시도란 위치를 정하지 않은 점에서 건축물을 바라볼 때, 건축물과 바라보는 사람의 눈 사이에 임의의 수직점을 두어 여기에 투영되는 상을 표현하는 것이기 때문에 눈의 위치에 따라 건물이 여러 형태로 달라지는 가변성을 가지고 있으므로, 실물에 가장 가까운 건축물의 형상이 표현될 수 있도록 한다.

투시도는 일반인들에게 설계된 건축물을 가장 쉽게 이해시킬 수 있으며, 설계자도 건축물의 디자인을 검토하고 수정할 수 있는 역할을 한다.

보는 사람의 눈높이를 투시도보다 높은 곳에 건물을 비스듬히 내려다보고 투시도와 같이 작도한 것을 조감도(Bird's-eye view)라 한다.

조감도의 작도방법에서는 시점(Point of sight)을 무한대로 보고 작도하나, 모든 기선은 시점의 비례에 의해 표현되어야 하므로 시점은 있는 것이다. 조감도에는 정투상조감도와 대각투상조감도가 있으나 대각투상조감도가 비례감이 좋아 많이 사용한다.

(7) 모형(Model)

설계된 도면들과 투시도, 조감도 등에 의해서도 건축물에 대해 이해할 수 있으나, 건축물의 형상이나 매스, 볼륨 등에 대한 이해와 설계안을 정확하게 파악할 수 있도록 실제 모습과 똑같으나 축소된 3차원의 모형을 만들어 건축주와 일반인에게도 계획된 설계안을 쉽고 정확하게 이해시킬 수 있도록 하고 있다.

3·2·2 건축도면의 작성

우리나라에서 건축물을 이해하고 표현하기 쉽게 건축도면 작성의 원칙들을 한국산업규격(Korean industry standard)으로 표준화 하고 규범화해서 여러 도면들에 명시해야 할 표현원칙과 기호 등에 의해 각각의 도면들을 작성하게 되어 있다.

3차원의 건물은 2차원 도면으로 작성하는데, 제도용구에 의한 핸드 드로잉(Hand drawing)방법과 컴퓨터를 이용하여 작도하는 CAD(Computer aided design)방법이 있으나 대부분의 도면작업은 CAD로 작업된다.

CAD로 작업하여 도면화시킬 때에는 건축도면의 기본 표현원칙과 기호 등을 확실히 알아야만 정확한 도면을 만들 수 있기 때문에, 기본 제도용구를 이용한 핸드드로잉 방법에 의해 도면작업과 표현방법을 숙지시켜 프리핸드 드로잉(Freehand drawing)으로 표현가능하게 한 후 CAD로 도면화 작업을 시켜야 올바른 도면을 작성할 수 있다.

(1) 제도용구

건축에서 사용되는 용구는 제도판, 평행자, T자, 삼각자, 삼각스케일, 컴퍼스 등이다. 제도판의 상판은 마그네틱으로 마감한 것에 평행자를 고정시키고, 이 평행자를 수직으로 이동하며 수평선을 작도할 수 있으며, T자도 수평선을 작도하는 데 사용한다.

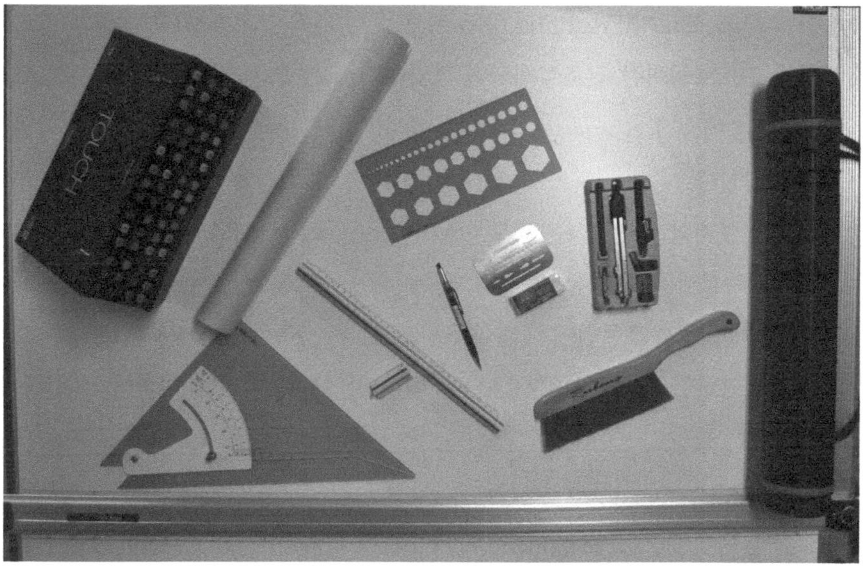

그림 3-2 설계제도 용구

삼각자는 평행자, T자에 맞대어 놓고 수직선이나 각도의 사선을 작업할 때 사용하며, 삼각스케일은 길이를 재거나 확대, 축소에 사용하는 자로 축척에 따라 사용할 수 있도록 눈금이 삼각의 각변 상하에 1/100, 1/200, 1/300, 1/400, 1/500, 1/600의 눈금이 표시되어 있고 스케일의 길이는 30cm로 제작되어 있다.

제도연필은 0.5mm샤프펜을 가장 많이 사용하며, 경우에 따라 0.7mm샤프펜, 홀더를 사용한다. 제도연필심에서 H는 단단하고 흐린 색상이고 B는 연하고 진한색 색상인데 건축제도에서 일반적인 연필심은 HB,H를 기본으로 사용한다. 연필로 실선을 그릴 때에는 연필은 진행방향으로 15° 정도 기울여서 사용하고, 연필심 끝이 원추형이므로 선이 항상 일정 두께로 표현하기 위해 진행방향으로 약간 회전시켜 가며 사용한다.

이밖의 제도용구는 컴퍼스, 디바이더, 탬플릿, 지우개판, 연필심갈이, 제도비 등이 있다.

(2) 프리핸드 드로잉(Freehand drawing)

프리핸드 드로잉이란 건축설계도면 작업을 제도기 또는 자를 사용하지 않고 스케치(Sketch), 에스키스(Esquisse)의 초기 설계형태와 같이 핸드 드로잉으로 작업하는 방법을 말한다.

건축에서 설계의 도면작성은 모두 CAD(Computer aided design)에 의해 제작되어지므로, 건축설계를 표현하는 방법과 건축지식을 습득하기 위해 프리핸드 드로잉에 의해 건축설계방법과 표현법에 대해 교육하고 있다. 건축설계의 내용을 프리핸드 드로잉에 의해 표현할 줄 알아야만 CAD에 의한 작업을 올바르게 표현할 수 있다.

(3) CAD(Computer aided design)

제도판 위에서 핸드 드로잉(Hand drawing)에 의해 이루어졌던 설계제도 건축도면을 이제는 컴퓨터를 사용한 CAD시스템을 이용하여 다양하게 작성하고 있다. 이 CAD시스템은 핸드 드로잉에 의한 건축설계를 표현할 수 없었던 한계를 넘어 불가능한 시각적인 결과물을 표현할 수 있게 해주었다.

이는 CAD시스템에 의해 2차원 드로잉과 3차원 모델링을 자유롭게 표현할 수 있기 때문이다. 그러나 CAD시스템이 발전된다 해도 건축설계에 대한 원리와 이해, 표현방법을 알지 못하면, CAD에 의해 작업된 설계들은 잘못 표현하여 사용할 수 없는 것이 될 것이다. CAD를 이용하여 올바른 도면을 작성하기 위해서는 프리핸드 드로잉에 의한 건축도면 표현방법이 가능하도록 해야 한다. 건축도면을 이해시키기 위한 방법으로 스케치, 에스키스와 같은 프리핸드 드로잉 방법을 사용하고 있다.

프리핸드 드로잉에 의해 결정된 건축도면은 CAD에 의해 2차원적 평면드로잉과 3차원적인 모델링인 건축의 외형이나 볼륨을 형성하게 된다. CAD에 의해 2차원적 평면드로잉과 3차원적 모델링인 건축의 외형이나 볼륨을 형성하게 된다.

CAD에 의해 구성된 3차원 모델링은 그 표면에 재질감과 패턴 등을 표현함으로써 현실 건축물에 가까운 사실적인 표현이 가능하게 된다.

3.3 프레젠테이션 형식 Presentation format

프레젠테이션(Presentation)이란 설계자가 건축주나 설계 발주처에 건물의 설계 도면과 계획서를 제출하는 것을 말하고, 이 프레젠테이션의 목적은 건축주 또는 설계 발주처에 결정된 건물의 디자인 개념과 의도를 보여주고 설득하여 허락을 받기 위한 것이다.

설계가 완료된 후에는 프레젠테이션용 설계보고서를 작성하게 된다. 이 프레젠테이션은 건축주, 설계 발주처 등 일반인이 2차원적인 도면을 통해서 3차원적인 연상을 하기 어렵기 때문에 3차원 모델링과 투시도나 조감도, 기능도, 동선도 등도 함께 표기하여 이해하기 쉽게 해야 한다.

프레젠테이션용 설계보고서는 설계자와 의뢰인 간의 의사소통 관계에서 시각적인 효과를 나타내는 매우 중요한 도서이다. 건축설계의 프레젠테이션은 배치도, 평면도, 입면도, 배치 단면도, 건물 단면도, 실내 · 외 투시도, 조감도 등으로 표현하며 건축개요, 건축규모, 토지이용계획, 동선도, 기능도, 조경계획, 마감재료 등을 나타내고, 필요할 경우에는 동영상을 제작하여 실제 공간개념을 설명하고 모형을 제작하기도 한다. 프레젠테이션 형식은 다양하나 가장 일반적으로 패널형식을 사용하고 있다.

건축의 작품공모전에 참여하는 건축가 등은 작품전의 심사를 담당하는 위원들에게 자신의 건축설계 의도와 개념 등을 확실히 보여줄 수 있고 깊은 인상을 줄 수 있도록 프레젠테이션을 계획한다.

패널형식의 프레젠테이션은 벽에 진열하여 전체설계도서 관계를 한번에 보여줄 수 있는 장점을 가지고 있다. 패널 내에 구성되는 건물의 외곽선은 상하좌우가 일치되게 배열하여 이해가 쉽도록 하고, 기본적인 도면(배치도, 평면도, 입면도, 단면도)을 제외하고는 축척에 상관없이 쉽게 이해될 수 있도록 자유롭게 크기를 결정해도 좋다. 패널에서 배치도는 가능하면 방위표를 그려 넣고 평면도, 입면도, 단면도는 수직 또는 수평으로 일직선상에 배열하여 이해하기 쉽게 한다.

조감도, 투시도는 각각의 설계도서를 하나로 묶어 쉽게 이해시킬 수 있는 도서이므로 패널의 시작위치 또는 패널의 상부위치에 배열시키는 게 좋다.

설계명칭, 설계개요와 설계의 자세한 내용이나 부연설명은 한눈에 잘 들어올 수 있도록 간략하게 정리하여 패널의 한 곳에 모아야 한다. 이런 형식의 패널 프레젠테이션은 각각의 설계도서를 접할 때보다 매우 강한 설득력을 가진 설계도서의 프레젠테이션이 된다.

제4장

건축설계 접근방법

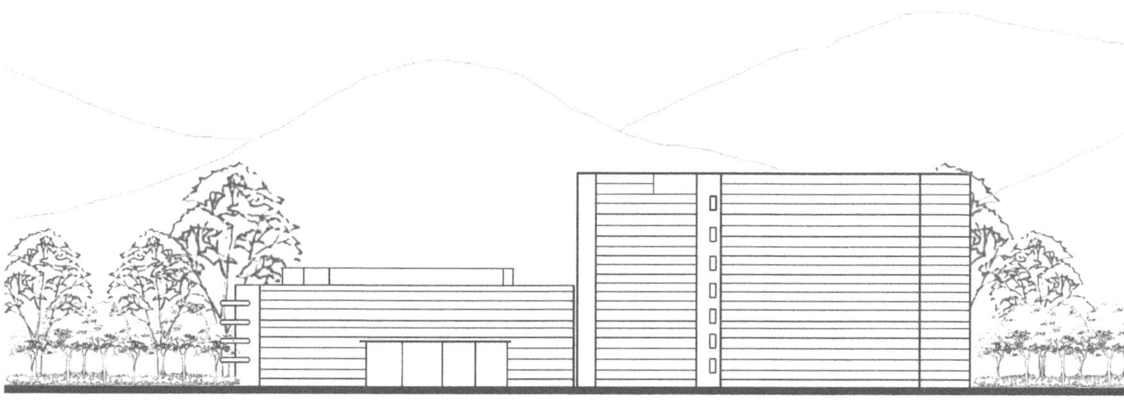

건축설계를 할 때 건축설계의 접근방법이 정해져 있는 것은 아니고, 설계의 주제에 따라 대지조건에서부터 건축물의 형상이나 크기, 규모, 동선과 기능에 의한 평면계획, 실외 공간개념과 구조형태, 건축물 각각의 부분들까지 파악하면 각 설계과정은 단계적으로 진행해나갈 수 있게 된다. 이 각각의 설계과정은 설계에 접근하는 방법으로 이 모든 과정을 마치면 기본적인 건축설계방법에 대해 전반적인 설계진행방법을 알 수 있게 될 것이다.

건축설계는 매우 어려운 일로 각각의 설계과정들을 하나씩 해결하고 진행 시키면 기본적인 건축설계를 할 수 있으며, 이 설계과정을 다시 검토하고 결정하는 과정을 반복하면 건축설계는 더욱더 적합한 형태를 갖추게 될 것이다.

여기에서는 일반적인 건축설계의 접근방법에 대해 설명하면서, 설계에서 가장 먼저 접하게 되는 규모가 작고 친근감이 있는 단독주택 설계를 예로 들며 설계하고자 한다.

4.1 주택설계

인간이 생활하는 주거공간은 시대의 흐름에 의해 크게 바뀌었으나 기본적인 개념은 자연환경과 인위적인 환경으로부터 보호받기 위한 장소이다. 이 주거공간은 시대의 흐름에 따라 공간형태가 복잡해지고 다양하게 표현되고 있다.

단독주택의 주거공간은 작은 규모임에도 건축에 관계되는 모든 요소들을 포함하고 있기 때문에 건축설계는 단독주택에서 시작되고 단독주택으로 마무리된다고 말한다. 단독주택설계는 규모가 작기 때문에 건축에 관한 세부계획을 모두 확인하고 점검할 수 있어, 건축가의 역량과 개성을 보여줄 수 있는 설계공간이라 할 수 있다.

4·1·1 주택설계 방향

주택설계에서 고려해야 할 내용은 구획한 공간구성이 사용하기 편하고 쾌적하며, 외부형태와 내부공간들이 아름답고, 이 공간을 만드는 데 경제성이 있어야 한다. 최근 주택은 핵가족화의 생활과 주부중심의 생활 등으로 바뀌게 되어 생활규모도 간소화되었기 때문에 주택의 유지관리에 편하도록 동선이 단순하고 짧게 설계되어야 한다. 주택의 급 · 배수, 난방과 냉방, 전기설비 등의 시설계획도 초기에 비용부담이 되더라도 투자하여 에너지 절약형으로 설계될 수 있도록 해야 한다. 쾌적한 주택이란 우리의 욕구를 모두 충족시키는 기능을 가지고 있어 주거공간의 사용에 불편함이 없어야 한다.

주택설계가 단순히 필요한 주거공간들을 모아놓은 집합체가 아니라 주거생활에 불편함이 없고 쾌적한 공간감이 느껴지도록 주거공간들이 서로 어우러져 구성되어야 한다.

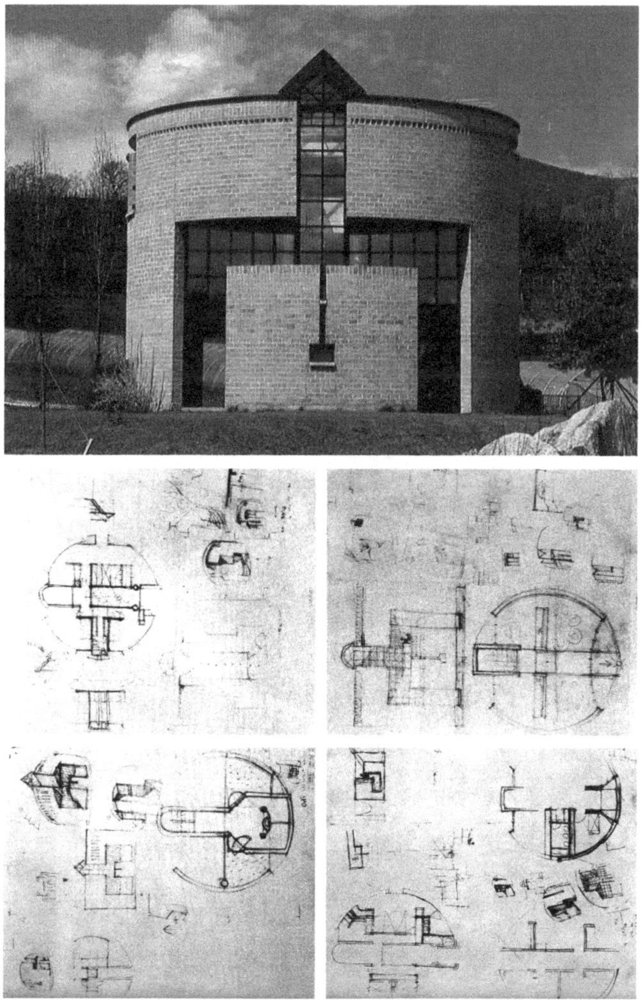

그림 4-1 마리오 보타 주택계획안

4·1·2 주택설계의 기본계획

(1) 대지계획과 조건

대지는 모든 건물을 계획하고 설계하는 데 매우 중요한 요소로 입지조건, 대지의 크기와 모양 등이 중요하다. 대지를 선정할 때에는 자연적인 조건과 사회적인 조건으로 생각해볼 수 있다.

① 대지의 자연적 조건

대지의 자연적 조건은 대지의 모양, 크기, 지형적인 고저차 등의 조건, 지반상태, 대지와 주변상황, 대지로의 접근성과 편의성 등을 생각할 수 있다. 대지는 지반이 견고하고 일조, 통풍, 배수 등이 좋아야 하고, 대지의 모양은 사각형이 좋으며 건축면적의 3배에서 5배 정도의 크기면 아주 좋다. 대지의 크기가 작을 경우에는 동서방향으로 긴 대지가 사용상 유리하고, 대지가 클 경우에는 남북으로 긴 대지가 사용하기 좋다.

② 대지의 입지조건

대지의 입지조건은 우선 교통이 편리해야 하고 도시의 제반시설 이용이 편리한 곳에 있어야 좋다. 도시의 제반시설이란 공공시설, 학교, 시장이나 상가시설, 공원 등을 말한다. 주택의 대지는 주거 전용지역이나 일반주거, 준주거 등 일반 제법규조항에 적합한 장소로 도시계획상(토지이용) 발전계획이 수립된 곳이어야 한다.

③ 대지의 도로 · 모양

대지는 도로에 1면 이상 접해야 한다. 대지에 진입하기 위해서는 도로가 있어야 하고 이 도로폭은 4m 이상이면 되지만 8m, 6m의 폭으로 된 도로가 좋다. 대지에 접한 도로는 1면도로에 접한 대지보다 2면도로에 접한 대지에 설계를 계획할 때 동선이나 배치계획 등에 유리하다. 대지의 모양은 정방향에 가까운 사각형의 형태가 좋다. 대지면적이 작을 때에는 동-서로 약간 긴 사각형의 형태가 좋으며, 대지면적이 클 때에는 남-북으로 약간 긴 사각형 형태가 바람직하다. 이는 일조와 채광, 통풍 등을 고려한 평면계획에 유리하기 때문이다.

대지에 계획된 주택의 방위는 남향이 가장 좋으나 남향으로 불가능할 때에는 남향에서 동·서로 20° 이내로 계획을 세우는 것이 중요하다. 방위가 남향이 좋은 이유는 일조와 채광, 통풍에 유리한 계획을 할 수 있기 때문이다.

(2) 건축법규 계획

건축법규란 건축에 관한 법률, 명령, 규칙, 조례 등 건축과 관련된 국민의 권리와 의무를 말한다. 주택설계에 있어서 가장 중요한 요소 중의 하나가 일조권과 채광권 확보이다. 이 일조권 관계는 건축법규에서 규정하고 있으며 거주환경에 많은 영향을 주는 요소이다. 주택설계에 있어 일조권 확보는 태양이 가장 낮은 동지 때에도 4시간 이상의 충분한 일조를 받을 수 있게 하기 위해서다.

건축법의 규제내용은 최소한의 의무규정이므로 건축설계를 계획할 때 매우 중요한 영향을 주므로 면밀한 검토가 필요하다. 주택을 설계할 때 검토되어야 할 법규사항은 사용대지의 용도에 대한 적용이다. 대지가 주거전용지역, 일반주거지역, 준주거지역 등에 따라 법규 적용이 다르기 때문이다.

표1 주거지역의 건축법규

항 목	법 검토		법규
건폐율	지역 세분	건폐율 한도	국토의 계획 및 이용에 관한 벌률 제77조 *주거지역의 건폐율 최대한도 70% 이하 *건폐율 완화는 도시계획 조례로 정하는 비율
	제1종 전용주거지역 제2종 전용주거지역	50% 이하	
	제1종 일반주거지역 제2종 일반주거지역	60% 이하	
	제3종 일반주거지역	50% 이하	
	준주거지역	70% 이하	
용적률	제1종 전용주거지역	50% 이상 100% 이하	국토의 계획 및 이용에 관한 법률 제78조 *도시계획 조례로 해당지역의 구역별로 용적률을 세분하여 정할 수 있다.
	제2종 전용주거지역	100% 이상 150% 이하	
	제1종 일반주거지역	100% 이상 200% 이하	
	제2종 일반주거지역	150% 이상 250% 이하	
	제3종 일반주거지역	200% 이상 300% 이하	
	준주거지역	200% 이상 500% 이하	
대지 안의 공지	전용주거지역 건축물 (공동주택 제외)	1m 이상 6m 이하 (한옥일 때 처마선 0.5m 이상 2m 이하, 외벽선 1m 이상 2m 이하)	건축법 58조 시행령 제80조 2항 인접대지 경계선으로부터 건축물까지 띄어야 하는 거리

표2 일조 등의 확보를 위한 건축물의 높이제한(건축법 61조, 시행령 86조 1항) 일조 등의 확보를 위한 대상지역

방위	위치	대상지역	
정북방향 (원칙)	인접대지 경계선	• 전용주거지역 • 일반주거지역 정북방향의 인접대지 경계선으로부터 띄우는 거리	
		높이	인접대지 경계선으로부터 띄우는 거리
		9m 이하인 부분	1.5m 이상
		9m를 초과하는 부분	해당 건축물 각 부분의 높이 1/2 이상
정남방향 (가능)	인접대지 경계선	택지개발예정지구	「택지개발촉진법」
		대지조성사업시행지구	「주택법」
		• 광역개발권역 • 개발촉진지구	「지역균형개발 및 지방중소기업육성에 관한 법률」
		• 국가산업단지 • 일반산업단지 • 도시첨단산업단지 • 농공단지	「산업입지 및 개발에 관한 법률」
		도시개발구역	「도시개발법」
		정비구역	「도시 및 주거환경정비법」
		• 정북방향으로 도로 · 공원 · 하천 등 건축이 금지된 공지에 접하는 대지 • 정북방향으로 접하고 있는 대지의 소유자와 합의한 경우의 대지	

표3 건축물의 높이제한, 대지 안의 조경, 주차장의 설치기준

건축물의 높이제한 (도로에 따른 사선제한)	대지면적 200㎡ 이상 인 대지	건축법 42조 지방자치단체의 조례
대지 안의 조경	최고높이가 정하여지지 아니한 가로구역의 경우 건축물 각 부분의 높이는 정면도로의 반대쪽 경계선까지의 수평거리의 1.5배를 초과할 수 없다.	건축법 60조
단독주택의 부설 주차장의 설치기준	• 시설면적 50㎡ 초과 150㎡ 이하의 경우에는 1대 • 시설면적 150㎡ 초과의 경우에는 1대에 150㎡ 초과하는 100㎡당 1대를 더한 대수 {1+(시설면적−150㎡)/100㎡}	주차장법 19조 주차장법 시행령 6조

① 대지면적(건축법 84조, 시행령 119조)

- 대지의 수평투영면적으로 한다.
- 대지면적에 포함되지 않는 경우는 ㉠ 예정도로의 부분, ㉡ 소요너비에 미달되는 도로에서의 건축선과 도로경계선 사이 부분, ㉢ 도로 모퉁이에서의

건축선이 정해지는 부분, ㉣ 대지 안에 도시계획 시설인 도로 · 공원 등이 있는 경우 그 도시계획시설 안에 포함되는 대지면적

② 건축면적(건축법 84조, 시행령 119조)

- 건축면적의 산정은 건축물의 외벽(외벽이 없을 경우에는 외곽부분의 기둥) 중심선으로 둘러싸인 부분의 수평투영면적으로 한다.
- 처마, 차양, 부연 등 이와 비슷한 것으로 그 외벽의 중심선으로부터 수평거리 1m 이상 돌출된 부분이 있는 경우는 돌출된 끝부분에서 1m 후퇴한 선으로 둘러싸인 부분의 수평투영면적으로 한다.
- 지표면으로부터 1m 이하에 있는 부분은 제외한다.

③ 바닥면적(건축법 84조 시행령119조)

- 건축물의 각층 또는 그 일부로서 벽, 기둥, 그밖에 이와 비슷한 구획의 중심선으로 둘러싸인 부분의 수평투영면적으로 한다.
- 벽 · 기둥의 구획이 없는 건축물은 그 지붕 끝부분으로부터 수평거리 1m 후퇴한 선으로 둘러싸인 수평투영면적으로 한다.
- 건축물의 노대 등 기타 이와 유사한 것, 필로티 등과 유사한 구조, 승강기탑 · 계단탑 · 장식탑 · 다락(층고 1.5m 이하) · 굴뚝 · 물탱크, 기름탱크 · 냉각탑 · 정화조 등이나 공동주택으로서 지상에 설치한 기계실 · 어린이놀이터 · 조경시설 등은 시행령 119조에 정한 바에 따른다.

④ 연면적(건축법 84조 시행령 119조)

하나의 건축물 각층의 바닥면적 합계로 연면적을 산정한다.

용적률 산정 시 제외되는 부분은 ㉠ 지하층 면적 ㉡ 지상층의 주차용으로 사용하는 면적 ㉢ 주택건설기준 등에 관한 규정에 따른 주민공동시설의 면적 ㉣ 상업지역에 건축하는 200세대 이상 300세대 미만인 공동주택에 설치하는 주민공동시설의 면적 ㉤ 초고층 건축물과 준초고층 건축물에 설치하는 피난안전구역의 면적 ㉥ 건축물의 경사지붕 아래에 설치하는 대피 · 공간의 면적

⑤ 건폐율(건축법 55조, 국토계획 및 이용에 관한 법률 77조)

대지면적에 대한 건축면적의 비율을 건폐율이라 한다. 여기에서 건축면적은 대지에 2이상의 건축물이 있는 경우에는 이들 건축면적의 합계를 말한다.

⑥ 용적률(건축법 56조, 국토계획 및 이용에 관한 법률 78조)

대지면적에 대한 건축물의 연면적 비율을 용적률이라 한다. 여기에서 연면적은 대지에 2이상의 건축물이 있는 경우에는 이들의 연면적 합계를 말한다.

⑦ 건축선의 지정(건축법 46조, 시행령 31조)

건축선이란 도로와 접한 부분에 건축물을 건축할 수 있는 선을 말한다. 이 건축선은 대지와 도로의 경계선으로 한다.

- 도로가 소요너비에 미달되는 도로의 건축선은 ㉠ 도로 양쪽에 대지가 있을 때에는 미달되는 도로의 중심선에서 대지쪽으로 소요너비의 1/2 수평거리 후퇴선 ㉡ 도로의 반대쪽에 경사지, 하천, 철도, 선로부지 등이 있을 때에는 경사지 등이 있는 쪽의 도로경계선에서 소요너비에 필요한 수평거리를 후퇴한 선을 그 도로의 건축선으로 한다.
- 교차도로에서의 건축선
  교차되는 너비 8m 미만인 도로의 모퉁이에 위차한 대지의 도로모퉁이 부분의 건축선은 도로경계선의 교차점으로부터 도로경계선에 따라 다음에 따른 거리를 각각 후퇴한 2점을 연결한 선으로 한다.
- 건축선 별도지정
  특별자치도지사 또는 시장 · 군수 · 구청장은 「국토의 계획 및 이용에 관한 법률」에 따른 도시지역 안에서는 4m 이하의 범위에서 건축선을 따로 지정

도로의 교차각	해당 도로의 너비		교차되는 도로의 너비
	6m 이상 8m 미만	4m 이상 6m 미만	
90° 미만	4m	3m	6m 이상 8m 미만
	3m	2m	4m 이상 6m 미만
90° 이상 ~ 120° 미만	3m	2m	6m 이상 8m 미만
	2m	2m	4m 이상 6m 미만

할 수 있다.

⑧ 건축선에 따른 건축제한(건축법 47조)

- 건축물 및 담장은 건축선의 수직면을 넘어서는 안 된다. 단, 지표 아래부분은 예외로 한다.
- 도로면으로부터 높이 4.5m 이하에 있는 출입구 · 창문 등의 구조물은 개폐시 건축선의 수직면을 넘는 구조로 해서는 안 된다.

⑨ 건축물의 높이제한 중 사선제한(건축법 60조, 시행령 82조)

도로에 따른 사선제한(최고높이가 정하여지지 않은 경우)

- 최고높이가 정하여지지 아니한 가로구역의 경우 건축물 각 부분의 높이는 그 부분으로부터 전면도로의 반대쪽 경계선까지의 수평거리의 1.5배를 초과할 수 없다.
- 대지가 2이상의 도로 · 공원 · 광장 · 하천 등에 접하는 경우에는 건축물의 높이를 해당 지방자치단체의 조례로 정할 수 있다.

⑩ 일조 등의 확보를 위한 건축물의 높이제한(건축법 61조, 시행령 86조)

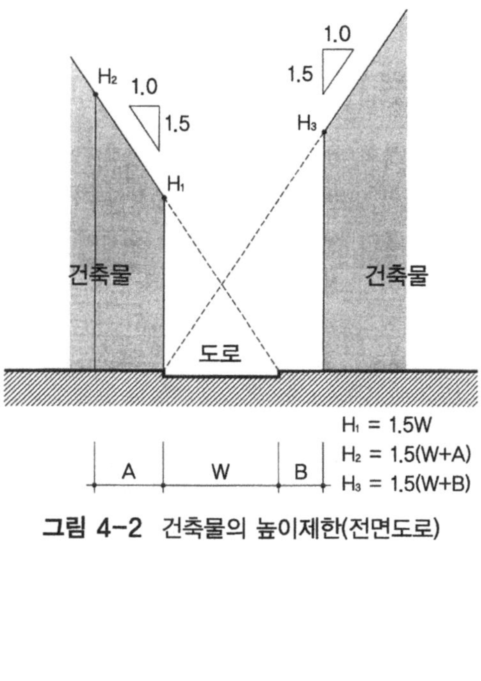

그림 4-2 건축물의 높이제한(전면도로)

(ㄱ) 일조 등의 확보를 위한 대상지역

방위	위치	대상지역	
정북방향 (원칙)	인접대지 경계선	• 전용주거지역 • 일반주거지역	
정남방향 (가능)	인접대지 경계선	택지개발예정지구	「택지개발촉진법」
		대지조성사업시행지구	「주택법」
		• 광역개발권역 • 개발촉진지구	「지역균형개발 및 지방중소기업육성에 관한 법률」
		• 국가산업단지 • 일반산업단지 • 도시첨단산업단지 • 농공단지	「산업입지 및 개발에 관한 법률」
		도시개발구역	「도시개발법」
		정비구역	「도시 및 주거환경정비법」
		• 정북방향으로 도로 · 공원 · 하천 등 건축이 금지된 공지에 접하는 대지 • 정북방향으로 접하고 있는 대지의 소유자와 합의한 경우의 대지	

(ㄴ) 일조 등의 확보를 위한 건축물의 높이제한

㉠ 정북방향의 인접대지 경계선으로부터 띄우는 거리

높이	인접대지 경계선으로부터 띄우는 거리
9m 이하인 부분	1.5m 이상
9m를 초과하는 부분	해당 건축물 각 부분의 높이 1/2이상

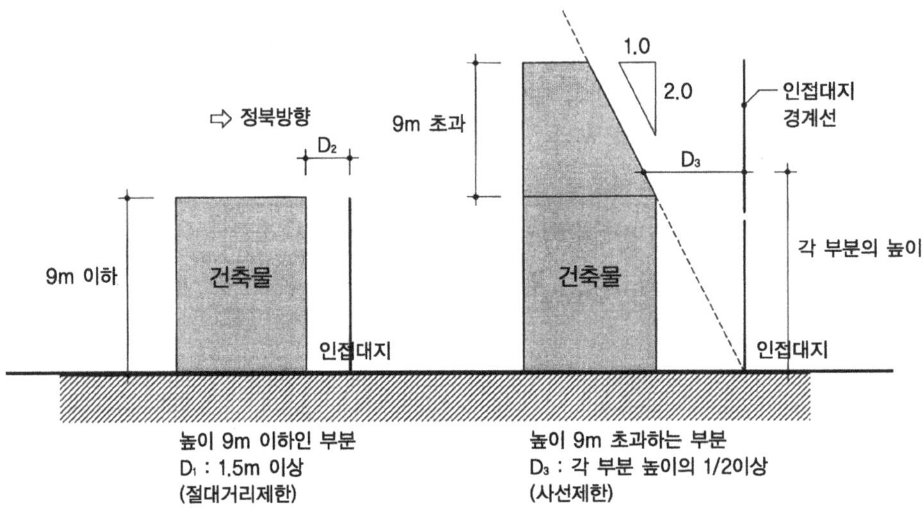

그림 4-3 건축물의 높이제한(일조권 확보)

㉡ 정남방향의 인접대지 경계선으로부터 띄우는 거리

- 위 ㉠에 따른 높이의 범위 안에서 특별자치도지사 또는 시장 · 군수 · 구청장이 고시하는 높이를 말한다.
- 특별자치도지사 또는 시장 · 군수 · 구청장은 건축물의 높이를 고시하고자 할 때에는 미리 그 내용을 30일간 공람시켜야 하며, 해당 지역 주민의 의견을 들어야 한다. 해당 지역인 경우로서 건축위원회의 심의를 거친 경우에는 예외로 한다.

⑪ 부설 주차장(주차장법 19조, 시행령 6조)

단독주택에서 주차장 설치기준은 시설면적 50㎡ 초과 150㎡ 이하의 경우에는 1대로 하고, 시설면적 150㎡ 초과의 경우에는 1대에 150㎡ 초과하는 100㎡당 1대를 더한 대수 [1+(시설면적 – 150㎡)/100㎡]로 한다.

⑫ 대지의 조경

- 대지의 조경대상

구분	기준	
원칙	적용면적	대지면적이 200㎡ 이상인 경우
	적용기준	• 용도지역 및 건축물의 규모에 따라 해당 지방자치단체의 조례가 정하는 기준에 의함 • 국토교통부장관은 식재기준, 조경시설물의 종류, 설치방법, 옥상조경 등 필요한 사항을 정하여 고시할 수 있다.

4 · 1 · 3 건축주의 요구사항

주택설계의 기본적인 요소는 건축주가 제시하는 구체적인 요구사항과 가족의 구성, 각 가족의 생활구조, 건축주가 요구하는 각 실들과 분위기, 건축물의 형상 · 크기등에 따라야 하고, 건축주와 많은 의견을 교환하여 주택설계의 기본 자료로 사용되어야 한다.

(1) 가족구성

주택에 생활하는 각 구성원의 수와 각 구성원의 성별, 직업, 나이, 취미 등을 자료화 하고, 각 구성원의 개성에 따른 공간과 분위기까지도 나열하면 실의 배열과 공간사용도 계획하기가 쉽다.

(2) 생활공간의 구성

- 주택에서 합리적 공간구성을 하기 위해서는 주택의 각 실들의 공간의 개념과 성격, 크기, 개방 또는 폐쇄 등을 나누고, 서로 연관된 각 실들을 조합하여 생활공간의 묶음으로 나누어 계획하여 설계한다.
- 생활공간의 묶음은 개인공간, 가족공동의 공간, 가사작업공간으로 나누어 생각할 수 있다.
- 개인공간은 독립성이 요구되는 정적인 공간으로 침실 · 서재 · 취미실이 있고, 가족공동의 공간은 개방성이 요구되는 동적인 공간으로 거실 · 식당 · 현관, 가사작업공간인 부엌 · 다용도실 · 욕실 등도 동적인 공간에 포함된다.

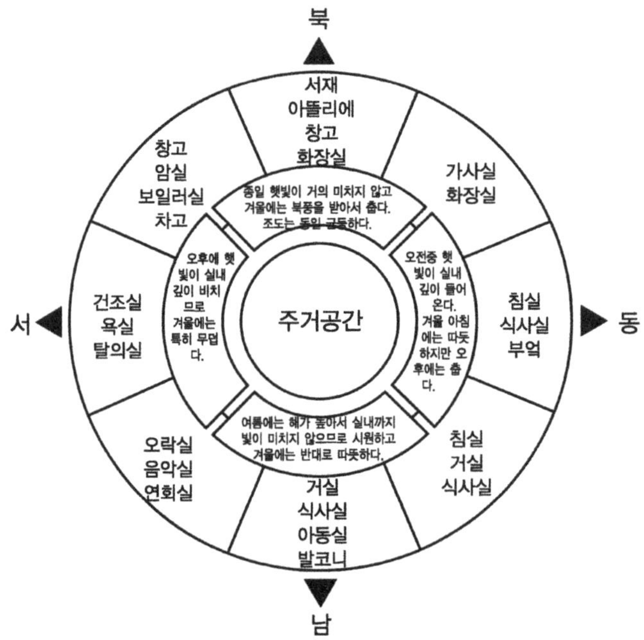

그림 4-4 방위에 따른 각 실의 배치

- 주택의 생활조건에 따른 공간은 그 공간의 환경조건인 방위에 따라 배열되므로 주의한다.

(3) 주택설계에 대한 건축주의 의견

- 설계에 있어 건축주의 의견은 기본계획 설계의 틀과 방향을 이루는 기본계획의 요소이므로 설계의 기본계획 시 건축주와 많은 의견을 교환하고 협의하여 기본자료를 만들어 설계를 진행한다.
- 건축주와 합의한 내용은 날짜와 시간, 장소 등을 포함하여 자세히 기록해두고 이것들을 목록화하고 도표화하여 설계의 기본계획에 반영되도록 검토한다.
- 건축주의 요구내용 ① 건축물의 규모와 형상 ② 건축물의 사용재료와 구조 ③ 사용공간들의 배치 및 모양과 형상 ④ 각 실의 종류와 배열방법 ⑤ 욕실의 배치와 크기 ⑥ 수납공간의 배열과 설치 ⑦ 냉 · 난방과 그 외의 설비 ⑧ 창호재 ⑨ 각 실의 마감방법(천장, 벽, 바닥) ⑩ 주차공간 등으로 나누어 도표화해두어 설계에 적극 반영되도록 한다.

4.2 대지조건

좋은 건축물을 만들기 위해서는 건축물의 대지를 잘 관찰하고 대지의 형상, 대지의 주변과의 관계, 대지의 조건이나 문제점 등을 충분히 파악한다.

(1) 지도, 항공사진 활용

대지를 넓은 의미에서 파악하기 위해서는 지도, 항공사진을 활용하여 대지의 조건과 특성이 파악되어야 한다. 이는 지도, 항공사진에서 대지를 둘러싸고 있는 주변환경인 건축물들이나 도시의 형태 등 기본적인 대지의 구조를 파악할 수 있기 때문이다.

대지에 지을 수 있는 건축물의 종류와 크기에 대한 제한, 도로 · 도시계획에 의한 정비계획 등은 대지의 토지대장과 토지이용계획 확인서를 시, 구청 등의 지역행정

그림 4-5 대지 항공사진

그림 4-6 토지이용계획 확인원

기관에서 자료를 신청하여 받은 후 대지 현황분석표를 작성하여 대지조건들을 분석한다.

대지 현황분석표에는 토지의 위치, 지목, 대지면적, 건축법이나 도시계획 관계 등의 제한사항, 대지 주변의 여건조사인 공공시설, 교육시설, 교통, 의료, 편의시설 등과 건축내용을 상세히 기술하고 문제점 등을 확인한다.

(2) 대지에 가서 직접 확인

대지에 직접 가서 현장을 둘러보고 정보수집을 통해 좀 더 상세한 대지의 다양한 여러 조건의 상태들을 파악하여 설계에 필요한 내용들을 확인하고 사진으로 기록하여 참조할 수 있도록 정리해두고, 대지는 동일 장소를 연속 촬영하여 파노라마로 만들면 대지 주변의 환경도 볼 수 있으며 설계에 많은 도움을 받을 수 있다. 여

그림 4-7 대지의 파노라마 사진

러 위치에서 촬영한 사진은 지도에서 위치를 확인하여 표현하는 것이 좋으며, 이 파노라마 사진은 미리 설계될 건축물을 사진으로 합성해볼 경우 주위에 가장 잘 어울리는 건축물을 설계할 수 있을 것이다.

(3) 대지의 모형제작

- 건축설계에서는 건물의 내부나 외부 디자인뿐만 아니라, 건물과 대지 내의 주위환경에 의해 만들어지는 건물 이외의 대지 내의 빈 공간도 매우 중요한 설계공간이므로 이 대지의 빈 공간도 고려하여 설계되어야 한다.
- 대지의 빈 공간이란 대지에 건물이 놓이지 않은 부분을 말한다.
- 건물과 건물들의 사이에 놓인 빈 공간들의 흐름이나 주위의 자연이나 도시환경, 새로 지은 건물에 의해 새로 생겨나는 대지의 빈 공간들은 서로 연결되어 하나의 흐름을 가지고 주위환경의 공간축의 개념으로 설계되어야 한다.
- 주위에 어울리는 건물의 배치와 공간의 흐름을 배열하고 표현하기 위해서는 대지의 모형이 필요하다.
- 대지 모형의 크기는 제작과 표현하기 쉬운 적절한 축척으로 결정되어야 한다. 3차원적인 공간을 표현하기 위해서는 1/200 정도의 축척이 필요하고, 1/100, 1/50 축척이면 좀 더 세분화한 부분까지도 표현하기 쉬워진다.
- 대지의 모형 크기는 도로와 인접대지 주변의 상태를 파악할 수 있을 정도는 갖추어야 하며, 제작하려는 모형의 축척에 맞추어 크기가 결정되어야 한다.
- 대지 모형에 있어서 주위 건물들은 단순화된 윤곽으로 그 크기를 파악할 수 있을 정도로 표현하고 도로는 보도와 차도가 구분될 정도로 하며, 한정된

그림 4-8 대지의 모형제작

재료를 사용하므로 비슷한 색상으로 통일시키는 것이 좋다. 가로수는 반드시 표현하고, 사람이나 자동차 등은 크기의 대비를 보여주므로 가능한 범위에서 표현한다.

모형의 표현은 모형축척에 따른 세분화가 필요하다. 대지와 주위 건물 등은 매우 복잡한 모양을 하고 있지만, 실제의 모양을 표현하기란 불가능하므로 주변 건물들은 실물에 맞추기보다는 동일한 계열의 색으로 통일하고 건물의 볼륨은 비슷하고 단순화한 모양으로 표현하는 것이 좋다.

4.3 대지분석

대지분석은 건물의 배치계획을 어떻게 할 것인가를 알기 위한 대지계획의 중요한 요소이다. 대지를 분석함으로써 법규적용, 대지의 동선계획, 건물의 매스계획, 경관분석 및 소음분석, 조망, 조경 등 다양한 정보를 이해하고 배치도를 작성하게 되며, 대지의 효율적인 이용과 차량이나 보행자의 동선, 서비스동선 등을 고려한 대지의 계획이 이루어지게 된다.

(1) 대지의 지형

대지의 지형은 일반적으로 등고선에 의해 표현된다. 등고선은 지면상의 동일한 고도의 모든 지점을 연결한 선으로 표현하며 수직선으로도 일정한 간격에 의해 구

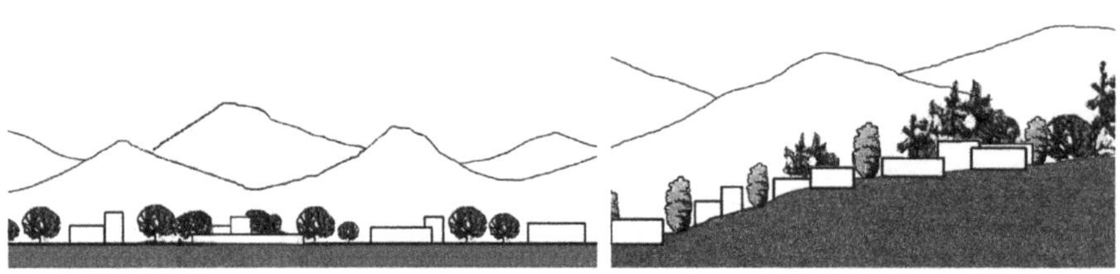

(a) 평지에 배치한 건축물 (b) 경사지에 배치한 건축물

그림 4-9 건축물의 배치방법

분한다. 등고선의 간격도 지형도의 축척과 비교해보면 실제 지형의 고도와 경사도를 파악할 수 있다.

이 등고선에 의한 대지의 경사면 분석은 건물의 배치와 대지 내의 진입도로, 주차장, 대지 내의 공지 등 대지계획에 사용된다. 대지의 경사는 경사도에 따라 급경사지, 완만한 경사지, 평탄지, 배수양호지역, 침식지역 등 시각적 대지의 용도에 영향을 준다. 대지의 경사는 태양에 대한 대지의 이용과 방향, 공기의 흐름 등에 영향을 받게 된다.

대지가 수평지형일 때는 안정되고 편안함 등을 줄 수 있으며 주위환경과 잘 어우러지는 조화를 얻을 수 있는 형태이며, 대지가 요철형 지형일 때는 주위환경과의 어우러짐, 능선형 지형은 지역을 분할하거나 다른 유역으로 나누고 계곡형 지형은 계곡을 조망하는 측면지역으로 계획되는 형태가 바람직하다.

(2) 대지 접근성 계획

대지는 도로에 접해야 하며, 도로는 최소 폭이 4m 이상이어야 한다. 대지계획 중 대지 접근성 계획은 대지의 외곽도로에서 대지 내부로 들어가는 진입로에 대해서 충분히 검토되어야 한다.

이 대지 접근성 계획은 대지의 효율적인 이용과 차량동선, 보행자동선 등 주변사항들이 고려된 대지분석 내용에 의해 계획되어야 가장 합리적인 대지 접근성 계획안을 찾을 수 있다.

① 도로의 조건과 대지이용

- 대지에 1개의 도로가 접해 있을 때에는 차량과 보행자동선은 서쪽 면에 접해 진입로를 두고, 주차장은 서쪽이나 북쪽에 두는 계획이 가장 합리적인 방법이다.

  대지가 소규모일 때는 주차조건을 필로티로 계획하는 것도 좋은 방법이다.
- 대지에 2개의 도로가 접하고, 이 2도로가 직교하여 교차로가 형성되어 있을 때에는 주출입구는 주도로에서 진입하고 부출입구는 주차장 쪽에서 진입하며, 출입구는 교차로에서 20m 정도 떨어져 설치하는 것이 좋다.

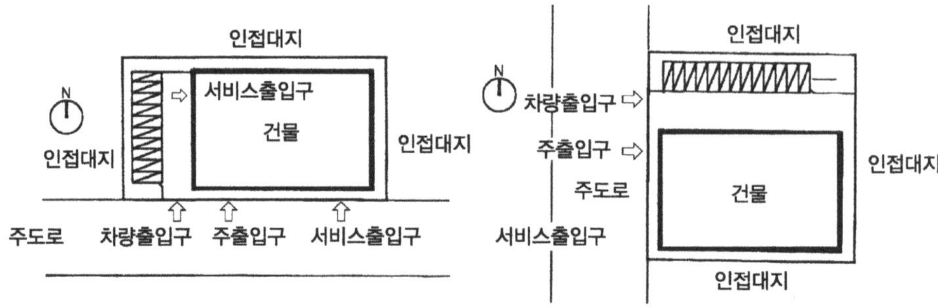

(a) 남측 도로에 접한 대지 (b) 서측 도로에 접한 대지

그림 4-10 1면 도로에 접한 대지

단, 이 2도로가 대지에 남북이나 동서로 나누어서 접해 있을 때에는 주차장은 북쪽과 서쪽 면에 두는 방법이 일반적인 계획이며, 대지내의 통과도로는 4m 이상으로 계획되어야 한다.

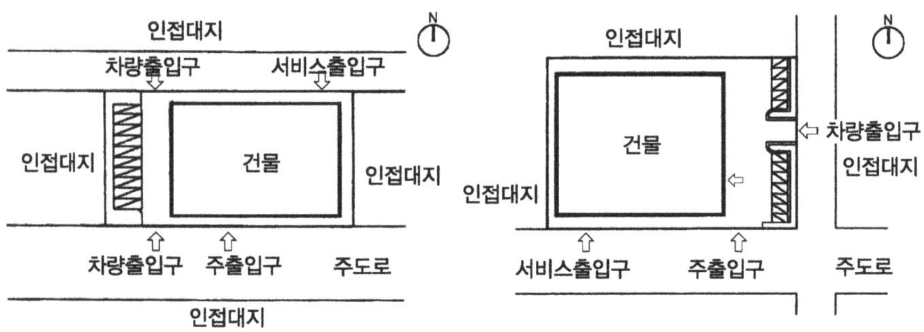

(a) 남북측 도로에 접한 대지 (b) 동남측 도로에 접한 대지

그림 4-11 2면 도로에 접한 대지

② 대지 내의 동선계획

대지 내의 동선계획은 보행자동선, 차량동선, 서비스동선, 긴급비상동선 등으로 나누어 생각해볼 수 있으며, 이 동선계획 중 유의사항은 사람과 차량의 동선을 명확하게 구분시키고 보행자동선은 주도로에서 건물에 진입시키며 차량동선은 부도로에서 주차장으로 진입되도록 계획한다.

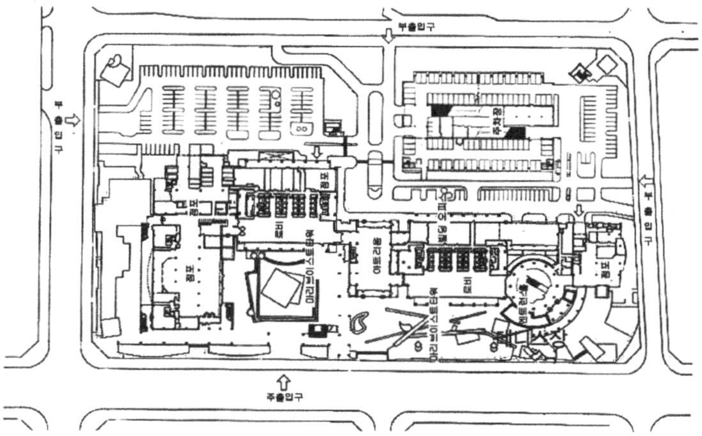

그림 4-12 대지 내의 동선계획

(3) 대지의 방향과 조망분석

건물 설계에서 소요실들의 방향설계는 매우 중요하며, 이 방향설계는 주변 조망조건에 맞게 설계되어야만 좋은 설계를 할 수 있다.

① 소요실의 방향분석

생활공간에서 오래 머무르는 곳은 햇빛을 충분히 받을 수 있도록 남쪽에 배치되도록 하는 것이 바람직한 방법이다. 그 외의 실들도 최소한 하루에 조금이라도 햇빛을 받을 수 있도록 계획하는 것이 이상적이다.

이 조건을 충족시키기 위해 건물의 평면형태는 동서로 긴 장방형의 형태로 배치된다. 대지의 모양이나 면적 때문에 모든 소요실을 다 충족시킬 수 없으므로 각 소요실들의 성격과 공간의 규모에 따라 배치할 위치를 설정하게 되며, 각 실 위치의 결정은 여름철의 통풍과 겨울철의 일조 등을 고려하여 위치를 정하고 바람의 흐름도 고려하여 창과 문의 설치도 유의해야 한다.

생활공간의 소요실들을 일조와 통풍의 조건 등에 의해 위치를 나누고 동일한 구역에 놓인 실들을 하나로 묶은 것을 존(Zone)이라 한다. 이 존은 생활행동별 Zone(문화적, 휴식, 가사노동), 시간적 Zone(주간, 야간), 가족과 개인 Zone(가족, 개인) 등으로 구분할 수 있다.

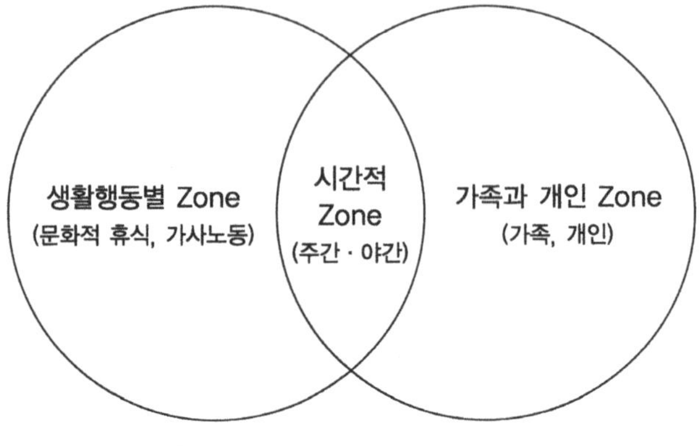

그림 4-13 생활공간의 방향분석

② 대지의 주변조망분석

건물은 주위환경과 어우러지게 설계되어야 하므로 대지 주변의 조망분석이 정확하게 분석되어야만 한다. 대지 주변조건 등은 건물 디자인에 매우 큰 영향을 주므로 대지의 빈 공간인 옥외공간과 주위환경의 공간축 개념으로 설계가 이루어져야 한다. 주변조건의 분석에서 강이나 경사지, 수목 등은 건물의 디자인에 영향을 주게 되며, 이 대지조건에서 대지 내의 휴식공간과 어울리는 계획설계가 될 때 조망이 우선시되는 대지분석을 고려하여 설계하게 된다.

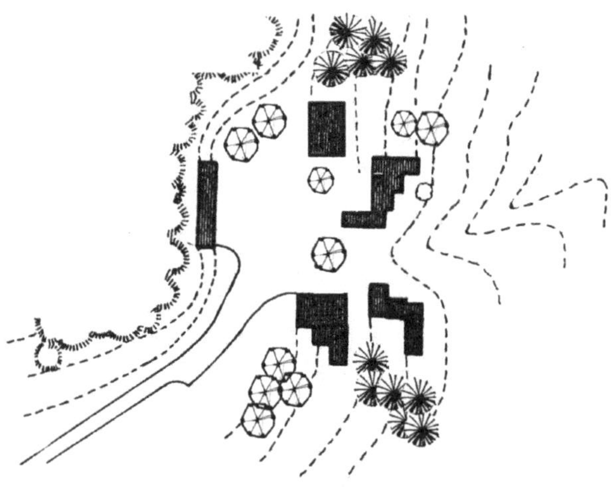

그림 4-14 대지의 조망분석

(4) 대지의 소음분석과 조경계획

① 대지의 소음분석

- 대지의 소음분석은 건물의 형태와 건물 내의 소요실들의 배치계획에 따라 소음을 차단하기 위해 실들의 위치변경이나 건물의 형태를 변경하는 기본계획 검토를 한다.
- 소음은 외부소음과 내부소음으로 나누어 생각할 수 있다.
- 외부소음은 대지에 접한 도로가 폭이 20m 이상일 때는 도로의 소음차단계획을 검토해야만 한다. 소음차단방법은 수목을 이용하여 차단하는 방법, 건물을 후퇴시켜 짓는 방법, 주 소음에 직각으로 건물을 배치하는 방법들을 사용한다.
- 내부소음은 건물 내의 소요실들을 정적인 실들과 동적인 실들로 구분하여 묶고, 또 이 묶은 소요실들을 좀 더 세분하게 나누어 건물의 상하층으로 구분하거나 층의 좌우로 구분하여 서로 섞이지 않게 배열하여 소음을 최소화할 수 있게 계획한다.

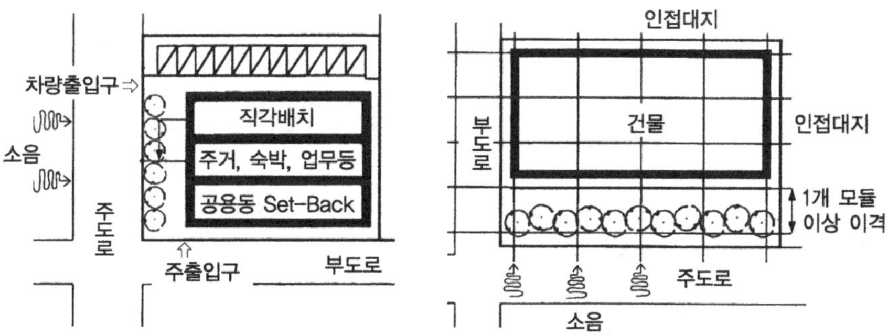

(a) 직각배치의 소음차단방법 (b) 20m 주도로의 이격방법

그림 4-15 대지의 소음차단

② 대지의 조경계획

건축에서 조경계획은 건축물의 주변환경과 조망을 차단하거나 공간형성을 취한 조경계획과 건축물 조경계획의 법적인 요구사항 등을 고려해서 설계되어야 한다. 일반적인 대지의 조경계획은 대지의 동쪽과 남쪽에는 옥외공간을 계획하고 대지의 북

쪽 일조권 지역에는 키큰 커다란 수목으로 계획한다. 조경공간은 대지경계선을 기준으로 4m 이상으로 건물을 둘러싼 조경을 하여 건물에 안정감을 주도록 계획하는 것이 좋다. 수목을 이용한 공간 형성은 수목의 높이, 간격, 밀도 등에 따라 개방공간, 반개방공간, 차폐공간으로 구분할 수 있다.

- 개방공간은 키가 낮은 관목이나 지피식물로 계획하여 시야가 트인 공간을 구성하는 것을 말하며, 이 공간은 경쾌하고 외부 지향적이나 프라이버시를 가질 수 없다.
- 반개방공간은 키큰 수목을 활용하여 한 면 이상 수직면을 차단시키고, 다른 면은 개방공간으로 계획된 공간을 말한다. 이 반개방공간은 건물의 프라이버시가 요구되는 방향과 조망을 구분하여 공간을 구성할 때 사용하는 방법이다.
- 차폐공간은 건물 주변의 불필요한 곳이나 시선을 차단하고자 할 때 사용하는 방법으로 키가 큰 커다란 수목과 작은 수목, 낮은 관목, 지피식물 등을 사용하여 시선을 수직으로 차단하여 공간을 계획할 때 사용하는 방법이다.

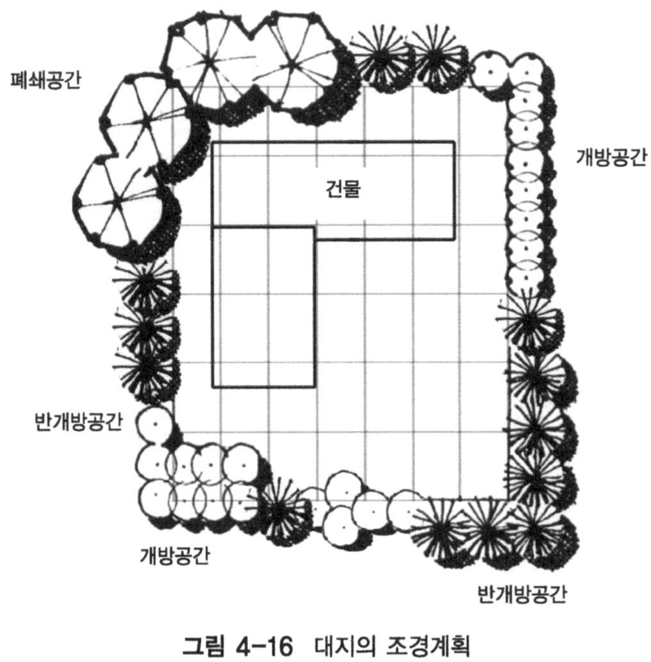

그림 4-16 대지의 조경계획

4.4 건물의 공간을 매스 Mass 로 계획

건물의 매스(Mass)란 부피를 가진 하나의 덩어리 형태를 말한다. 이 건물의 매스는 건물 기본설계 계획안에 필요한 각 실들의 내부공간들을 검토하고 크기를 결정하는 방법으로, 도면을 중심으로 진행하면서 이 도면에 의한 기본적인 매스 모형을 만들어 검토하고, 검토된 도면을 3차원 CAD로 다시 확인하고 수정하는 작업을 계속 반복하면 기본설계 계획안이 완성도 있는 모습을 갖게 된다.

이 건물의 매스를 대지의 모형에 세워 보면, 설계하고자 하는 건물과 주변도로, 주변건물 등과의 관계를 한눈에 볼 수 있어 주위와 조화를 이루고 어울리는 합리적인 건물을 계획하는 데 많은 도움을 얻을 수 있을 것이다.

4·4·1 볼륨모형 Volume model

건물의 볼륨(Volume)이란 건물에 필요한 각 실들을 한정된 일정한 크기의 용적공간으로 구획하고, 구획된 공간을 더해서 개략의 크기와 형태로 표현한 것을 볼륨모형이라 한다.

이 볼륨모형은 건물의 연면적에 포함되는 내부공간을 표현하는 것이 일반적인 방법이다.

(1) 건물의 볼륨

건물의 볼륨을 개략적으로 확인하기 위해서는 건물 전체가 어떤 크기로 어떻게 나열되는지 기본적으로 파악되어야만 한다. 건물의 크기는 대지 모형의 축척과 같게 만들어져야 하므로, 이 축척에 맞게 각 실들의 크기와 높이에 따른 볼륨을 얻을 수 있으며, 이것들을 조합하면 기본볼륨을 얻을 수 있다.

이 볼륨을 기본으로, 생각하는 형태로 나누고 조합하여 건물의 기본형태를 만들어 가는 것이다.

예를 들면, 건물의 층고가 4m이면, 1/100의 축척으로 모형을 만들고자 한다면 4m는 4,000mm÷100=40mm이므로 40mm 두께의 재료를 준비하고, 주택설계된 연면적이 244m²이면 한 변이 14m, 다른 한 변이 16m라면 1/100의 축척에서 14m

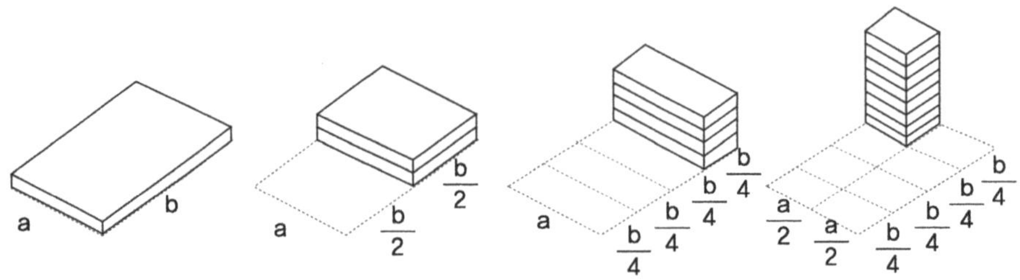

그림 4-17 건축물의 볼륨

는 14,000mm÷100=140mm, 16m는 16,000÷100=160mm이므로, 두께 40mm 재료를 140mm×160mm로 하면 기본건물의 볼륨을 찾을 수 있다.

일반적인 건물은 건물의 연면적이 대지면적보다 크기 때문에 1층 건물만으로는 대지 내에 다 넣어 설계하기 불가능하므로, 대지 내에 다 넣어 세울 수 있도록 적당한 크기로 나누어 층층이 쌓게 되면 건물의 크기가 결정된다.

건물의 1층 바닥면적을 크게 하면 건물의 높이는 낮아지고 1층의 면적을 작게 하면 건물의 높이가 높아지므로, 설계자가 생각하는 건물의 볼륨에 맞게 1층 바닥면적을 산정할 필요가 있다.

주택의 대지는 일반적으로 주거전용지역으로 건폐율이 50%(대지면적의 1/2)이므로, 주택의 연면적이 대지면적의 반절보다 크기 때문에 1층 건물로 설계하기 불가능하여 대지의 건폐율에 맞추어 연면적을 나누어 주택을 2층으로 하여 건물의 기본계획을 세우게 된다.

주택 건물의 기본계획에서 주택의 1층 면적을 너무 크게 하면 2층의 면적이 작아져서 균형미가 없고 1층과 2층의 바닥면적을 동일하게 해도 주택의 형상이 좋아 보이지 않으므로, 1층 바닥면적은 2층 바닥면적에 비해 20~40% 정도 크게 계획되는 편이 주택설계에 잘 어울린다고 생각한다.

이 개념을 기본으로 여러 다른 설계 계획안에 의해 건물의 기본 볼륨모형을 만들어 대지 모형 안에 세워, 설계하고자 하는 건물과 주변도로, 건물 등에 다양한 관계를 살펴보면 설계계획된 건물의 장점과 단점을 찾을 수 있으며, 이렇게 여러 안을 비교해보면서 새로운 설계계획안을 만들고 볼륨모형을 만드는 작업을 반복함으로써 좀 더 완성도 있는 설계 계획안을 찾을 수 있을 것이다.

⑵ 각 실의 높이 검토

기본설계 계획안에 필요한 모든 실들은 바닥면적이 큰 실과 바닥면적이 작은 화장실과 같은 실도 있으나, 앞에서 기본볼륨은 내부공간의 높이를 평균화하여 건물 전체를 하나의 볼륨으로 계획하였으나, 필요에 따라 각각의 실의 높이를 고려해서 계획할 필요가 있을 때에는 각 실의 높이를 고려하여 다시 설계한다.

공간설계에서 바닥면적이 넓은 실과 바닥면적이 작은 실은 천장의 높이도 차이가 있어야 공간이 주는 시각적인 안정감과 쾌적함을 얻을 수 있다.

각 실의 천장높이는 실의 바닥면적이나 용도에 따라 천장높이를 달리하는 것이 좋지만, 건물 한 층에 높이를 달리하는 여러 공간을 구획하기가 어려우므로, 처음 계획단계에서 높은 천장을 필요로 하는 공간들은 별도로 조합하여 같은 공간 층에 구획하여 계획하면 설계하기가 좋다.

일반적인 설계에서는 특별히 높은 천장을 요구하는 공간이 아니면, 층고를 일정하게 설정한 후 필요에 의해 천장높이를 달리한다. 건물의 뼈대와 천장 사이에는 배관, 배선, 공조시설에 필요한 덕트, 조명기기 등이 들어가 천장이 낮아지므로 충분히 고려하여 설계가 이루어져야 한다.

필요한 모든 실들의 높이가 산정되면 각 실을 이용하기 위해 현관이나 복도 등 사람이 움직이기 위한 동선공간이 필요하므로, 이 동선공간도 볼륨으로 표현되도록 폭과 높이가 산정되면 건물의 개략적인 볼륨을 이해하기가 쉬울 것이라 생각한다.

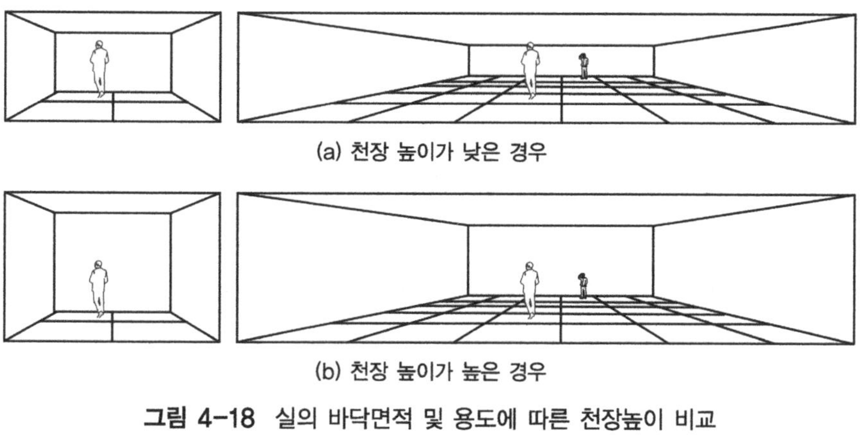

(a) 천장 높이가 낮은 경우

(b) 천장 높이가 높은 경우

그림 4-18 실의 바닥면적 및 용도에 따른 천장높이 비교

4·4·2 모형 Model

건물의 기본볼륨과 필요한 모든 실들, 동선공간 등 실의 높이 검토 등이 끝나면 볼륨모형을 만들어보고, 그 모형의 평면이나 형태를 입면도, 단면도, 투시도(조감도)로 세분하여 모양과 평면을 그려보면서, 처음 설계계획 시 의도했던 모양이나 평면, 새로운 아이디어를 종합하고 반복하여 다듬고 모형을 만들어보면서 볼륨모형을 완성시킨다. 모형을 만들면서 치수를 확인하며 도면을 작성하는 것은 모형을 만들어 확인할 수 없는 공간의 치수들도 명확히 표현할 수 있기 때문이다.

모형은 대지 모형에 배치하여 주변도로와 주변건물들과의 관계를 살펴보고, 대지 안의 공간 크기와 위치를 가지도록 고려한 형태로 만든다.

건물의 모형을 만들어보면 2차원 도면이나 스케치로는 확실히 알 수 없는 공간개념을 쉽게 이해할 수 있게 된다.

모형의 형태를 고려하는 방법으로는

① 큰 건축면적으로 바닥면적은 넓고 높이는 낮은 볼륨

② 작은 건축면적으로 바닥면적은 좁고 높이는 높은 볼륨

③ 하나의 볼륨

④ 둘 이상의 볼륨으로 나눈 것

⑤ 기능이 다른 것들은 상하로 분리시키거나 공간(중정)으로 나누거나 볼륨으로 분리하는 형태

⑥ 어떤 기준에 의해 매스(Mass)를 규칙적으로 줄세우거나 방사형으로 나열한 형태

⑦ 건물의 수직형태에 변화를 준 것 등 여러 가지를 생각할 수 있다.

설계자가 계획하고자 하는 건물들에 대한 어떤 연관관계를 만들 수 있는지 상상해보며 모형형태를 생각하는 방법으로 모형을 표현해보면 우리가 원하는 좋은 모형을 얻을 수 있다고 생각한다.

볼륨모형은 앞에서 말한 순서에 의해 만들면 모형이 완성된 것은 아니며, 계획설계과정에서 새로운 문제나 새로운 아이디어 등이 돌출될 경우 이것들에 대해 생

각하고 연구하여 모형이나 도면을 몇 번이든 계속해서 수정작업을 반복함으로써 조금씩 조금씩 모형과 도면의 디자인은 좋아지게 될 것이다.

이 반복되는 수정작업은 매우 중요한 연구로 모형과 도면의 디자인을 좋게 만드는 확실한 도구인 것이다.

최근에는 컴퓨터를 이용하여 건물의 색상, 질감 등을 사실에 가깝게 묘사할 수 있어서 실제 건물을 가상화할 수 있는 모형을 제작할 수 있으며, 이 3차원 컴퓨터 시스템은 건물을 3차원으로 디자인하고 합성할 수 있다. 이 컴퓨터를 이용하면 건물의 각 부분을 사실적으로 접근해볼 수도 있으며 여러 각도에서 모델을 재검토할 수도 있다. 이 컴퓨터 3차원 가상모형은 사진 현상적인 여러 이미지를 사실적 방법으로 관찰할 수 있으며, 여러 다양한 이미지를 찾을 수 있는 장점도 가지고 있다.

4.5 기본평면계획

기본평면계획이란 어떤(What) 실들을 어디(Where)에, 어떻게(How), 공간기능과 생활방법에 적합하게 실들을 배치하는가를 말한다.

주택의 평면계획은 주거가 기본이 되는 계획으로 가족구성, 가족인원수, 직업, 취미, 사용자들의 나이, 사용자가 원하는 실들 등에 따라 소요실들이 구분되고 정해지며, 이 구분되는 실에 따라 공간계획이 이루어진다.

4·5·1 주택의 공간계획

(1) 주택의 생활공간계획

주택의 공간계획이란 기본적인 주거생활이 이루어지는 곳을 구분하여 표현하는 주택의 생활공간으로 크게 공동생활공간, 가사노동공간, 개인생활공간으로 구분할 수 있다.

① 공동생활공간은 가족이 함께 생활하고 이용하는 공간으로 거실, 식사실과 부속공간인 현관, 복도, 계단 등으로 각 실과의 연결이 잘되도록 위치되어야 한다.

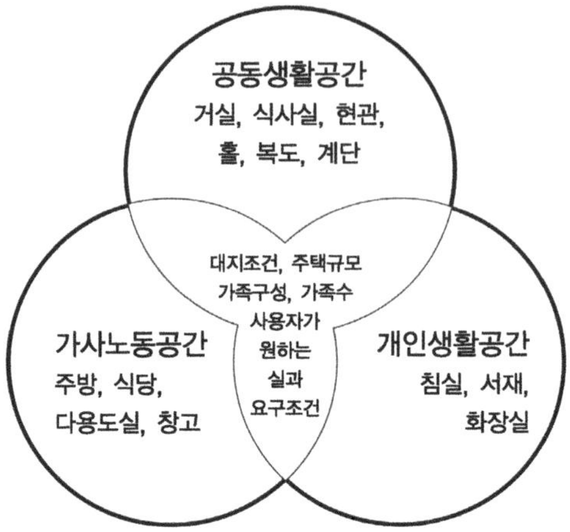

그림 4-19 주택의 생활공간계획

② 가사노동공간은 가사노동을 하는 공간으로 주방, 식당, 다용도실, 창고 등으로 주부를 중심으로 한 공간계획이 구획되어야 한다.

③ 개인생활공간은 침실공간과 서재, 화장실 등으로 독립성과 프라이버시(Privacy)가 확보되는 공간이어야 한다.

주택의 공간계획은 이 세 가지 공간이 서로 연관성을 갖고 평면계획이 이루어지나, 평면설계는 주택규모, 가족의 구성, 가족수, 사용자가 원하는 실과 요구조건, 대지조건 등에 따라 주택설계계획이 일정하게 표현될 수 없다.

(2) 주택의 공간계획

주택의 공간배치는 개방공간과 폐쇄공간으로 구분할 수 있다. 개방공간은 모든 가족구성원이 함께 생활하는 하나의 큰 공간으로 폐쇄공간은 가족구성원이 각기 서로 다른 활동을 할 수 있는 독립된 실들로 계획하는 것이다.

① 개방공간

개방공간은 공간이 열려 있어 공간사용에 다변성을 갖고 있는 사회적인 공간으로, 폐쇄공간들을 연결해주거나 옥외로 연결되도록 위치를 정한다. 이 개방공간계획은 어느 특정 영역의 이용가능성이나 디자인 요소들을 매우 다양하게 해준다.

이 개방공간은 작은 규모를 넓은 규모의 느낌을 갖게 할 수도 있고 공간사용을 다양하게 할 수 있는 장점을 가지고 있으나, 소음이 많고 프라이버시를 유지할 수 없는 단점도 있다.

주택의 개방공간계획에서는 거실, 식당, 주방으로 분리된 공간을 거실+식당(Living-dining room), 거실+주방(Family-kitchen room), 침실+작업실(Bedroom-workroom) 등으로 계획 설계하고 있다.

② 폐쇄공간

폐쇄공간은 큰 공간을 독립성이 있고 프라이버시가 존중되는 작은 공간으로 구획하고 나눈 공간으로, 독립성과 유지관리가 편하고 사용하지 않은 공간은 쉽게 폐쇄할 수 있는 장점이 있다. 이 폐쇄공간은 구획된 작은 공간들에 의해 공간사용의 다양성이 없고 동선이 통제되며 시선이 차단되어 답답함을 줄 수도 있는 단점도 있다.

(a) 개방공간 (b) 폐쇄공간

그림 4-20 주택의 공간계획

4·5·2 동선 Traffic line 계획

동선은 일상생활에서 사람이나 차량, 물건 등의 움직임을 표시하는 궤적을 나타내는 선(line)이다. 동선계획이란 합리적이고 효율적인 계획설계를 하기 위해 그 건물을 사용하는 모든 것들의 동선 흐름이나 통행량 등에 맞는 시설들의 배치를 검토하는 것이며, 사람과 차량, 물건 등의 동선은 서로 분리되어야 한다.

(1) 동선

- 동선은 일상생활에서 어떤 목적이나 작업 등을 위해 사람이나 차량, 물건 등이 움직이는 자취를 나타내는 선으로 평면계획의 기본요소 중 매우 중요하다.
- 동선은 짧고 단순한 것일수록 좋고 서로 다른 종류의 동선은 분리되고 교차되지 않도록 한다.
- 동선은 빈도, 속도, 하중으로 표시하고 이를 동선의 3요소라 하며, 동선을 이루는 기본은 동선길이와 두께이다.
- 동선은 최단거리를 요구하므로 통행량이 많은 공간들을 서로 접근시켜 되도록 짧게 설계하며, 서로 다른 동선은 분리시키고 교차되지 않도로 한다.

그림 4-21 동선계획

• 동선이 길어져 다른 실의 공간을 관통한다거나 계단으로 연결되는 동선들이 생겨서는 안 되며, 동선이 속도와 화물의 요소를 갖고 있으면 능률성을 고려하여 동선은 짧게 설계한다.
• 실의 사용빈도가 높은 곳인 현관, 계단, 화장실 등은 홀에서 동선을 짧고 굵게 하여 설계한다.

⑵ 실내동선계획

• 동선이 어떻게 설계되는가 하는 것은 평면의 완성도에 매우 큰 영향을 주게 된다.
• 모든 동선은 공간의 출입구인 현관에서부터 시작되고 짧고 직선적이어야 하며, 다른 요소의 동선은 분리시키고 교차되지 않도록 설계한다.
• 출입구의 홀에서 여러 실들로 갈 수 있고 실에서 다른 실로도 이동할 수 있다면 동선이 잘 짜여져 있는 평면이다.
• 실내에서 동선은 가구배치에 따라 상당히 융통성을 가지고 있으므로 가구를 배치하기 전에 평면도에 실내의 동선과 각 실과의 동선을 직접 그려보고, 가구들을 하나하나 배치하면서 동선을 확인하는 것이 바람직하다.

그림 4-22 실내 동선계획

4·5·3 동선공간

동선공간이란 건물 안에서 현관홀, 복도, 계단 엘리베이터(ELEV.) 등 사람이 각 실들을 이용하기 위한 공간을 말한다. 이 동선공간은 기본적으로 공간이 서로 연속으로 연결되어 있어 사람이 자유롭게 이동할 수 있으며 대부분의 모든 실들은 동선 공간과 연결되어 있다. 그리고 그 공간을 이용하는 사람 수에 따라 크기가 서로 달라지게 된다. 한정된 사람이 이용하는 공간은 좁아도 괜찮지만, 많은 사람이 일시에 모이는 곳은 공간을 크게 만들어야만 한다.

(1) 실과 동선공간 구성

실과 동선공간의 구성은 여러 형태로 조합되지만, 이것들의 배치와 구성에는 기본적인 몇 종류의 형태가 존재한다.

① 실들이 복도로 연결되어 있는 형태로 학교의 교실과 복도, 공동주택의 각 세대와 복도 등에 사용되는 편복도형과 중복도형

② 실들을 연결해주는 복도 대신에 홀을 이용해서 각 실을 연결해주는 홀형

③ 실들을 복도로 둘러싸고 있는 형태로 병원이나 규모가 큰 시설들에서 사용되는 회랑형이나 복복도형

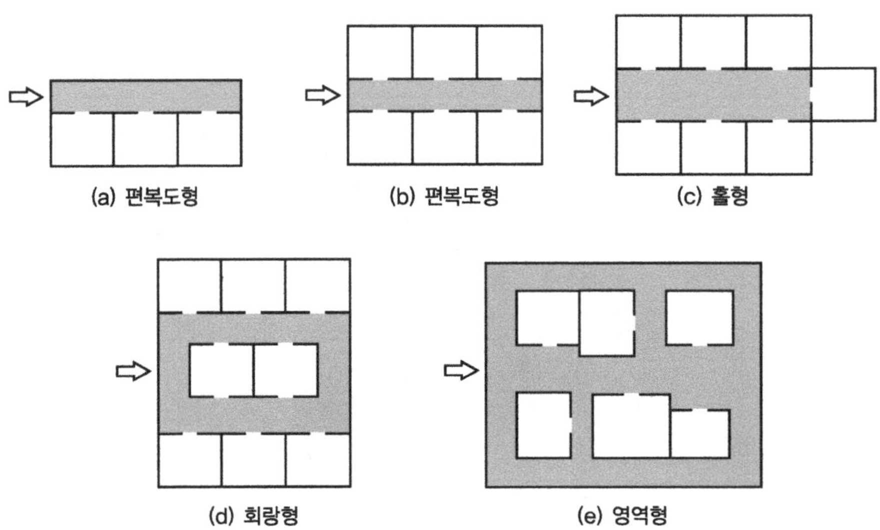

그림 4-23 복도와 실의 관계

④ 대공간을 작은 여러 공간으로 나누는 것과 같이 여러 실들을 동선공간이 둘러싸고 있는 영역형이 있다.

이 동선공간의 형태에 의해 설계되는 것도 있지만, 필요에 따라서는 복수의 여러 형태가 조합되어 사용되기도 한다.

4·5·4 실의 배치

건물 속의 각 실들은 각 실의 역할과 사용에 따라 나눌 수 있다. 공공시설은 일반인이 이용하는 실과 시설 운영자가 사용하는 실로 나누어 생각할 수 있으며, 주요한 시설공간과 보조적·부속적인 시설공간으로 나눈 것은 기능적인 실의 배치에 적합하다. 건물의 실 배치는 사용용도의 주목적으로 사용되는 실들을 먼저 배치하고, 배치된 실의 보조적인 공간과 실들을 배치하는 방법을 사용한다.

사용용도의 주목적으로 사용되는 각각의 실들도 서로 연관되어 있는 실들끼리 서로 조합하고 배치되어야 한다.

주택의 실 배치는 주택공간의 목적에 따라 보다 작은 공간으로 기능이 나누어지게 된다. 이 주택의 공간을 구분하면 공동생활공간, 가사작업공간, 개인생활공간으로 생각할 수 있으며, 부수적인 역할을 하는 동선공간과 수납공간이 있다.

(1) 공동생활공간

공동생활공간은 가정에서 사회생활이 이루어지는 곳으로 가족이 모두 모여 대화를 하거나 식사를 하고 TV를 보며 쉴 수 있고 손님을 접대하는 공간을 말한다.

① 거실(Living room)

거실은 가족의 휴식, 단란, 손님접대의 기능과 가사작업 등이 이루어지는 다목적 공간으로 가정생활의 중심을 이루고 있는 곳이다. 거실은 주택에서 사용빈도가 가장 높은 장소로 모든 가족이 공동으로 사용하는 공간이므로, 거실을 사용하는 가족구성에 따라 공간을 다양하게 사용할 수 있는 기능과 안정감을 줄 수 있게 계획되어야 한다. 거실의 크기는 주택규모와 가족구성, 생활방식 등을 고려하여 결정한다.

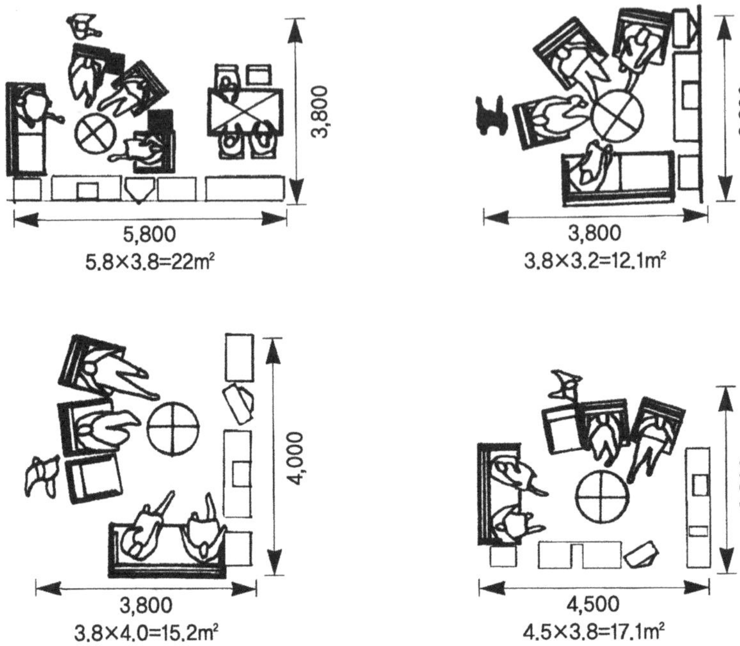

그림 4-24 거실의 종류

거실의 형태는 정방향 모양보다는 장방향 모양이 공간활용의 효율성이 좋고 가구배치가 용이해서 좋다. 거실의 위치는 현관이나 식당, 부엌과 가깝고 남쪽에 위치하여 햇빛이 잘 들고 전망이 좋아야 한다. 거실의 공간은 개방시키되 안정감을 가지도록 개방공간에 벽체를 활용하거나 가구배치로 공간이 독립성을 가지도록 계획한다.

② 식사실(Dining room)

식사실은 통풍과 채광, 전망 등에 중점을 두고 부엌과 거실 가까운 곳에 위치하여 부엌에서 음식을 바로 나를 수 있도록 하여, 가사노동을 경감시키게 계획되어야 한다. 그러나 일반적인 주택에서는 독립된 식사실을 갖는 것이 어려우므로 거실의 일부에 설치하는 리빙키친(Living kitchen)이나 부엌과 함께 사용하는 다이닝키친(Dining kitchen)으로 계획되며, 규모가 큰 주택에서는 독립된 식사실을 부엌에 연결하여 식사실과 부엌의 연결부에 배선실(Pantry)을 설치함으로써 이 배선실을 통해 식사실로 음식이 전달되게 계획설계한다.

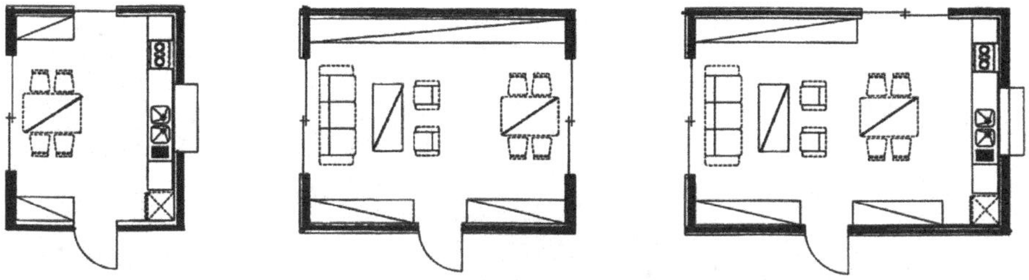

(a) 다이닝키친(DK) (b) 리빙다이닝(LD) (c) 리빙다이닝키친(LDK)

그림 4-25 식사실의 배치유형

식사실의 크기는 가족 수와 식탁과 의자의 배치에 따라서 정해진다.

③ 가족실(Family room)

가족실은 가족들의 유희공간이나 취미생활이 이루어지는 공간이다. 이 실은 집에 손님이 내방할 때 다른 가족들이 단란하게 모일 수 있는 공간으로, 어린 자녀가 있을 때에는 주부가 가사일을 하면서 자녀와 함께 할 수 있도록 부엌이나 식당, 안방에 연결된 곳에 두며, 일반적인 가족실은 현관에서 가까운 곳이 편리하고, 서재로 사용할 때는 안방 옆에 두기도 한다.

(2) 가사작업공간

가사작업공간은 주로 주부가 활동하는 공간으로 조리, 세탁, 청소 등 매우 다양한 가사작업을 하는 곳이므로 합리적이며 능률적인 공간과 배치가 이루어져야 한다.

① 부엌(Kitchen)

부엌은 주택설계에서 거실이나 안방(Master bedroom)과 같이 중심적인 공간으로 계획 설계되어야 한다. 이는 주부의 가사작업 중에서 시간을 가장 많이 소비하는 공간이 부엌이므로 계획설계시 분위기를 밝게 하고, 가능하면 남향으로 배치하는 것도 바람직하다.

그림 4-26 가사작업공간

부엌의 위치는 식당과 연결되어야 하며 현관에서 출입이 용이하고 집안의 다른 동선과 교차되지 않게 하여 부엌에서 외부공간으로 통하는 옥외가사작업공간인 서비스 야드(Service yard)와 연결되도록 한다.

부엌의 크기는 부엌에 설치되는 설비기구의 규모에 따라 달라지지만, 일반적으로 주택면적의 10% 이내로 계획되며 작업순서에 의한 동선을 고려하여 기구를 배치한다. 부엌에서 보관, 세척, 조리하는 작업순서에 맞게 오른쪽에서 왼쪽 방향으로 냉장고, 준비대, 개수대, 가열기, 배선대 등의 순으로 설비기구가 배열되게 배치하면 설비기구들을 이용하기가 편하다. 부엌 설비기구들의 평면배치형태는 일자형, ㄱ자형, 병렬형, ㄷ자형, 아일랜드형으로 구분한다.

㉠ 일자형 – 조리의 작업순서에 의해 설비기구를 일렬로 배열하는 방법으로 동선과 배치가 간단한 평면형태로 설비기구가 많은 경우 작업동선이 길어진다.
㉡ ㄱ자형 – 설비기구를 ㄱ자로 꺾어 배열하는 방법으로 일렬배열보다 작업동선

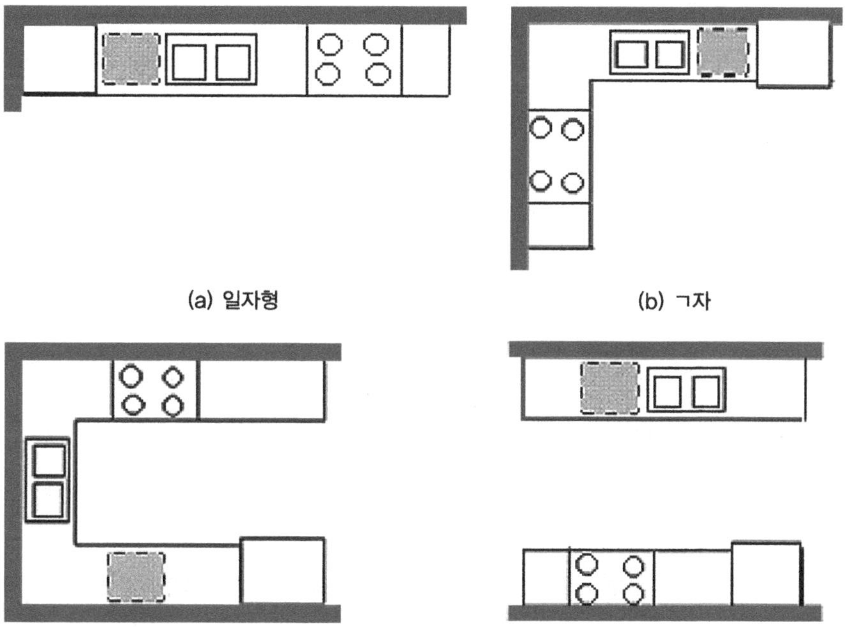

(a) 일자형 (b) ㄱ자 (c) ㄷ자형 (d) 병렬형

그림 4-27 부엌의 평면배치형태

이 짧아 효율적이나 여유공간이 부족하므로 좁은 공간의 부엌에 사용된다.

ⓒ 병렬형 - 중앙부에 작업공간을 두고 좌우 또는 상하에 설비기구를 배열하는 방법으로 일렬배열보다 작업동선이 짧으나 작업시 불편하다. 이 병렬배열은 식당과 부엌이 외부로 연결되는 출입구가 필요할 때 주로 사용된다.

ⓔ ㄷ자형 - 설비기구를 병렬배열과 ㄱ자 배열을 혼합하여 ㄷ자로 배열한 모양으로 작업동선이 짧고 부엌의 작업공간을 줄일 수 있다.

② 다용도실(Multi-purpose room)

다용도실은 일상생활의 세탁, 건조, 청소 등 집안의 여러 종류의 허드렛일을 하는 작업공간으로 가사실, 유틸리티 룸(Utility room)으로 표현하기도 한다. 다용도실은 부엌에 접한 곳에 위치하며 부엌과 옥외잡업공간인 서비스 야드와 서로 편리하게 연결되어 있어야 한다. 다용도실의 면적은 2.0~4.0㎡ 정도이다.

③ 서비스 야드(Service yard)

서비스 야드란 옥외작업장으로 다용도실의 용도와 같으나 실외에 위치한다. 이 옥외작업장에는 수도와 전기, 세탁장, 건조장, 창고 등이 설치되어야 한다. 이 서비스 야드의 배치는 부엌과 다용도실에 접해 출입구가 위치해야 하며 겨울철의 일조와 통풍 등을 고려한 계획설계가 되어야 한다.

(3) 개인생활공간

개인생활공간은 정적이며 무의식적이고 독립적인 공간으로 안락하게 휴식할 수 있는 침실(Bed room)공간과 화장실 등이다.

① 침실(Bedroom)

침실은 정적이고 독립적인 공간에서 안락하게 휴식하고 잠잘 수 있는 공간이어야 한다. 침실공간은 정적이고 독립적인 공간이 되도록 거실, 식당, 부엌 등의 동적이고 개방적인 공간과 구분하여 주택의 한 부분에 집중 배열시키는 것이 좋다. 침실의 크기는 실의 사용인원 수와 침대, 옷장, 책상 등과 같은 가구의 배치 등에 따라 실의 크기가 결정되며, 침실에 붙박이장을 설치할 때는 다른 가구의 배치를 고려하여 설치한다.

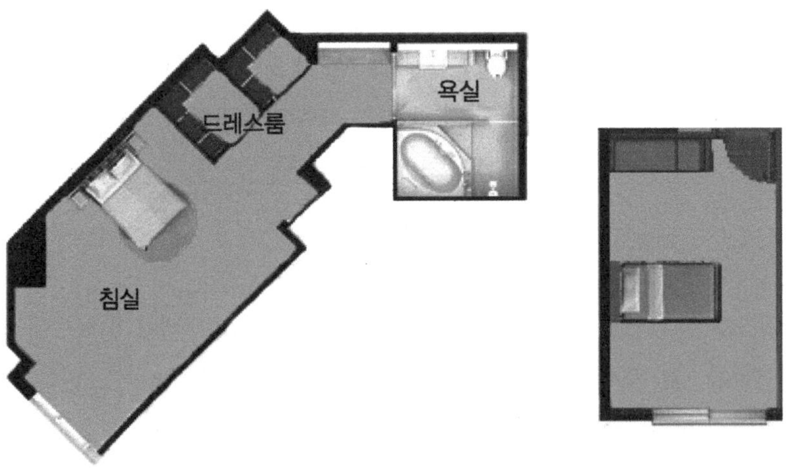

그림 4-28 침실

창문은 채광과 바람의 흐름을 생각하여 위치와 높이를 정하며 침대가 놓이는 위치를 가정하고 정해져야 한다. 침실에 전등스위치와 전기, TV, 전화, 에어컨 등의 콘센트의 위치와 높이는 가구배열 등을 생각하여 위치를 정해야 침실의 공간활용이 좋아진다. 침실은 부부침실, 어린이침실, 노인침실 등이 있다.

㉠ 부부침실(Master bedroom) – 부부침실은 단순한 취침만을 위한 공간뿐만 아니라 휴식도 취하고 안락하게 쉴 수 있어야 하며, 부부가 담소할 수 있는 공간으로 독립성과 기밀성이 있어야 한다. 이 부부침실에는 화장실, 욕실, 탈의실, 옷장 등을 독립적으로 이용할 수 있도록 계획설계한다.

㉡ 어린이 침실(Children's room) – 어린이 침실은 공부방과 유희실을 겸하는 것이 좋다. 어린이들이 자유롭고 독립된 생활 속에서 성장할 수 있는 습관을 길러주기 위해 침실에는 침대, 책상, 책장, 옷장 등 각자 사용할 수 있도록 설치하며, 어린이는 부모의 보살핌이 필요하므로 실의 위치와 배치 등을 고려하여 계획한다.

㉢ 노인침실 – 가정에서 노인과 함께 생활할 때 노인의 공간은 편안히 쉴 수 있는 독립된 공간을 갖고 있어야 한다. 노인의 생활은 행동이 민첩하거나 경쾌하지 못하므로 노인실의 구조는 바닥의 편차가 없고 일조와 통풍이 잘되고 외부를 관망할 수 있는 곳으로, 화장실을 포함하거나 가까운 곳에 위치하게 계획설계되는 것이 좋다.

② 욕실 · 화장실(Bathroom · Toilet)

생리 · 위생공간인 욕실과 화장실은 청결하고 환기가 충분히 되어야 한다. 이 생리 · 위생공간은 더러움이 쉽게 제거되고 곰팡이가 끼지 않는 재료로 마감하며, 창은 가능하면 외부에 직접 접하게 설계하고 접한 창에는 방충망을 설치한다.

생리 · 위생공간은 프라이버시(Privacy)가 존중되어야 하며, 이 공간은 일체식 단위욕실(Unit bathroom)로 하여 각 침실에 부속시켜 설치하거나 침실Zone에 가까이 설치하여 이용하기 편하게 한다.

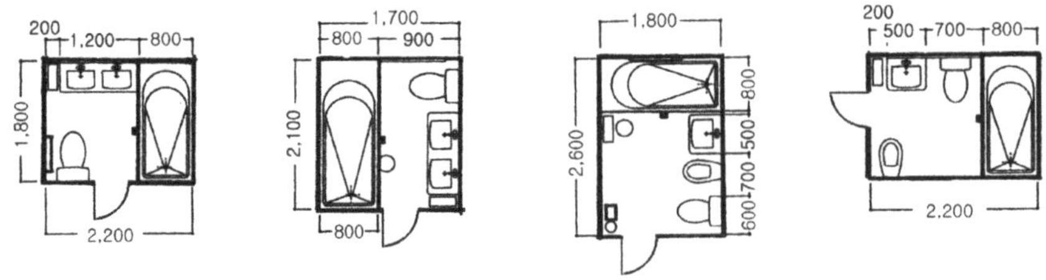

그림 4-29 화장실 배열

욕실은 더운물을 사용하기 때문에 수증기가 발생하므로 배기구나 환풍기를 설치하며, 욕실의 마감재료는 습기가 차지 않고 곰팡이가 생기지 않는 것으로 마감한다. 욕실 천장은 결로된 물방울이 떨어지지 않도록 물매를 만들어주고, 욕실문도 물방울이 떨어지는 것을 고려해서 안여닫이로 설계한다. 욕실은 천장높이가 210cm 이상 되게 하고 욕실바닥은 기준바닥보다 10cm 이상 낮게 계획하며 세면기, 변기, 욕조나 샤워부스(Shower bouth)로 된 일체식 단위욕실로 설계한다. 욕실은 마감재료들에 의해 마감치수가 증가되기 쉬우므로 약간의 예비치수를 두는 것이 마감하기 좋다.

세면기가 놓이는 면적은 일반적으로 110cm×150cm 정도로, 세면기 높이는 70~75cm 정도로 낮게 배열하는 것이 좋다.

화장실 면적은 85cm×135cm~180cm 정도이며 종말처리장의 처리구역 안의 화장실은 수세식으로 한다. 화장실에서 배출하는 오물을 하수도 이외로 방류하고자 할 때에는 위생상 지장이 없는 구조의 오수정화시설 또는 오수정화조를 설치한다.

(4) 동선공간

건물의 각 실을 이용하기 위해 건물 안에 현관홀, 복도, 계단, 엘리베이터(E.V.) 등을 설치하여 각 실을 서로 연속으로 연결시켜서 이용하는 사람이 자유롭게 이동할 수 있게 해주는 공간을 동선공간이라 한다.

① 현관(Entrance)

현관은 건물을 사용하기 위해 출입하는 장소를 말하며, 현관의 위치와 크기는 건물의 사용용도와 기능에 중요한 역할을 하므로 계획설계를 할 때는 대지의 모양, 방위, 도로와 대지와의 관계 등을 고려하여 계획설계한다.

주택의 현관위치는 도로와 대지와의 관계, 방위, 대지의 모양, 주택의 형태 등에 따라 위치가 결정되고, 도로에 직접 현관이 정면하지 않게 방위를 약간 돌려서 현관의 접근이 다소 길어지게 하면 이상적이며, 일반적으로 주택에서 현관은 건물의 중앙부에 위치하는 것이 계획하기 좋다. 현관의 크기는 주택의 규모와 가족 수 등에 의해 결정된다고 하나, 현관은 주택의 얼굴로서 이미지가 중요하므로 디자인에 세심한 주의가 필요하다. 현관에는 신발장, 우산대, 외투걸이 등을 설치하며, 현관의 최소폭은 1.2m, 길이는 0.9m로 이 크기 이상으로 설계한다. 현관문은 최소 문폭이 한짝(80cm) 반(40cm) 크기인 1.2m 치수로 하고 피난을 고려하여 바깥여닫이로 설계한다.

현관은 현관홀과 연결되므로 연결위치에서 공간을 적게 차지하는 미닫이나 미서기문을 설치하여 직접 집안이 보이는 시선을 차단하고, 소음이나 단열, 바람이 집안으로 들이치는 것을 차단해야 한다. 현관의 바닥은 실의 바닥보다 10~15cm 정도 낮게 계획하고, 현관 외부에는 캐노피(Canopy)를 설치하여 집에 출입할 때 눈이나 비를 피할 수 있도록 한다.

② 복도(Corridor)

복도는 실과 실을 연결시키는 동선공간이다. 건물의 규모에 따라 복도는 홀형, 편복도형, 중복도형, 회랑형 복도 등을 사용한다.

주택에서 규모가 작으면 홀을 통로의 개념으로 사용되게 계획하지만 규모가 커지면 각 실들의 독립성을 위해서 복도의 설치가 필요하게 된다. 이렇게 설치된 복도는 폭이 좁고 길이가 길게 계획되므로 쾌적한 공간을 얻기 어렵기 때문에 계획할 때 많은 생각을 해야 한다. 주택에서 복도계획은 현관홀이나 거실 일부와 연결시켜 개방되면서도 독립성을 유지되도록 계획한다.

복도의 최소폭은 90cm로 하고 일반적인 복도폭은 105~120cm가 적당하며, 복도의 면적 비율은 연면적의 10% 이내의 값으로 계획하는 것이 좋다.

③ 계단(Stairs)

계단은 건물의 수직공간과 수직공간을 연결해주는 통로이다. 일반적으로 계단은 적당한 경사로와 폭, 계단참, 난간, 디딤바닥 크기, 마감방법 등에 따라 안전성이 결정된다.

- 계단은 모든 층이 동일한 하나의 위치에서 건물의 모든 상부, 하부층을 연결시켜주어야 하며 지상의 피난층으로도 연결되어야 한다.
- 계단은 건축법규의 제한사항에 맞게 설치하고 안전을 최우선으로 설계해야 하며 피난에 지장이 없는 구조로 설계한다.
- 계단의 경사도(Slope)는 완만할수록 올라가기가 편하다고 일반적으로 생각하나, 계단을 이용하는 사람에 따라 차이는 있지만 복도를 걷는 속도에 가까운 적당한 경사도를 필요로 한다.
- 계단실은 일반적으로 약간 넓게 하고 계단의 단높이는 낮게, 단너비는 넓게 하여 안정감을 갖추어야 한다.
- 계단의 위치는 출입구 가까운 위치에 두어 피난에 지장이 없어야 하며, 화재시 피해를 막기 위해 계단실은 독립되게 설계하고, 문은 방화문으로 설치하고 배연설비도 해야 한다.
- 계단은 건물의 용도와 평면형태, 건축물의 규모, 층고 등에 따라 계단의 평면형태를 결정한다.

④ 경사로(Ramp)

경사로는 계단의 층단이 없이 낮은 경사로 이루어져 있으므로 보행경사로의 물매는 실외 경사로일 때는 1:10(≒ 6°), 실내 경사로일 때는 1:8(≒ 7°) 이하로 계획하면 경사로 이용이 편안하고 안전하다. 경사로는 물매값이 1:3(≒ 18°) 이상으로 설계되어서는 안 된다. 경사로 표면은 미끄러지지 않게 홈을 파서 설치하고 경사로의 물매가 1:6(≒ 9°) 이상일 때는 경사로 표면에 미끄럼막이를 설치한다.

⑤ 외부계단(벽돌 · 석조계단)

건물에 진입하기 위해서 외부계단이나 외부출입구 등에 벽돌계단, 석조계단 등을 사용한다. 이들 계단을 쌓을 때에는 침하가 생기지 않도록 지정을 잘 다져서 안정시킨 후 콘크리트나 모르타르를 깔고 벽돌 또는 석조판을 올려놓아 계단을 만든다.

벽돌계단에서 벽돌쌓기는 일반벽돌쌓기와 벽돌옆세워쌓기를 한다. 석조계단은 석재판을 겹쳐 쌓거나 턱맞춤, 턱맞댄맞춤으로 계단쌓기를 하고, 이 외부계단 쌓기에 필요할 경우 철근을 사용하여 지정을 보강하기도 한다.

4·5·5 평면계획

건물의 기본평면계획은 가로, 세로의 눈금이 있는 방안지(Section paper)를 이용하면 짧은 시간에 많은 계획안을 다루어볼 수 있다. 방안지의 사용은 가로, 세로 1cm 1칸을 1m(1:100) 또는 2m(1:200), 5m(1:500) 개념으로 계획하는데 여러 색연필, 형광펜 등을 사용하여 계획하면 수정하기가 좋다.

건물의 평면에는 여러 다양한 공간이 배치되는데, 이는 어떤 특정 실과 실에 가기 위한 동선공간과의 조합에 의해 공간배치가 이루어지므로, 각 실들의 역할과 배치 등에 대해서 설계자만의 기본개념을 갖고 있어야 한다. 건물은 사용목적과 기능에 맞는 공간구성이 되도록 필요한 제실들을 나열하고 구획하여 평면에 배치하여 기본계획을 설계한다. 이 작업은 건물의 모든 각층마다 이루어져야 한다.

평면계획할 때 실의 배치방법은 각 실들의 기능을 먼저 생각하여 현관에서부터의 위치, 배치되어야 할 층수 등을 고려하여 실과의 관계를 조합하고, 실과 동선과의 관계를 생각하며 각각의 실들을 나열 배치한다.

건물에서 각 실들을 나열하고 배치할 때 배치순서가 정해져 있는 것은 아니지만, 건물의 출입인 현관을 기준으로 그 건물에서 가장 중요한 기능을 가지는 실들의 위치를 결정하는 계획을 먼저 하고 실의 동선공간을 고려하면서 부속실들을 나열 배치하는 계획작업이 이루어지면 건물의 실배치가 쉬울 것이다. 이것은 이 건물에서 중요한 기능을 가진 실들은 일반적으로 공간볼륨이 크므로 대지와 대지 주변과의 관계에 있어 건물에 배치될 위치가 정해져 있는 경우가 많기 때문이다. 건물의 각층마다 기본평면 계획안이 결정되면 입면도나 단면도를 그려서 건물의 모양을 확인하고, 건물의 모양이 완성될 때까지 도면작업과 볼륨모형의 수정작업을 반복하여 완성된 모양을 만들어낸다.

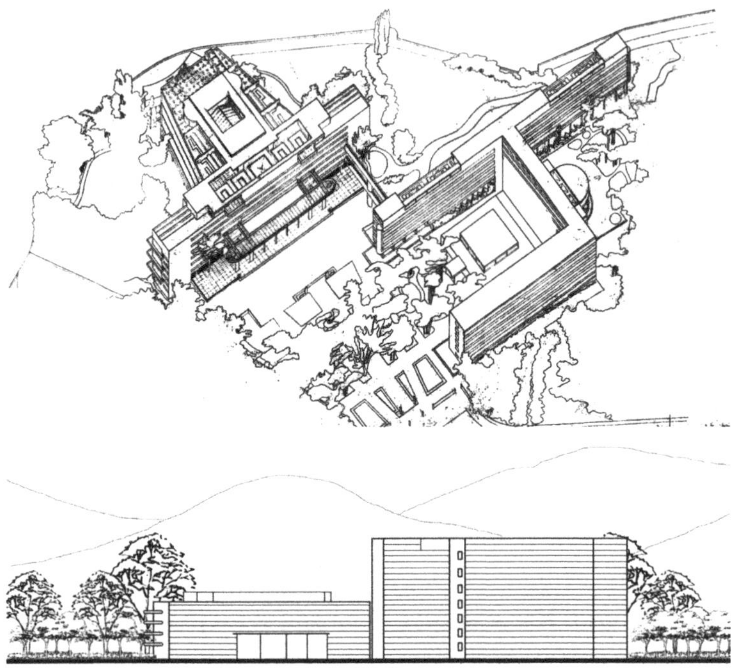

그림 4-30 기본평면 계획안

이 수정작업을 반복함으로써 배치계획의 문제점들이나 생각하지 못했던 새로운 아이디어(Idea)에 의해 계획작업을 수정 반복하여 이전의 계획안보다 더 나은 계획안을 찾을 수 있을 것이다. 건물의 기본평면도가 완성되면 이 평면도에서 각 실들과 현관홀, 복도, 계단, 화장실 등의 면적들을 모두 합해서 기본평면도의 연면적을 계산하고, 이 기본평면도의 연면적이 제 조건의 연면적에 맞게 각 실들의 면적을 수정 반복하여 조건에 맞게 다시 수정한다.

이 기본평면도에서는 단선(Single-line)인 벽체중심선으로 표현한 것이므로 실제 벽체는 벽체 두께가 존재하는 것을 알고 표현되어야 한다.

대지의 경계선에는 도로와의 경계선과 인접대지와의 경계선이 있다. 도로경계선에 대해서는 건물이 이 경계선을 침범할 수 없는 조건으로 도로 경계선에 대해 건물의 벽체 바깥 측에 맞대어 세울 수 있고, 인접대지 경계선에 대해서는 일반적으로 경계선에서 건물의 벽 사이에 약 1m 정도의 간격치수가 필요하게 된다.

건물의 평면도가 완성되면 이 평면도를 기준으로 입면도와 단면도를 1/100, 1/200로 표현해보며 개구부의 위치와 크기를 생각한다.

단면도에서 벽, 바닥, 지붕 등과의 윤곽선이 구별되도록 단면부분에 대해서는 굵은선으로 표현하여 구분지어 주고, 주 단면도는 x방향(수평방향) y방향(수직방향)으로 나누어서 현관, 계단, 구조와 재료, 층높이, 천장높이, 개구부높이, 마감재료 등을 표현하여 평면도만으로는 파악할 수 없는 부분들은 단면도와 함께 공간의 입체적인 관계를 이해할 수 있도록 한다.

4.6 공간개념과 구조형태

건축물의 주 기능은 추위와 비바람, 소음 등 외부로부터 실내공간을 안전하게 보호하는 것으로, 이 실내공간은 햇볕과 공기의 유입이 가능하도록 창호와 부수설비들을 설치하여 쾌적한 주거공간이 되어야 한다. 이 건물의 기능은 구획된 주거공간들을 사용하는 데 불편함이 없어야 하며, 이 건물이 사용되는 동안 충분한 내구성을 가지고 안전해야 한다. 이 건축물의 필요조건으로는 경제성을 고려하는 것이며, 경제성은 건물의 안전, 내구성, 외관, 사용재료 등의 영향을 받으므로 적절한 구조형식을 가져야 한다.

그림 4-31 쾌적한 주거공간

건물은 계획할 때부터 기능, 환경, 조형미, 시공 등 종합적인 검토를 해야 하며, 새로운 기술들의 발달로 새로운 형태의 건축공간, 구조형식 등이 가능해져서 계획단계에서부터 구조계획을 같이 생각해야 합리적인 공간을 찾을 수 있다.

4 · 6 · 1 공간구획

공간구획이란 건물을 구성하는 각 실들과 각 실들을 이용하기 위한 동선공간을 어떻게 연결하고, 각 실과 공간들을 어떻게 칸으로 구획할 것인가를 말한다. 건축에서 공간은 일반적인 사각형의 실이 사면의 벽과 천장, 바닥으로 둘러싸여 있다. 이 육면체로 둘러싸인 공간에서 동선공간을 어느 벽면에 연결하는지에 따라, 그리고 둘러싸인 공간의 외부, 내부의 각 실이나 동선공간과 차단, 폐쇄, 개방시키는 연결방법에 따라 각 실의 느낌은 달라지게된다.

개방된 공간(Open space)이란 동선공간과 연결된 벽면을 투명한 유리로 마감하고 출입문을 유리로 하면 실내공간은 실외공간과 연결된 열린 공간의 느낌을 가질 수 있다.

폐쇄된 공간(Closed space)이란 동선공간과 연결된 벽면을 콘크리트, 시멘트, 벽돌 등 두꺼운 벽체느낌으로 마감하고 출입문을 철문이나 창이 없는 나무문으로 하면 실내공간은 실외로부터 차단되어 고립된 폐쇄공간으로 느껴지게 될 것이다.

건축물의 각 실들과 동선공간을 구획하는 방법은 매우 다양하며, 어떤 느낌의 실로 공간을 구획하고 연결시킬 것인가를 생각해야 한다.

실은 일반적으로 사면의 벽과 바닥, 천장으로 둘러싸여 있는 공간을 말한다. 이 일반적인 사격형 실의 4면벽을 어떻게 개방시키고 폐쇄시키는가에 따라 실의 느낌은 달라지게 된다.

실에 이 공간을 출입하기 위한 문과 채광, 환기를 위한 창을 설치하는 방법이 실을 구획하는 가장 일반적인 형태로 많이 사용되며, 이런 실의 구획은 그 공간을 하나의 독립된 공간으로 외부와 차단시킬 목적으로 사용한다.

이 구획된 실을 개방된 공간으로 만들기 위해서는 동선공간과 접한 벽체들 가운데 1면이나 2면, 3면, 4면의 벽 전체 면을 떼어내고 완전 개방시키거나 실이 보이는

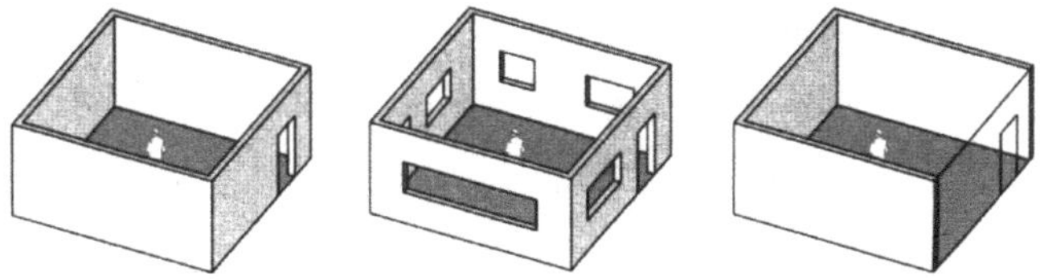

그림 4-32 폐쇄공간

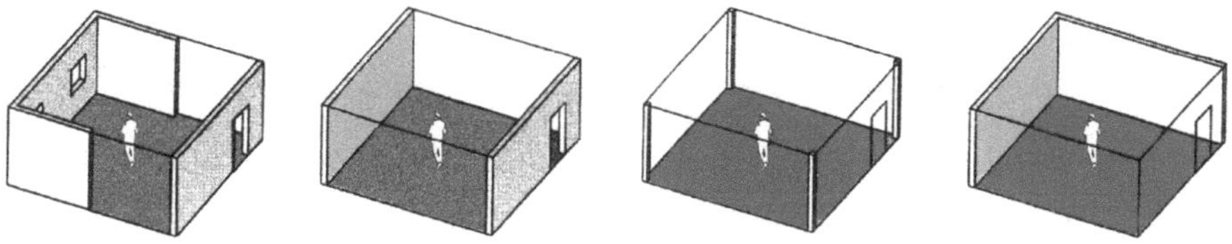

그림 4-33 개방공간

재료인 유리 등으로 마감하고 문도 유리문 등을 설치하게 되면 실의 내부와 외부의 개방감과 연속성이 좋아지므로, 실을 구획할 때에는 실에 표현하고 싶은 느낌을 가지고 계획설계해야 한다.

여러 개의 실들이 조합된 복수의 공간들은 서로 이웃하는 실들을 어떻게 개방시키거나 폐쇄시킬 것인지, 그리고 어떻게 연결시킬 것인가에 따라 건물의 공간적인 개념에 큰 영향을 주게 된다.

건물의 공간적인 개념을 이해하고 실의 연결과 구성을 가장 쉽게 결정해주는 것

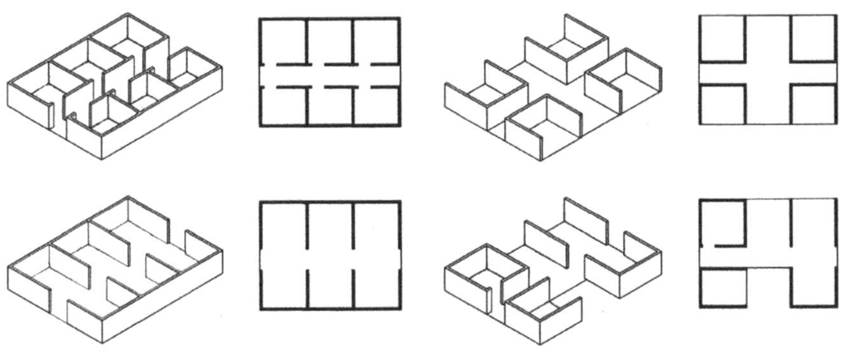

그림 4-34 실의 조합방법

은 실물 축척의 모형을 만들면서 검토하는 방법이다. 건물을 구성하는 모든 실의 공간은 같은 크기의 개념으로 어떻게 공간을 구성할 것인지 공간을 구획하면 폐쇄된 공간에는 벽체로 구획하고 개방된 공간에는 벽체를 제거하여 개략적으로 건물의 공간구성을 파악하여 기본계획을 수정하면서 설계안을 확정시키게 된다.

4·6·2 구조형태

구조형태란 건물의 공간형태를 유지시키는 것을 말한다. 건축이란 벽, 바닥, 지붕에 의해 둘러싸여 있는 공간을 말하며, 이 공간은 자연환경(추위, 바람, 소음 등)과 외부의 침입 등으로부터 안전하게 보호되어야 한다. 건물공간의 안전성은 건물 사용상의 설계와 건물 외부로부터의 힘에 견딜 수 있어야 한다.

건물을 설계할 때는 대부분 표준적인 설계규준에 의해 이루어지지만, 건물에 작용되는 하중인 고정하중, 적재하중과 외력 등의 조건 등에 충분한 강성을 확보하여 안전성을 갖도록 설계한다.

건물의 외부로부터 안전성을 위협하는 요인은 대부분 건물의 기초와 지반조건의 변화에서 온다. 건물 지반의 부동침하에 의한 불안정, 지진이나 비바람 등에 의해 지반이 약해져서 미끄러지는 현상 등이다.

건축물은 사용되는 동안에는 건물의 원래 기능을 지속적으로 확보할 수 있도록 충분한 내구성을 가지고 있어야 한다.

건물은 초기계획에서부터 공간의 기능과 조형미, 시공성, 환경 등 종합적인 검토가 필요하고, 또 현대건축기술의 발달로 새로운 형태의 건축공간과 구조형식 등이 생겨나므로, 처음 계획과정에서부터 구조계획을 같이 가져가는 것이 공간설계에 바람직하다.

건축구조의 형태는 건물의 사용재료 특성에 따라 건축물의 규모와 용도 등이 결정된다. 고대에는 흙, 나무, 돌 등 천연재료를 이용한 구조형태에 의해 건물이 세워졌으나, 현대에는 콘크리트, 철, 집성목재 등을 활용한 다양한 구조에 의한 건축물들을 보여준다.

건축재료와 구조형식이 설계하고자 하는 건축물에 가장 적절한지는 건물의 규모와 형태에 따라 재료와 구조의 특성을 이해하면, 건축물에 합리적인 사용재료와 구조형태를 알 수 있을 것이다.

건축설계 접근방법에서 구조형태는 건축물에 요구되는 기능, 용도, 규모, 평면과 입면의 형태 등에 따라 선택된다. 일정 규모 이상의 건축물은 내화성능을 가지며 최소 7~8m의 기본 스팬규모를 요구하므로, 철근콘트리트(R.C)조, 철골구조, 철골철근콘크리트구조에 의해 설계되는 것이 일반적이다.

일반적인 건축물의 기본형태는 기둥과 보에 의해 격자형태로 조합된 라멘(Rahman)구조형태를 이루고 있다. 라멘이란 기둥과 보에 의해 사각형의 모양을 가지는 골조, 틀을 의미하는 독일어이다.

라멘구조에서 건축물의 주 구조는 기둥과 보가 격자형태로 조합된 구조이다. 이 라멘구조에서 기둥의 배치간격(Span)은 인장력을 보강한 콘크리트인 철근콘트리트(Reinforced concrete) R.C조에서 기둥 스팬간격은 6~8m 정도가 경제적이지만, 10~12m 정도까지도 기둥 스팬간격의 설계가 가능하다.

격자형태로 조합된 R.C조에서 한 방향의 기둥 스팬간격을 길게 설계하면, 직교하는 방향의 기둥 스팬간격은 경제적인 스팬보다 작게 설계해야 합리적인 형태이다. 철골구조, 철골철근콘크리트구조는 R.C조의 기둥 스팬간격보다 더 긴 스팬으로 설계가 가능하다.

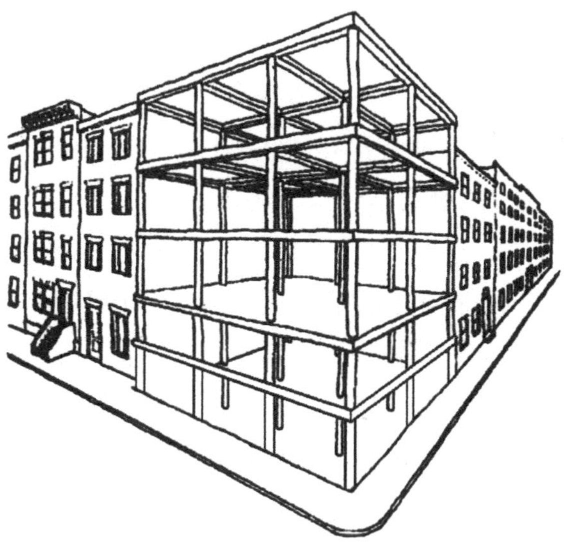

그림 4-35 철근콘크리트 라멘 뼈대골조구조

그림 4-36 모듈화된 기둥 배치도

일반적인 5층 규모의 철근콘크리트조 건물을 예로 들면 기둥 스팬간격이 경제적인 스팬일 때의 기둥단면은 600mm×600mm 정도, 보의 춤(슬래브두께를 포함한 보의 단면높이)은 기둥 스팬의 1/10 정도이다.

모든 기둥들은 보(Grider)로 짜 맞추어져 바닥판 4면이 보로 둘러싸여야 하고, 보로 짜 맞춘 넓이가 너무 넓으면(바닥판면적 30㎡ 이상) 보와 보 사이에 작은보(Beam)를 넣어 바닥판 크기를 나누어서 보를 둘러싼 바닥판이 외부의 힘에 대해 충분히 견딜 수 있도록 설계해야 한다. 바닥판인 슬래브(Slab)의 일반적인 두께는 120~280mm 정도를 사용한다.

기본적인 구조형태를 생각한 후에는 기둥(Column)의 위치를 결정한다. 일반적인 기본계획 평면도에서 기둥을 배치하기 위해서는 평면도에 종횡으로 어우러지는 일정한 스팬을 가진 격자의 기준선을 그리고 격자가 만나는 교점에 기둥을 배치한다. 기둥이 놓이는 격자의 교점이 평면도에서 건물의 밖으로 나가거나 통로, 현관, 실내공간의 중간 등에 놓여질 때에는 건물의 도면에 맞게 기둥위치를 변경하거나 기둥을 추가시키고 반대로 평면형상을 변경하여 기둥을 배치시킨다.

건물 각층의 기둥은 상부층에 기둥이 있으면 하부층에도 기둥이 있는 것이 기본개념이다. 모든 기둥들은 보로 연결되어 있어야 하고 바닥판(Slab)은 보로 둘러싸여 있어야 한다.

벽체는 힘을 받아주는 내력벽(Bearing wall)이나 전단벽 등과 같이 구조기능을 가지는 벽과 건물의 공간 구획만을 위한 칸막이벽(Partition wall)으로 구분된다.

칸막이벽은 벽돌이나 블록, 프리캐스트 콘크리트판과 같이 내화성능을 가지고 자중을 지지하는 정도의 강도를 가지며, 힘을 받아주는 타 구조체에 의해 지지된다. 칸막이벽 중 외벽은 건물의 외부와 내부를 구획하는 벽체이므로 자중을 지지하는 것뿐만 아니라 풍압에도 견딜 수 있는 강도를 갖고 있어야 한다.

내력벽은 자중과 연직방향으로 전달되는 하중에 지지되는 구조기능을 가지는 벽으로 일반적으로 철근콘크리트구조로 설계되는데, 이 중에서 전단벽은 연직하중에 대해서도 지지될 수 있게 설계된 구조이다. 건물의 높이가 높으면 수평하중에 의한 영향도 커지므로 건물의 외벽이나 엘리베이터 샤프트, 계단실 벽체 또는 내력벽의 일부를 전단벽으로 설계하여 큰 휨강성에 의해 수평력에 저항하는 구조체로 설계한다.

벽체의 최소두께는 일반적으로 200mm 이상으로 하고, 내진이나 보강할 필요가 있을 때에는 300mm, 비내력벽은 100~150mm 정도의 두께로 사용한다.

벽돌구조일 때 벽돌구조의 벽체 최소두께는 외벽은 1장반 공간쌓기[1.5B 공간쌓기, 벽돌 한 장 190mm+공간 70mm(공간 20mm+단열재 50mm)+반장 90mm] 350mm 이상으로 하고, 내벽은 1장 쌓기 190mm, 내력벽으로 둘러싸인 실의 크기는 80㎡를 초과할 수 없다. 벽체길이가 10m 이상이면 10m마다 부축벽이나 보강기둥으로 보강해주어야 한다.

구조형태가 정리되면 모형을 만들어 구조체가 공간을 어떻게 형성하고, 어떻게 지지하는지를 검토한다. 이 검토가 끝나면 평면도, 단면도에서 벽체나 바닥판의 두께, 기둥의 크기, 보의 춤 등도 도면에 표현해서 정리한다.

공간구획의 개념에 의한 평면도, 단면도에서는 공간들의 구획을 모두 동일한 하나의 선개념으로 구획하고 나누었지만, 공간구획 개념에 구조형태 개념을 포함하면 공간구획의 선을 2종류로 구분하여 표현되어야 한다.

벽이나 바닥, 지붕 등 닫힌 부분들을 굵은선으로 표시하고 유리면이나 개구부, 벽체가 없는 부분 등 개방된 부분의 공간구획은 가는 실선으로 표시한다.

이 평면도 중 1층 평면도는 배치도와 같이 표현하는 경우가 많다. 배치도에는 도로와 인접하는 건물과의 관계, 지면의 마감종류, 조경계획에 의한 조경수의 배치 등과 현관과의 관계 등을 상세하게 설명하여 표현한다.

건물의 단면도를 표현할 때는 건물 단면도만 표현할게 아니라 도로 건너편의 건물규모와 가로수, 자동차, 사람, 대지 내 수목의 윤곽 정도를 표시하여 주위공간을 쉽게 파악할 수 있도록 하고, 외부공간과 건물과의 어우러짐, 외곽도로에서 대지 내의 도로, 현관과 내부공간의 연속성을 생각해보아야 한다.

4.7 건축물 내부의 각 부분 설계

공간 개념에 의한 공간구성과 구조계획에 의해 구성된 구조형태가 결정되면 건축물의 내외부의 계단, 화장실, 창호, 마감재료, 소품(가구), 외부공간의 조경 등의 각 부분들을 평면도, 입면도, 단면도에 정확한 치수와 형태로 그려 넣어 도면을 마무리하는 작업을 해야 한다.

4·7·1 계단 Stairs

계단은 건물의 수직공간을 연결시켜주는 중요한 통로 역할을 한다. 계단은 지상층이나 지하층 등 모든 공간을 연결시키고 모든 층의 동일한 하나의 위치에서 건물의 모든 공간이 서로 연결되어야 하고 지상의 피난층으로도 연결되어 있어야 한다. 계단은 건축법규의 제한사항에 맞게 설치하고 안전을 최우선으로 하여 설계하며 피난에 지장이 없는 구조여야 한다. 계단실은 약간 넓게 계획하고 계단의 단높이는 낮게, 단너비는 넓게 하여 안정감을 준다. 계단을 설계할 때 건물의 출입구 가까운 곳에 두어 동선을 짧게 하고 피난에 지장이 없도록 고려한다. 화재 시 피해를 막기 위해서 계단실은 독립되게 하고 문은 방화문으로 설치하고 배연설비를 한다.

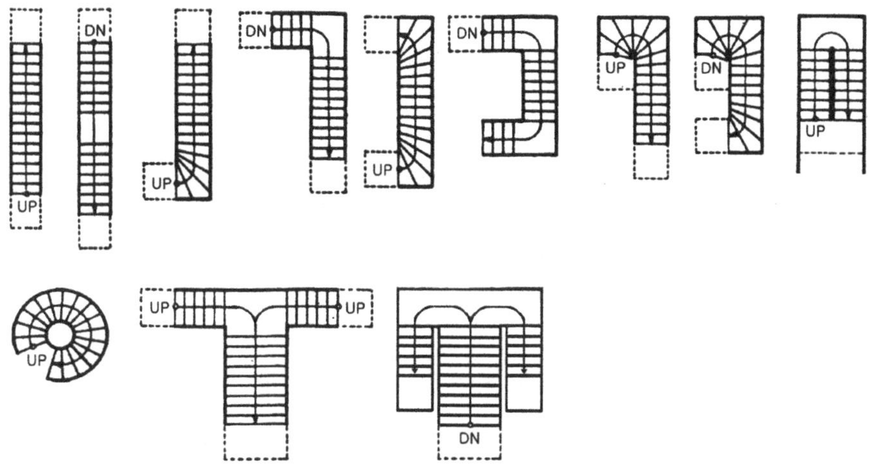

그림 4-37 계단의 평면형

계단의 평면도에는 여러 표현방법이 있으나 계단이 시작되는 시작점과 끝나는 점에는 굵고 등근점을 계단폭의 중앙점에 그리고, 올라가는 방향으로 화살표를 절단선에 맞대어 그리고 UP이라고 쓰고, 내려가는 점에 화살표를 절단선에 맞대어 그리고 DN이라고 표시하며, 바닥에서 2/3 되는 높이에서 절단선을 표시하여 UP과 DN을 구분해주는 것이 좋다.

(1) 계단의 종류

계단은 건축물의 사용용도와 평면형태, 건물의 규모, 층고 등에 따라 계단의 평면형태를 결정하게 된다.

계단의 종류는 ① 곧은계단(Straight stair) – 일직선으로 올라가는 계단으로 계단길이가 길면 중간에 계단참을 둔다. ② 꺾임계단(Quarter turn stair) – 계단을 꺾어 돌아가게 한 ㄱ자 꺾임형 계단, ㄷ자 꺾임형 계단 등이 있다. ③ 돌음계단(Winding stair) – 계단 중심점의 주위를 크게 돌아가게 한 계단 ④ 나선계단(Spiral stair) – 나선 모양으로 계단 중심점을 회전식으로 오르게 한 계단 ⑤ 경사로(Ramp) – 계단의 층단 없이 낮은 경사로 이루어진 슬로프(Slope) 등이 있다.

(2) 계단의 구성

계단은 건물의 공간을 이용할 때 가장 짧은 동선으로 설계해야 하고 긴급시 피난시설로 사용하는 데 기능상 불편이 없는 구조여야 한다. 계단이 놓여 있는 공간을 계단실이라 하고 계단이 놓여 있는 벽면에서 난간까지의 거리를 계단폭이라 한다. 계단 한 단의 디딤면에서 디딤바닥을 단너비, 디딤면의 한 단 높이를 단높이, 계단이 일직선이나 꺾임으로 높게 올라가면 계단의 중간에 수평공간을 두는데 이것을 계단참이라 한다.

계단참의 크기는 계단폭과 같이 하여 동일한 크기의 통로가 연속적으로 전개되듯이 설계해야 통로의 연속성을 갖는 시각적인 안정감을 가질 수 있으며, 많은 사람이 피난할 때 계단참 부분에서 병목현상이 발생하지 않아 사고의 위험성을 배제할 수 있기 때문이다. 계단을 오르내릴 때 붙잡을 수 있게 댄 부재를 손잡이대(Hand rail)라 하고, 이 손잡이대를 받쳐주며 사람이 계단을 오르내릴 때 보호할 목적으로 설치하는 것을 난간(Balustrade)이라 한다. 난간손잡이까지의 높이는 계단참에서는 90cm 이상으로 하며, 공공건물의 외부계단에서는 난간높이를 1.2m 이상으로 한다. 계단설계에 있어서는 계단의 길이 치수와 계단의 폭치수, 계단참의 폭치수 등을 충분히 검토하여 두어야, 쾌적하고 아름다우며 안전한 치수를 갖는 계단을 만들 수 있다.

① 계단의 경사도 · 단너비 · 단높이

계단이 안전하고 편안하며 기능적이 되려면 사람의 표준 신체조건에 맞게 설계하며, 계단의 경사도는 20°~50° 범위를 사용하지만 최소한 25 이상의 경사를 가져야 한다.

계단이 25° 경사 미만은 계단실의 면적이 너무 크고 비효율적이므로 계단보다 경사로로 설계하는 편이 좋다. 경사로의 경사도는 1:8 이하로 하고 바닥표면은 거친면으로 하여 미끄러지지 않는 재료로 마감한다. 이상적인 계단의 경사는 30°~35° 정도이다. 계단설계는 최소 3단 이상 최고 12단 이하로 하며 12단 이상일 때에는 계단 중간에 계단참을 설치한다. 계단참의 위치는 층고의 중간위치에 설치하는 것이 안전하고 편안하게 사용할 수 있어 좋다.

계단의 단너비와 단높이는 항상 일정한 치수로 해야 한다. 계단에서 계단의 단너비와 단높이 결정은 계단의 경사를 정하게 되므로 계단을 오르내리기 쉽고 편안하게 하기 위해서는 단너비와 단높이의 치수 결정이 매우 중요하다.

단너비와 단높이의 결정에 도움을 주기 위해 각국의 치수표를 보면, 독일은 단너비+단높이=47cm, 프랑스는 단너비+단높이의 2배 ≒ 63cm, 미국은 단너비×단높이=182cm(72inch)의 값을 사용하고 있다.

일반적으로 이상적인 계단의 단너비와 단높이는 단너비+단높이의 2배 =60~68cm 정도이다. 개인 용도의 계단 단너비는 25cm, 단높이는 16.5~18.0cm를 사용하고, 공공건물의 계단 단너비는 30cm, 단높이는 15~18cm로 결정하면 적합하다. 또한 사람의 이동빈도가 높은 곳은 디딤판의 폭 단너비를 31~32cm, 단높이를 15cm로 하고, 건물 밖에 설치하는 계단은 단너비를 33~36cm, 단높이를 15cm로 하여 주위환경에 맞게 설계한다.

② 계단폭

계단폭은 일반적으로 90cm 이상이 좋다. 계단폭이 좁으면 마주보고 오르내릴 수가 없고 큰 가구를 운반하기 어렵다.

개인주택의 최소 계단폭은 80cm로 공공건물의 최소 계단폭은 90~120cm로 하면 좋다. 여기에서 계단폭은 안치수의 순폭을 말한다.

계단의 폭이 3m 이상일 때는 계단폭 중간에 난간을 설치하도록 건축법에 규정되어 있으므로 이에 준한 설계가 이루어져야 한다(계단의 단너비 30cm 이상, 단높이 15cm 이하인 계단은 계단폭이 3m가 넘어도 중간난간 없이 설계가 가능하다).

③ 계단참

계단은 최소 3단 이상, 최고 12단 이하로 설계하고, 계단을 오르내릴 때 잠시 쉬거나 방향을 바꿀 수 있도록 계단참을 설치해야 한다(연면적 200㎡를 초과하는 건축물에 설치하는 계단은 높이 3m 이내마다 너비 1.2㎡ 이상 되는 계단참을 설치해야 한다).

계단참의 폭은 계단의 폭과 같이 설계해야 폭이 동일한 통로를 이동하는 느낌을 가질 수 있으므로 계단폭에 맞추는 것이 좋다. 계단참의 위치는 한 층의 계단 시작과 끝의 중간위치에 설치하고 모든 층의 계단에서 계단참은 동일한 위치에 놓이도록 설계하는 것이 좋다.

(3) 계단의 설계

계단 설계는 건물의 층고를 예정 계단 단높이로 나누면 계단 단수가 나오는데, 이 계단 단수값이 소수점값으로 나올 때에는 소수점값을 올림하여 역으로 층고인 층높이에 계단 단수로 나누어 계단의 단높이를 다시 결정하면 되고, 처음 계단 단수값이 정수일 때에는 계단의 단높이를 그대로 사용하고, 이 계단의 단수에서 1단수를 뺀 값이 계단의 디딤판 수가 된다.

이 디딤판 수에 단너비 치수값을 곱하면 계단의 수평길이가 되고 180° 꺾임계단일때는 계단수를 2로 나누고 이 값에 단너비 치수값을 곱하면 계단의 수평길이가 된다. 계단의 수평길이에 계단참의 폭을 더해주고 여기에 계단의 전 실길이를 더해주면 계단실의 크기가 산출되며, 계단의 천장고는 최소 2.1m 이상이 되도록 해야 한다.

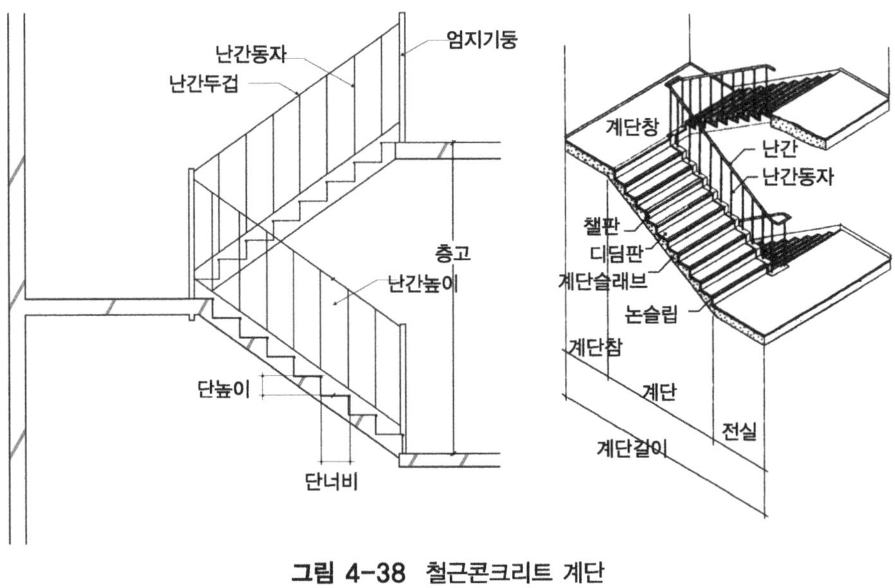

그림 4-38 철근콘크리트 계단

• 계단설계의 예제

건물의 층고가 3.3m이고 계단폭이 1.2m일 때 계단 단수를 20개로 설계하면, 계단의 단높이 치수는 3,300mm ÷ 20개 = 165mm의 단높이가 된다. 이 계단을 180° 꺾임계단으로 하고 건물 층고의 중간 높이에 계단참을 설치하면 계단참까지 높이는 계단의 단높이 165mm×10개 = 1,650mm이므로 건물 층고의 1/2값이며, 계단의 단너비인 디딤판 면의 치수를 280mm로 하면 계단의 단수에 1단수를 뺀 값이 디딤판 수가 되므로 280mm×9개 = 2,520mm가 계단만의 수평길이가 되고, 여기에 계단참의 폭과 계단 앞의 전실은 계단의 폭과 같이 설계되므로, 1,200(전실) + 2,520(계단 수평거리)+1,200(계단참) = 4,920mm가 계단실의 수평거리 치수가 된다.

건물의 주 동선으로 엘리베이터(ELEV.)나 에스컬레이터가 중요하게 이용되더라도, 피난시설로서의 계단은 꼭 설치되어야만 한다. 계단은 디자인할 요소들이 많기 때문에 잘 설계하여 계단의 평면형상과 디자인 등을 만들어두면 설계할 때 많은 도움을 받을 수 있다.

4·7·2 경사로 Ramp

경사로는 계단을 오르내리기 곤란한 사람이나 휠체어 이용자 등의 통행, 자동차의 상층과 하층으로의 이동 등 서로 높이가 다른 바닥이나 층을 계단대신 연결할 목적으로 이용한다.

경사로의 물매는 수평거리 무단위값 10에 무단위 높이값 1로 표현한다. 일반적으로 실외 경사로는 1:10(≒ 6°), 실내 경사로는 1:8(≒ 7°) 이하로 하면 경사로 이용이 편안하고 안락하다.

평면도에서 경사로의 표현방법은 계단과 같이 경사로의 시작점에서 경사로 끝나는 점으로 경사로 폭의 중앙부에 시작점을 적고 올라가는 방향으로 화살표를 하여 표현한다.

경사로 표면은 미끄러지지 않게 홈을 파서 설치하고 경사로의 물매가 1:6(≒ 9°) 이상일 때에는 경사로 표면에 미끄럼막이를 설치한다.

4·7·3 문·창문

문이나 창과 같은 개구부는 사람의 출입과 물건의 반입이나 채광, 환기, 조망과 방풍, 방우, 방한, 방서 등의 역할도 해야 한다. 문이나 창문과 같은 개구부를 창호라 총칭한다.

창호는 자유롭게 여닫을 수 있도록 필요한 개소에 설치하고, 수시로 여닫으므로 견고히 만들어서 뒤틀림이나 파손 등이 생기지 않아야 하며 기밀성, 차음성, 단열성, 내풍압성, 수밀성 등의 성능을 가져야 한다.

창호는 건물의 외관이나 실내디자인에 매우 중요한 부분을 차지하는데 실내와 실외를 구획하고 실내공간을 구획해주므로 다양한 공간연출이 가능하다.

문은 문틀(Door frame)과 문(Door)으로 이루어져 있고, 문의 종류는 여닫이, 미닫이, 미서기, 회전문 등이 있다. 창은 창틀(Window frame)과 창문(Window)으로 이루어져 있으며, 창의 종류는 여닫이창, 미닫이창, 오르내리창, 붙박이창, 회전창 등이 있다.

문이나 창의 재료는 목재와 금속재, 플라스틱재 등을 사용하고, 열고 닫을 때 충격을 받게 되므로 견고하고 실용적이어야 하며 외관이 미려하고 사용성이 좋아야 한다.

문이나 창의 크기는 기능과 디자인을 고려하여 결정한다. 일반적인 거실의 외여닫이문의 치수는 폭이 750~900mm, 높이 1,800~2,200mm 정도로, 이 치수를 기본으로 설계하며, 최근에는 문높이를 천장높이와 같이 하는 경우도 많다.

문이나 창문을 개폐시키는 방법은 문의 좌우 한 축에 개폐회전 철물을 달아서 회전시켜 여닫는 방법과 문을 수평이나 수직으로 이동되게 하는 미끄럼 방법으로 여닫는 방법, 문에 가로축이나 세로축을 기준점으로 회전시켜서 여닫는 방법 등이 있다.

문의 개폐방향은 피난시설에 접근이 쉽게 열리는 방향으로 개폐되는 것이 우선이나, 피난시 통로를 지나는 사람의 안전성 측면과 실내공간(은행)의 사용목적에 따라 개폐의 방향이 바깥방향열림이나 안쪽방향열림을 구분하여 사용하므로 피난계획이나 법에 맞게 충분히 검토한다.

실의 문이나 창문을 일반적으로 여닫이로 설계하는 것이 기본이며, 이 여닫이로 설계하면 구획한 공간을 밀실하게 하고 문단속하기에도 매우 용이하지만, 문이나 창문의 여닫는 방향으로 여닫는 면적만큼의 소요면적이 필요하므로 실내외의 사용면적을 감소시키는 단점을 가지고 있다.

문이나 창문은 공간과 공간의 동선 흐름과 빛, 그리고 시선들을 제어하는 장치들로 생각할 수 있다. 공간과 공간의 동선 흐름과 공간의 채광 등은 지역이나 생활환경, 문화적 차이, 시대상황 등에 따라 공간을 폐쇄공간, 개방공간, 반폐쇄공간 등으로 구획된다.

일반적인 실의 문은 바깥방향으로 개폐방법을 사용한다. 이 바깥방향 개폐형태의 문은 실내에서 외부의 침입에 쉽게 대응하고, 그 공간을 안전하게 지키기가 쉽기 때문이다.

이 바깥방향의 개폐방법에는 건물이나 도시를 지키기 위해 공간이나 폐쇄적인 닫힌 공간으로 되어야 한다는 생각이 담겨 있다. 작고 좁은 주택에서는 문이나 창의 개폐에 의한 공간을 최소한으로 줄이기 위한 개폐구조형식으로 간단한 미닫이문이나 미서기문을 사용하고 있다.

4·7·4 화장실 설계

화장실의 설계도 건축설계에 있어서는 매우 중요한 요소이다. 화장실 공간의 쾌적함에 따라 건물 전체에 대한 사용자의 인상이 결정된다고 생각할 수도 있다. 화장실은 건물 사용자가 자주 사용하는 기본적인 요소공간으로 가능하면 외부에 접하게 설치하여 창을 만들거나, 강제배기에 의한 환기를 충분히 고려한 설계와 항상 청결을 유지할 수 있어야 한다.

건물에서 화장실의 위치, 규모, 배열 등 제반사항 등에 따라 구조나 설비 등과의 조정도 필요하다.

(1) 화장실 설계

화장실 설계는 건물의 종류와 규모 등에 따라 다르지만, 화장실 설계기본은 남녀별 대변기, 소변기의 규모와 변기와 세면기 등과의 위치, 장애인 이용자 등을 위한 화장실의 크기 등을 고려하여 설계한다. 이 화장실 설계를 하려면 대변기실의 크기, 소변기 간격, 세면기의 간격 등 기본치수를 알아야 한다.

대변기실은 짧은 변이 85cm 이상, 긴 변이 130cm 이상 되게 설계해야 하고 소변기 간격은 75cm 이상 되게 하며 칸막이와 선반을 설치하고 세면기 간격은 80cm 정도가 되게 설치한다.

이 기본치수값을 바탕으로 하여 1/100 ~ 1/200의 평면도에 대변기실, 소변기, 세면기 등을 도면에 그려 넣어 보면서 화장실의 기본설계를 만든다.

화장실의 사용자가 유아, 노인, 장애인 등일 경우 소요공간이나 사용용구의 크기는 일반인이 사용할 때와 차이가 생긴다. 유아의 경우는 용구의 치수가 작아지고 장애인이나 환자, 노인의 경우 휠체어 등과 같은 보조기구를 사용하거나 부축을 받으려면 실의 소요공간이 크게 요구되므로 화장실 평면도는 크게 바뀌게 된다.

장애인용 대변기실의 크기는 짧은 변이 1.5m, 긴 변이 2.2m 이상 되게 설계해야 주위의 벽체나 사용용기 등에 신경쓰지 않고 편안하게 동작할 수 있는 소요공간을 가질 수 있다.

공공시설이나 상업시설 등과 같이 많은 사람들이 이용하는 화장실이거나 일반적인 소규모 화장실들로 설계하고자 할 때에는 통로에서 화장실로 들어가는 문을 곧바로 설치하지 않고 화장실의 입구를 통로 쪽에서 뒤쪽으로 유도하는 통로를 설치하여 동선을 끌어들인 후 화장실로 들어가는 입구가 설계되어야, 무엇인가 혐오스러울 것 같은 화장실로 들어가는 입구가 직접 보이지 않아 좋다.

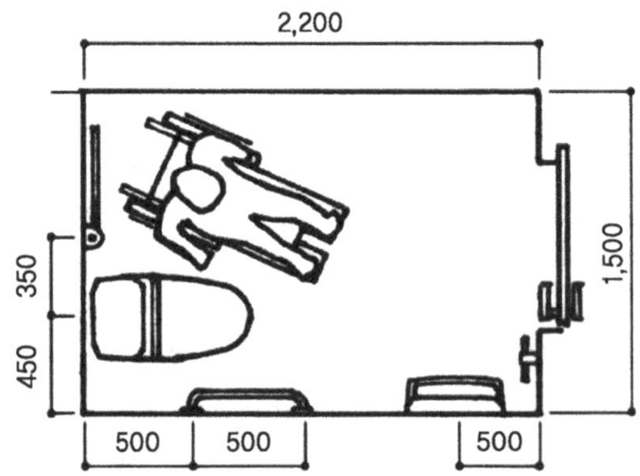

그림 4-39 장애인용 화장실

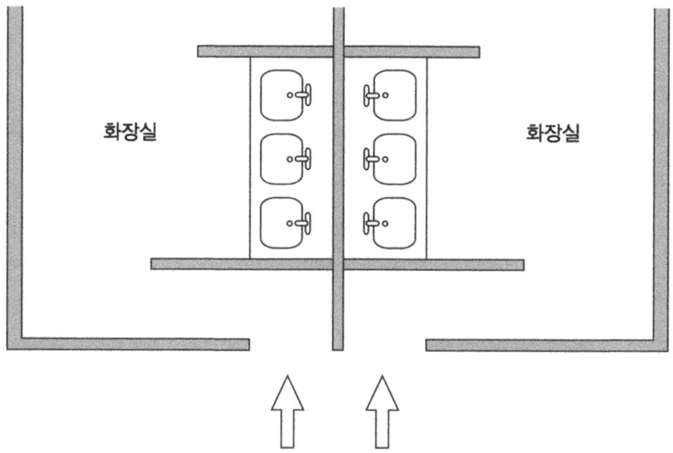

그림 4-40 화장실 출입구(시선차단)

장애인을 위한 화장실은 통로에서 가깝게 위치시키고 휠체어가 들어가기 쉽게 바닥과 문 치수 등을 고려하여 설계한다.

일반화장실은 남녀화장실 모두 세면과 변기위치를 구획하여 구분되어야 하고, 남자화장실에서 변기는 대변기와 소변기를 구획하고 여자화장실에서 세면구획은 세면과 파우더룸을 구획하여 설치해야 기본 화장실 설계가 이루어진다.

(2) 욕실설계

욕실은 욕조와 샤워시설, 탈의공간 등으로 이루어진다. 욕실의 규모와 치수는 사용하는 공간들의 기능을 고려하여 가장 합리적인 크기로 결정한다.

욕조 치수는 폭이 개인용은 60cm 이상으로 하고 공용은 1인당 45~60cm 정도이며, 욕조의 깊이와 욕조길이와의 관계는 입욕자세에 따라 결정된다. 욕조의 깊이가 55~60cm 정도일 때 욕조길이 150~180cm 정도이며, 욕조등받이에는 샤워용 커튼을 설치해야 하므로 설치 예상 치수 등을 고려해야 한다.

샤워실 개인용 치수는 폭 90cm 이상, 길이 120cm 정도이며, 공용은 1인당 1㎡의 바닥공간을 기준으로 계획하여 설계한다.

4·7·5 건축설계와 가구

(1) 건축설계와 가구

건물과 그 건물에 배치된 가구는 기능과 디자인이 서로 조화를 이루어야 한다. 건물과 가구는 서로 조화될 때 실의 디자인 효과가 더욱 더 증진된다.

가구는 사용목적과 치수가 매우 중요하다. 가구의 치수는 사용하는 사람과 실의 공간 크기 등에 매우 밀접한 관계를 가지고 있으며 생활하는 환경, 지역, 문화, 생활양식 등의 변화에 따라 서로 다른 독특한 양식을 갖는다. 가구는 사용재료와 가공기술, 시각적인 표현방법, 의장적인 표현에 따라 가구의 모양과 형태, 색상 등의 디자인이 다르게 표현된다.

가구는 바닥, 벽, 천장으로 구획된 실공간을 사용하는데 편리하고, 사용하는 실공간을 구획하거나 장식의 목적으로 배치하여 실의 공간을 새롭게 만들어내기 위한 장치물로 사용되므로, 가구는 실의 공간 속의 공간을 디자인하는 장식물로 매우 중요한 요소라 할 수 있다.

(2) 인체의 스케일과 가구치수

가구는 건물의 양식과 공간에서 산출한 치수, 인체의 동작 치수, 사용목적 등에 맞게 설계한다. 인체의 동작 치수와 사용목적 등에 따라 가구의 치수는 기본적으로 결정되는데, 가구의 높이, 크기, 형태, 중량 등은 기본적으로 인체의 동작 치수와 사용할 때 작용하는 힘 등에 의해 결정된다.

사무용 책상은 높이를 74cm를 표준 치수값으로 하고 남자용은 70~72cm, 여자용은 68~70cm를 적정 값으로 하고 있다. 이 값은 사용자들의 근육피로도를 채집하고 정간격 연속촬영한 사진에 의해 사용자세의 안정도를 고려한 값이다.

(3) 가구의 종류와 역할

실공간의 바닥(Flooring) 일부에 카펫(Carpet)을 깔면 하나의 큰 실공간에 카펫이 덮인 작은 공간이 생기게 되어 하나의 실공간 바닥을 2개의 바닥공간으로 구획하게 되고, 카펫이 놓인 바닥에 테이블과 의자를 세팅(Setting)하면 카펫으로 덮인 공간이 휴식이나 담소하는 장소의 기능을 가진 곳이 생겨나게 된다. 카펫, 테이블,

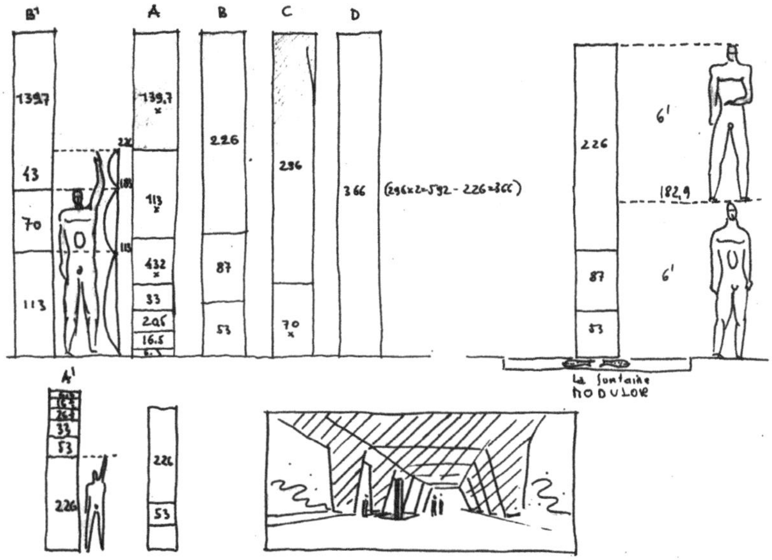

그림 4-41 르 꼬르뷔제의 인체 스케일

의자 등의 양식과 형태나 표현에 따라 실공간의 분위기는 다양하게 변화되기 때문에, 실공간에 요구하고자 하는 기능과 표현방법에 맞는 디자인을 찾아내야 한다.

가구를 이용하면 하나의 실공간을 2이상의 실공간으로 구획하는 것도 가능해진다. 장식장이나 책꽂이 등을 이용하여 실공간을 구획하면 사용하는 가구의 높이에 따라 구획하는 실공간의 분위기도 바꿀 수 있기 때문에, 실공간을 독립적으로 구획하거나 시야를 차단하는 정도의 구획 등 하나의 공간을 여러 다양한 형태의 구획들이 가능하므로 공간에 대한 설계개념이 필요하다.

가구들은 개인 디자이너가 만든 것부터 가구를 만드는 가구 제조업체에 이르기까지 여러 다양한 종류가 있으므로, 가구를 선택할 때에는 설치하고자 하는 위치에 알맞은 가구에 대해 사용하고자 하는 가구와 그것에 합당한 조건들이 어울리는 가구를 선택하여 사용해야 한다.

최근에 건축에서는 여러 다양한 수납공간 등을 만들기 위해 자투리 공간에 맞는 자체 가구들을 설계하기도 하고, 가구를 건물의 한 부분에 내장시키는 붙박이(Built-in)로 설계하여 설치하는 방법도 사용되고 있다.

4·7·6 마감재 결정

건물의 모양은 형태와 사용재료에 의해서 결정된다. 건물 모양이 같다고 해도 사용재료가 어떤 것으로 만들어졌는지는 외형을 나타내는 윤각선만으로는 알 수 없기 때문에 마감재료를 결정해야 실제 건물 모양을 이미지화 할 수가 있다.

건축물의 주요 구조부인 벽체, 기둥, 보, 바닥, 슬래브, 지붕 등이 구축되고 나면 개구부인 문, 창 등을 설치하고, 건축물의 외부와 내부를 기능에 적합한 마감재로 치장하여 건물을 사용하는 데 지장이 없도록 건축물을 마감해야 한다. 건물의 외부 마감을 외장공사, 내부마감을 내장공사라 한다.

(1) 벽마감

벽의 종류와 기능을 보면 건축물의 외부를 둘러싸고 비바람이나 외부에서 침입을 막는 벽체를 외벽(外壁, External wall)이라 하고 건축물의 내부공간을 구획하고 분할하는 벽체를 내벽(內壁, Internal wall)이라 한다.

벽을 구조에 따라 내력벽과 비내력벽으로 구분한다. 내력벽(耐力壁, Load bearing wall)은 벽에 작용되는 수직하중과 수평하중 등 모든 하중을 지지하여 기초에 전달하는 벽체를 말하고, 비내력벽(比耐力壁, Not Load bearing wall)은 힘을 받아주지 않고 공간구획만을 위한 칸막이벽체(Partition wall)이다. 모든 외벽은 거의 내력벽이고 내벽은 내력벽과 칸막이벽으로 구성된다.

① 벽마감 구조형태

벽체의 구축형태로 조적식, 일체식, 가구식, 피막식 벽 등이 있다. 조적식 벽(Masonry wall)은 벽돌, 블록 또는 돌과 같이 작은 것들을 쌓아서 만든 벽이고, 일체식 벽(Monolithic wall)은 거푸집을 만들고 기둥, 보, 바닥판에 철근을 배근하고 콘크리트를 한번에 타설하여 만든 벽이다.

가구식 벽(Frarned wall)은 비교적 작은 목재부재나 철재 부재로 수직과 수평으로 틀을 짜서 만든 벽이고, 피막식 벽(Curtain wall)은 그 자체의 무게 이외에 하중을 받지 않는 비내력벽으로 콘크리트조 또는 철골조 등과 같이 강구조체의 외벽에 붙인다든가, 뼈대 사이에 공간을 구획할 목적으로 끼우는 형태를 만든 커튼월

(Curtain wall)을 말한다.

커튼월은 하중을 지지하지 않은 피막식 벽체로 건축물의 기둥뼈대에 금속재 또는 철근콘크리트제의 기성제품 등을 부착한 비내력벽의 외벽이다. 커튼월은 건물 외벽이므로 내구성, 내충격성, 내풍성, 내진성을 가져야 하고 비바람에 의한 누수방지와 기밀성, 차음성, 단열성 등을 가져야 한다.

② 커튼월(Curtain wall)

커튼월은 건물의 외부 모양과 형태를 직접 보여주므로 설계 시 부재형상, 색채, 운반과 조립, 설치방법 등을 고려하여 제작해야 한다. 이 커튼월공사는 대부분의 공사가 공장제작에 의해 현장에서 조립되어 설치되므로 건설현장의 공정을 크게 단축할 수 있는 공법이다.

건물구조체에 부착하는 커튼월은 조립구조로 하므로 작업량이 적고 반복작업을 행하고 비계가 필요 없으며, 외부제작에 의한 현장조립이므로 공기가 짧아지고 공장에서 생산하므로 제품의 성능과 품질을 항상 일정하게 안정시킬 수 있다.

그림 4-42 비내력벽체

③ 유리블록(Glass block)

유리블록은 벽체로부터 빛을 통과시키기 위해 비내력벽으로 사용한다. 유리블록은 상자 모양의 유리 두 짝을 0.7기압의 건조기층을 두고 봉합 성형한 제품으로 크기가 146×146mm, 197×197mm 등이 있고 두께는 98mm이다. 이 유리블록은 불투명하며 보온, 채광, 의장의 효과가 있으며 광선투과는 유리블록 표면의 무늬에 따라 여러 종류가 있다.

유리블록 쌓기는 높이나 길이가 6m 미만이 되도록 하고 쌓는 면적이 11㎡ 미만이 되도록 쌓아야 한다. 쌓는 면적이 11㎡ 이상일 때는 11㎡ 마다 나누어 보강하여 쌓아야 안전하다.

유리블록은 모르타르 접촉 면에 염화비닐계 합성수지도료를 칠한 후에 모래를 뿌려 부착시킨다. 모르타르 배합비는 시멘트1 : 석회1 : 모래4가 적당하고 줄눈두께는 6~10㎜ 정도로 한다.

유리블록쌓기 보강은 유리블록 3~5개 단마다 지름 6mm 철근을 격자 모양으로 짜서 용접하여 맞추고, 보강철근의 끝단들은 모두 틀재에 고정 · 장착시킨다.

줄눈마무리는 굳기 전에 줄눈파기를 하고 백색 시멘트모르타르로 치장줄눈하며, 외벽의 경우에는 방수제를 모르타르에 첨가하여 사용하고 줄눈을 빈틈없이 채워 마무리한다. 유리블록벽이 주 구조체에 접하게 되는 곳은 신축을 고려하여 신축줄눈을 두어야 한다.

⑵ 바닥마감

건물의 바닥판은 사용상의 하중인 적재하중을 지지해주고 있는 중요한 부재로 내구성, 내화성, 차단성을 가지고 있어야 하고, 구획되는 내부공간의 크기와 사용용도에 맞게 마무리 재료들로 마감하게 된다.

바닥은 목조 마룻널, 콘크리트 슬래브, 모르타르 바름 등의 바탕에 구획된 공간의 사용용도에 따라 마무리 재료들이 각기 다르다. 바닥마감은 공간에 잘 조화되어 흡음성과 탄성이 있고 유지관리가 편리한 재료여야 한다.

그림 4-43 벽체의 유리블록마감

① 목재마루바닥

마루는 일반적으로 습기가 많고 더운 지방에서 사용된 것으로 아주 오래된 바닥 마감재이다. 마루는 견고하고 잘 고정되어 안정적이어야 하고 목재의 수축변형이나 시공 잘못 등에 의한 요철이나 기울임이 없는 평면을 유지해야 하며 방습기능과 방음기능도 있어야 한다.

마루의 종류는 널마루, 플로어링보드 · 블록마루, 무늬목 합판마루가 있고, 우리 한옥 마루는 장마루와 우물마루 구조 등으로 나누어 생각할 수 있다.

② 각종 바닥마무리재

㉠ 벽돌깔기바닥

바닥깔기 바닥면을 평평하게 고른 다음 두께 15cm 정도의 잡석다짐을 한 위에 고름모르타르로 면바르게 펴 바르고, 벽돌을 옆세우거나 수직세우기로 줄바르게 깔거나 ㅡ 자 엇갈림 문양, 빗살 문양으로 줄눈을 일정하게 배열하여 벽돌바닥깔기를 한다.

그림 4-44 벽돌깔기 바닥

㉡ 돌붙임바닥

건물 내 · 외부의 바닥면을 일정한 규격으로 켠 돌판재로 마감하여 바닥면의 보호와 장식을 할 목적으로 사용한다.

석재의 표면마무리는 잔다듬이나 물갈기로 마감한다. 일반적으로 실내부분은 물갈기 표면으로 하고 실외부분은 잔다듬으로 마무리한 것을 사용한다.

㉢ 타일붙임바닥

타일은 바닥이나 벽면을 보호하고 방수, 표면수장의 의장적 효과가 뛰어나고 고급스러운 질감을 가지고 있어 의장재료로도 많이 사용된다. 타일은 일반타일, 구성타일, 모자이크타일 등으로 분류하며 바닥에 사용되는 타일은 표면에 미끄럼 처리를 한 것만을 사용해야 한다.

타일의 종류는 사용용도와 색상, 치수, 재료의 질, 유약의 유무 등 여러 기준에 의해 분류하고, 사용용도에 따라 내장타일, 외장타일, 바닥타일 등으로 구분하며, 재료의 질에 의한 분류는 도기질, 자기질, 석기질로 구분하고 바닥층 흡수율이 낮은 자기질과 석기질 타일을 주로 사용한다.

㉣ 시멘트모르타르바닥

시멘트모르타르는 시멘트와 모래를 1:3의 용적배합비로 하여 배합기계를 사용하여 비빔하는 것을 원칙으로 한다. 혼화재료를 섞어 사용할 때 분말혼화재는 시멘트와 모래를 섞을 때 같이 혼입하여 사용하고, 합성수지계 혼화제나 방수제 등과 같이 액상의 것은 물에 미리 섞어놓고 사용한다.

ⓜ 콘크리트바닥

콘크리트를 사용하여 바닥마감을 할 때에는 표토를 걷어내고 두께 15cm 이상이 되도록 잡석지정을 한 후, 두께 5cm 정도의 밑창콘크리트를 깔고 #8철선의 15cm 와이어메시(Wire mesh), D8, D10을 가로 세로 30cm 간격으로 깔고 두께 10~15cm 정도로 콘크리트를 부어넣고 잘 다져 사용한다.

ⓑ 인조석 · 테라초바닥

인조석바닥은 백색 시멘트, 종석, 돌가루, 안료 등을 혼합하여 물로 잘 비빔하여 모르타르바름 위에 바닥바름한 후 경화되면 씻어내기와 갈기, 잔다듬 등으로 마무리한 바닥재이고, 테라초바닥은 인조석의 종석보다 큰 대리석 조각들을 사용하여 인조석과 같이 미장바름한 다음 갈아낸 것이다.

그림 4-45 테라초 바닥

③ 특수구조 바닥

㉠ 프리즘유리(Prism glass)바닥

건물 바닥용 유리블록은 덱유리라 하며 벽체용 유리블록과 구분하기 위해 프리즘유리라 한다. 프리즘유리는 지하실 천장이나 바닥 등에 설치하여 채광이나 실내를 밝힐 목적으로 사용한다.

프리즘유리를 바닥에 설치할 때에는 콘크리트바닥면에 직접 묻거나 철재로 격자틀을 짠 형틀을 바닥면에 설치하여 끼워넣는 방법이 있으나, 바닥의 처짐이나 변형, 외부충격 등에 의해 프리즘유리가 파손될 때 교환하기 쉬운 철재 격자형 틀을 대부분 사용한다.

철재 격자형 틀을 사용할 때에는 바닥마감높이와 블록높이가 같도록 고려하여 철재격자형 틀을 바닥철근에 고정시키고 콘크리트를 타설하여, 경화된 후에 철재 격자형틀 위에 퍼티를 깔고 주위에 쐐기를 끼워 부착성능을 좋게 처리한 다음 유리블록을 고정시킨 후 방수모르타르를 다져넣은 후 백색 시멘트와 소석회의 모르타르로 줄눈마감한다.

㉡ 전도바닥

가연성 가스를 사용하는 병원이나 공장 등에서 정전기에 의한 폭발을 방지할 목적으로 바닥을 전도성 바닥으로 설계한다. 이 가연성 가스를 사용하는 곳에서는 정전기의 축적을 막기 위해 정전기의 흡수성 재료를 사용한 전도비닐타일, 전도테라초, 전도자기질타일, 전도모르타르 등이 사용된다.

㉢ 방진바닥

건물의 용도를 공장이나 운동시설 등으로 사용하면 바닥면에는 기계의 진동과 충격이나 운동경기의 충격 등에 의해 진동과 소음이 발생하여 거주성이 좋지 않고, 구조체에 균열이 발생하기 쉬우므로 진동과 충격으로 흡수하여 완화시킬 목적으로 방진바닥을 설치해야 한다. 방진바닥이란 진동이나 충격이 작용되는 바닥판을 구조체와 분리하거나 차단하는 법이다.

바닥에 작용되는 진동과 충격을 흡수하여 완화하기 위해 구조체의 바닥면 위에 방진고무, 코일스프링, 판스프링, 공기스프링 등을 깔거나 설치한 윗면에 구조체와 연결되지 않은 바닥판을 놓은 뜬구조바닥판 구조로 하여 진동과 충격을 흡수하거나 완화시킬 수 있다.

(3) 천장마감

건물의 실내 상부공간을 구획한 칸막이를 천장이라 하며, 천장의 역할은 방한, 방진, 보온, 차음, 흡음 등의 성능을 가지고 있다. 천장은 반자라 하며 건축물의 지붕틀 부재들이 보이지 않도록 하고 실내공간의 상부마감형태로 의장적 효과로 사용된다. 천장을 구성하고 있는 틀을 반자틀이라 한다.

반자틀을 지붕틀이나 상부층 바닥틀에 달아 매단 것을 달반자라 하고 철근콘크리트바닥판을 재물마무리하거나 바닥판 밑을 마무리한 것을 제물반자라 한다.

반자틀은 목재로 짠 목재 반자틀구조와 강재로 결합한 강재 반자틀구조로 이루어진다.

① 목재 반자틀

목재 반자틀 구조는 지붕평보, 바닥보 등에 달대 받침대를 설치하고 달대받이를 달대 받침대에 고정시킨 후 달대받이에 달대를 매달아 고정시키고, 달대 끝단에 반자틀받이를 90cm 간격으로 달아 고정시키고, 이 반자틀받이에 45cm 간격으로 반자틀을 설치하고 벽과 맞닿은 반자는 반자돌림대로 마감한 후 널재나 판재로 반자를 마감한다.

그림 4-46 천장마감

② 강재 반자틀

강재 반자틀구조는 철근콘크리트구조의 슬래브와 철골구조의 데크플레이트 슬래브 등에 설치된다. 철근콘크리트구조에서는 슬래브 콘크리트를 치기 전에 인서트(Insert), 앵커볼트 등을 가로 세로 1~2m 간격으로 배치하고, 움직이지 않게 고정시킨 다음 콘크리트를 타설하여 슬래브가 경화한 후 철재 달대와 경량형강의 반자틀받이와 반자틀을 설치하고, 보드류의 판재를 반자틀에 끼워넣어 반자를 마감한다. 철골구조 강재 반자틀은 데크플레이트 하부에 철재 달대를 매달 수 있도록 철재 받침대를 설치하고 강재 반자틀을 매단다.

4·7·7 대지공간의 설계

하나의 건물은 그 건물 주변의 단지공간에 어울리는 형태로 존재하므로, 건물을 설계하면서 동시에 단지의 공간과 대지의 공간에 대해서도 서로 어우러질 수 있는 공간 개념이 도입되어야 한다.

단지의 외부공간이 디자인되어 건물과 단지의 외부공간 사이에 서로 잘 어우러지는 관계가 성립될 때 그 건물의 설계가 완성되었다고 할 수 있는 것이다. 이는 건물을 처음 구상할 때 주변의 자연환경과 단지공간에 어울릴 수 있는 건물의 형태 등을 고려하여 설계가 이루어져야 좋은 결과물을 얻을 수 있다는 것이다.

대지 외부공간의 설계는 건물의 공간설계와 같이 기본이 되는 바닥면이 존재한다고 할 수 있다. 벽면은 주위에 있는 건물의 외벽이나 담장 등을 생각할 수 있고, 테라스(Terrace)와 퍼걸러(Pargola) 등을 지붕으로 구상할 수 있으며, 여기에 프라

(a) 테라스 (b) 퍼걸러 (c) 프라자

그림 4-47 대지 외부공간 설계(테라스, 퍼걸러, 프라자)

자(Plaza)와 수목, 벤치(Bench), 외부기구 등을 하나의 구성체로 보아 구도를 잡아 서로 잘 어우러지는 형태를 만들면 설계가 완성되는 것이다.

4.8 프레젠테이션 Presentation

프레젠테이션이란 설계자가 설계발주자 또는 발주처에 설계도면과 계획서를 제출하는 것을 말하며, 이 프레젠테이션은 계획설계가 마무리된 후 프레젠테이션 계획을 수립하여 계획설계에서 결정된 디자인 개념을 발주자나 발주처에 이해하기 쉽게 표현하여 설득하기 위한 것이다.

잘 만들어진 프레젠테이션 설계도서는 설계자와 의뢰인과의 계획설계에 대한 의사소통에 시각적인 효과를 부각시킬 수 있는 매우 중요한 도구로 생각할 수 있다. 이는 의뢰인이 2차원적인 도면의 표현방법을 이해하여 실제 건물을 생각하기가 어렵기 때문에, 3차원 모델링이나 투시도, 조감도, 기능도, 동선도, 각 부분구역(Zoning) 등을 표현하여 건물을 쉽게 이해할 수 있도록 제시하기 위한 것이다.

프레젠테이션 방식에는 어떤 목적으로, 누구에게, 어떠한 표현방법을 이용할 것인지에 따라 여러 방법이 있지만, 가장 일반적인 건축설계도의 프레젠테이션은 배치도(Site plan), 평면도(Floor plan), 입면도(Elevation), 배치 단면도(Site section), 건물 단면도(Building section), 엑소노메트릭(Axonometric), 사각투상도(Obligue), 투시도(Perspective), 기능도(Funrtional), 동선도(Circulation diagram), 건축의 형식, 영역, 공간구축, 분포밀도(Site distribution), 방향(Direction), 모형(Model) 등으로 구성하여 패널(Panel)형태로 제작하게 된다.

건축설계에서 프레젠테이션의 목적은 계획된 디자인을 잘 표현하여 다른 사람들에게 알기 쉽고 매우잘된 디자인으로 인식할 수 있도록 표현하고 제시하는 것이므로, 설계에서 디자인 개념을 이해하기 쉽게 건축설계도를 순서에 맞게 잘 조합된 형식으로 정리되고 제작되어야 한다.

(1) 설계보고서

프레젠테이션에 표기하는 설계보고서는 건축물을 설명할 수 있는 내용들을 정확하게 전달할 수 있도록 짧고 간결하게 작성해야 한다. 건물의 설계과정과 설계도서에 표현된 건축물을 쉽게 이해할 수 있도록 잘 배열시켜 작성한다.

설계보고서에는 설계의 디자인 과정에서 결정된 사항들과 설계도면, 건축개요, 건축규모, 토지이용계획과 배치, 기능과 동선계획, 건축의 형식과 공간구축, 분포밀도, 마감재료계획, 공사비 개요와 추후일정 등을 설명하고 완성된 도면 등을 제시한다.

(2) 프레젠테이션의 구성

프레젠테이션의 기본적인 구성요소는 위치도(Site), 평면도, 입면도, 배치단면도, 건물단면도, 실내투시도, 기능도, 동선도, 투시도나 조감도, 모형 등이다. 모든 도면들은 동일한 스케일로 표현하고, 선의 굵기 등은 항상 일정해야 건물을 이해하기 쉽다. 기본도면을 제외하고는 필요에 따라 이해하기 쉽도록 스케일을 자유롭게 결정하여 사용해도 좋다. 이 프레젠테이션은 건물의 각 부분들을 표현한 도면들을 서로 시각적으로 보기 좋고 이해하기 좋게 배열하여 묶고 개념화시켜 이해하기 쉽게 단순화시키는 것이 필요하다.

프레젠테이션 패널을 작성할 때에는 아래 내용을 숙지한 후 작업에 임해야 한다.

① 배치도에는 방위표를 반드시 기입한다.

② 건물의 평면도와 입면도는 수평이나 수직으로 일렬로 배열시키는 것이 건물을 이해하기 쉽다.

③ 건물의 단면도도 평면도와 입면도와 같이 배열한다.

④ 기능도, 동선도 등 건물의 부연설명 등은 한눈에 파악할 수 있도록 한곳에 정리하여 모아 배치한다.

⑤ 투시도, 조감도, 실내투시도 등은 프레젠테이션 내용을 하나로 조합하여 설명할 수 있으므로 전체를 조합할 수 있는 곳에 배치하면 좋다.

⑥ 패널에서 설계도서의 배열방향은 왼쪽 방향에서 우측 방향으로, 상부 방향에

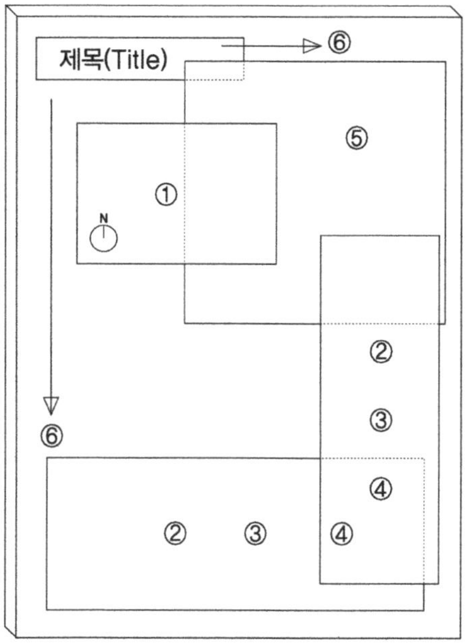

그림 4-48 프레젠테이션 패널

서 하부 방향으로 배열되어야 하고, 배열된 모든 도서들은 연속성과 통일성을 주어 프레젠테이션 내용을 쉽게 이해할 수 있도록 한다.

⑦ 배치 단면도를 활용한 대지모형에 건물의 모형을 배치시켜 대지와 건물과의 관계를 보여주고 슬라이더, 컴퓨터를 이용하여 보고서나 부연설명 도면 등을 동영상이나 3D작업을 하여 프레젠테이션을 보완하여 사용하기도 한다.

(3) 모형

설계의 초기단계에서 만든 모형은 설계자가 디자인 계획을 검토하기 위해서 만든 모형들이고, 프레젠테이션 단계에서 만든 모형은 사람들에게 설계안을 이해시키기 위해 만든 것이다.

모형을 만들 때는 대지와 건물의 규모에 따라 1/300 이하 축척의 모형들을 주로 사용하고 있고, 건물의 내부공간을 보여주는 실내모형은 1/100, 1/50 정도의 축척모형 등을 사용한다.

모형을 만드는 재료는 발사재(Balsox), 폼보드(Form board), 스티로폼, 각종 모델보드 등을 많이 사용하고 필요에 의해 부분적으로 금속, 점토, 셀로판지, 비닐, 천 등을 사용하기도 한다. 모형을 만드는 재료는 어느 것을 선택하든 모두 좋으나, 중요한 것은 설계의도를 표현하기에 가장 알맞은 소재를 선택하며 완성된 모형으로 사진을 찍어 사용하고자 할 때는 건물의 윤곽이나 음영이 잘 표현될 수 있는 재료를 선택해야 한다.

모형은 실물을 표현하는 것이지만 너무 구체적이고 직접적으로 표현할 필요는 없으며, 축척에 따라 실물 표현을 적당히 간략화하여 제작하는 것이 좋다.

건물의 공간 분위기나 사용용도를 표현하기 위해서는 모형의 실 안에 가구, 화분, 사람 등을 배치하면 좀 더 효과적이다.

대지 주변지형의 등고선(Contour)에 맞게 도로와 대지를 표현한 대지모형을 먼저 만든 후, 대지에 모형이 놓일 위치에 모형을 배치하고, 수목조경계획에 의해서 수목을 배치한 후 건물에 스케일감을 주기 위해 자동차나 사람을 배치하여 모형을 마무리한다.

그림 4-49 모형

(4) 레이아웃(Lay-out)

레이아웃이란 도면이나 사진, 글, 기호, 문자 등의 각 구성요소들을 제한된 공간 안에 효과적으로 배열하는 것을 말한다. 레이아웃을 하는 방법에 특별히 정해진 것은 없지만, 일반적인 레이아웃 순서를 생각하고 정리해보자.

프리젠테이션의 기본적인 구성요소 중에는 배치도, 평면도, 입면도, 단면도와 같이 축척(Scale)을 반드시 표시해야 하는 도면과 기능도, 동선도, 실내투시도, 모형사진, 조감도, 건축개요, 설명문 등과 같이 크기를 자유롭게 변형할 수 있는 도면과 문장 등이 있다.

레이아웃을 할 때는 축척이 표현되어야 하는 기본도면을 축척된 패널 크기의 종이나 컴퓨터와 화면에 축척에 맞게 자리잡아 배열해보고, 남은 공간에 크기를 자유롭게 변경할 수 있는 도면과 문장을 어느 정도 크기로, 어느 곳에, 어떻게, 배열해넣을 것인지를 파악하고, 미완성인 그림, 사진, 문장 등에 대해서도 대략적인 크기를 정해 자리를 잡아 본다.

프레젠테이션의 기본적인 구성요소 중에서 기본적인 도면과 이해시키기 위한 보조적인 도면을 구분하여 프레젠테이션 패널을 작성하는데 표현상의 우선순위를 정해야 한다.

사람의 시선은 위쪽에서 아래쪽으로, 왼쪽(좌)에서 오른쪽(우)으로 보기 때문에, 패널에서 좌측 위쪽부분에 설계안의 핵심을 전달할 수 있도록 배치하면 좋다.

설계의 개념(Concept)이나 대지 주위의 환경분석 등도 처음 시선이 가는 곳에 배치하도록 하고, 커다란 구성요소나 하나로 통합된 구성요소를 배치할 위치를 정한후, 앞서 배치한 구성요소 주위에 보조적인 구성요소와 상세한 설명이 필요한 구성요소들을 전체 프레젠테이션의 흐름이나 배치한 그림이나 도면의 상호관계를 고려하여 자리잡아 배열해보는 것이 효율적일 것이다.

축척을 표현해야 하는 기본도면인 평면도, 입면도, 단면도는 서로 이웃한 곳에 묶어서 배치하고, 미완성된 그림이나 사진, 문장 등은 크기만 잡아 배치하는 게 아니라 임시로 만들어 자리를 배치한 후, 전체 프레젠테이션 패널에 각 구성요소들이 시각적인 흐름에 맞게 효과적으로 배열되었는지 점검해야 한다.

모든 프레젠테이션의 구성요소들의 위치가 정해진 후에는 각 구성요소들이 시각

그림 4-50 프레젠테이션 예제

적이고 미적으로 완성도 있게 배열되고 배치되었는지 확인하고 수정한다.

프레젠테이션의 구성요소들의 크기와 위치를 조정하고, 각 구성요소들이 균형있게 자리잡고, 하나의 프레젠테이션으로 각 구성요소들이 통일감을 가져야 한다.

프레젠테이션 패널에 배치될 구성요소들은 각 구성요소의 크기에 맞추어 작업을 마무리하고, 각 구성요소들을 패널에 입체감을 주기 위해서나 작업상의 다른 이유에 의해서 수작업을 하는 경우에는 구성요소들을 패널의 정확한 위치에 붙인 후 부분복사를 한 후 다시 전체를 복사하여 마무리할 수도 있고, 컴퓨터로 작업하여 도형과 문자, 그림을 도면화하여 출력하는 플로터(Plotter)를 사용할 경우에는 사진이나 그림 등의 화상이 적절한 해상도가 나올 수 있도록 확인 점검하여 마감하고, 완성된 데이터는 외부저장장치에 저장한 후 보관하여 프레젠테이션 작업을 마무리한다.

제5장

건축설계제도

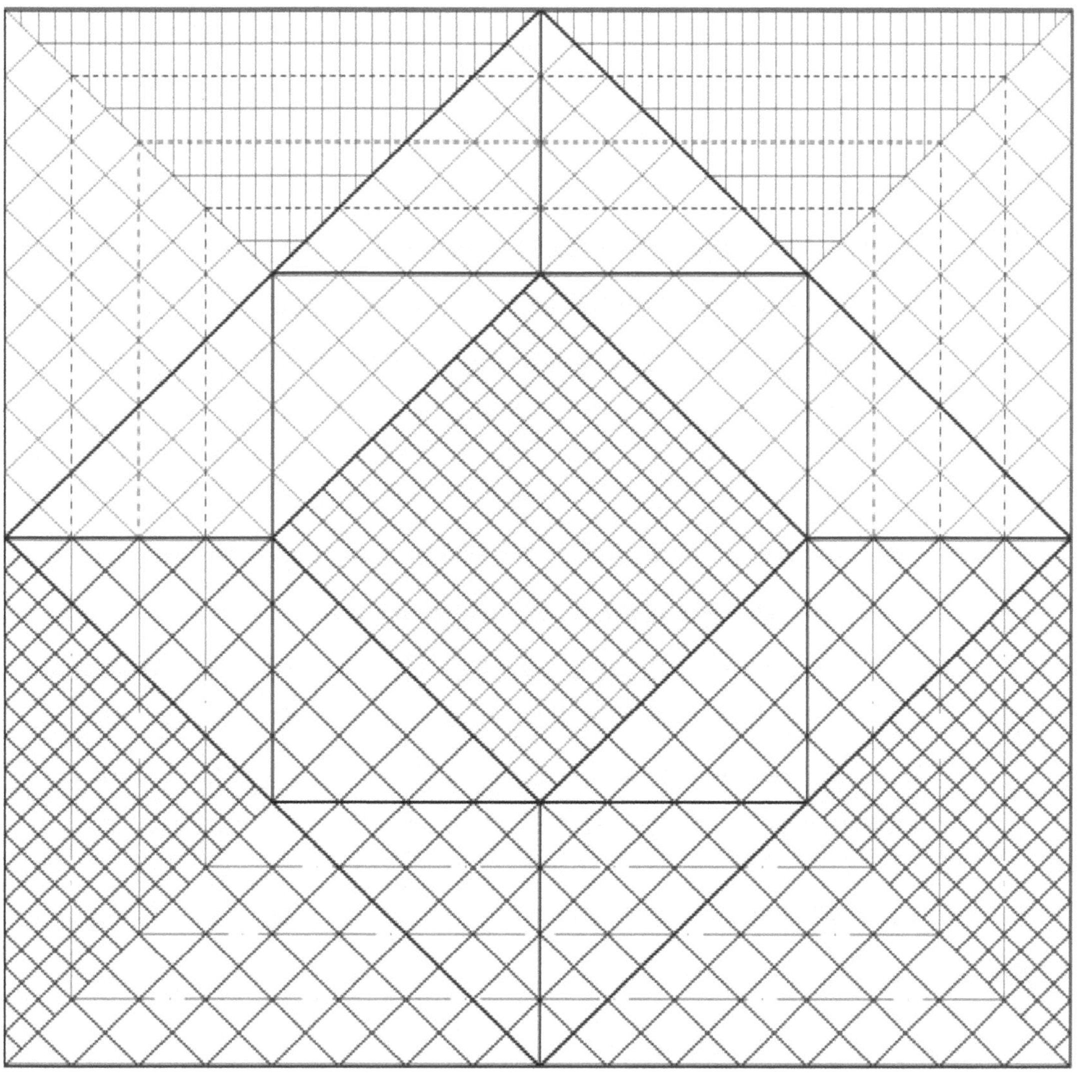

건축설계에서 계획과 설계는 건물을 기획하여 구체화시키기 위한 과정이나 행위를 말한다. 이 건축설계에는 건축계획과 건축설계 과정에서 요구되는 여러 사항들을 분석하여 적합한 조건과 요소들을 찾아서 새롭게 필요로 하는 공간을 구획하는 방법들을 요구한다. 이는 건축설계에서 필요로 하는 요구조건의 변화와 증대에 맞게 계획되는 설계방법이 필요하다는 것을 의미한다.

건축설계의 진행과정은 건축주의 제반조건들에 의해 설계자는 설계조건을 설정하고 이에 의해 기획설계를 만든 후 기본설계, 본설계, 실시설계가 이루어진다. 이 실시설계와 함께 시공계획을 수립하여 공사가 착공되면서 감리업무도 진행된다.

건축물은 시공되어 구축되기 전까지는 시각적인 형태의 존재를 알 수 없으나, 건물을 디자인하고 세우는 작업은 건축도면에 의해 건물의 형태를 미리 전달할 수 있을 것이다.

건축도면을 작성하고 건축설계와 계획과정을 표현하는 언어가 건축제도(Architectural drawing)에 의해 만들어진 건축설계도서이다.

건축도면은 도면작성법에 맞게 표준화된 기호와 표현방식에 의해 작성하여 건축주와 시공자 및 건축관련 종사자가 도면내용을 알기 쉽게 이해할 수 있도록 도면이 만들어져야 하고, 필요하면 건물의 특성을 좀 더 보완 설명하여 확실하게 설계내용을 전달한다.

건물의 표현방법에서 중요한 것은 3차원 입체의 건물형태와 공간 등을 2차원의 평면에 어떻게 올바르게 표현할 수 있느냐인 것이다.

이 평면(설계도서)에 건물의 형태와 공간구획을 디자인하여 3차원의 입체형태를 전달할 수 있는 표현능력을 갖기 위해 배치도, 평면도, 입면도, 단면도, 배치 단면도, 투시도(Perspective) 등의 기본도면에 필요에 의해 엑소노메트릭(Axonomatric), 사각투상도(Oblique), 기능도, 동선도, 모델(Model) 등을 추가하여 표현한다.

5.1 건축도면 작성

건축물은 표준화된 도면작성법에 의해 건축도면이 작성되고 계획설계도서, 기본설계도서와 실시설계도서에 따라 필요한 도면의 표현방식과 내용이 달라질 수 있다. 도면을 작성하는 방법은 핸드드로잉(Hand drawing)의 전통방법과 컴퓨터(Computer)를 이용한 CAD(Computer aided design)를 사용하는 방법으로 구분할 수 있다.

(1) 핸드드로잉(Hand drawing) 방법

핸드드로잉 방법은 제도용구를 이용한 수작업에 의해 건축도면을 작성하는 작업을 하는 방법으로 제도판에 평행자나 T자와 삼각자, 치수를 재는 삼각스케일 등을 활용하여 건축도면을 작성한다.

제도를 할 수 있는 제도판에 평행자를 설치하고 제도판은 15° 정도 경사지게 사용한다. 평행자는 상하 수직으로 움직이며 수평선을 평행으로 그릴 수 있도록 되어 있다.

삼각자는 평행자나 T자의 상부 모서리면에 걸쳐놓고 삼각자의 각도에 맞추어 30°, 45°, 60°, 90° 등과 삼각자를 조합하여 더 많은 각도의 사선을 작업할 수 있다.

삼각스케일은 치수를 재거나 축척을 이용할 수 있도록 삼각 각각의 면에 1/100, 1/200, 1/300, 1/400, 1/500, 1/600 의 축척과 치수눈금이 30cm 길이로 만들어져 있다.

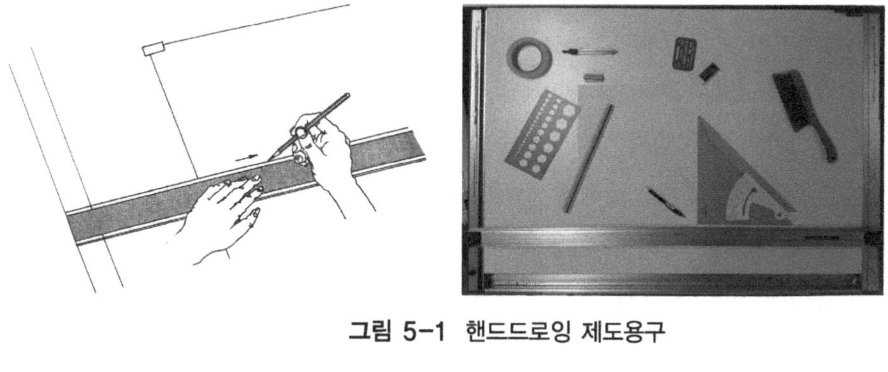

그림 5-1 핸드드로잉 제도용구

축척이란 실제 거리와의 비율을 말하는데, 예를 들면 1m는 100cm이다. 이 1m를 1cm로 표현하면 축척을 1/100이라 한다(삼각스케일 1/100면에서). 1m를 축척 1/200로 표현하면 삼각스케일의 1/200면에서 축척 1/100과 같이 1cm를 잡아주면 축척 1/200이 된다. 계속해서 1/300면에서 1cm이면 축척 1/300, 1/400면에서 1cm를 잡아주면 축척 1/400, 1/500면에서 1cm를 잡아주면 축척 1/500, 1/600면에서 1cm를 잡아주면 1/600이 되는 매우 간편한 축척자가 삼각스케일이다.

이외의 제도용구는 컴퍼스(Compass), 템플릿, 지우개판, 제도비 등이 있고, 이 제도용구들을 잘 이용하면 좀 더 효율적으로 더 좋은 건축도면의 작업이 이루어질 수 있다. 핸드드로잉 방법은 건축도면 작성 시에 제도용구를 사용하여 도면을 작성하는 것이 기본이다. 건물을 계획하고 설계하는 과정에서 초기설계의 형상화 작업과 기본계획의 밑그림 형태로 스케치나 에스키스를 이용하는 프리 핸드드로잉(Free hand drawing) 방법도 같이 사용되고 있다.

(2) CAD(Computer aided design)방법

건축도면을 작성할 때 핸드드로잉 작업을 하지 않고 컴퓨터 프로그램을 이용하여 컴퓨터에서 빠르고 쉽고 정확하게 작도하는 작업을 CAD라 한다. 이 컴퓨터에 CAD소프트웨어를 이용한 2차원 도면작업과 3차원의 모델링 작업은 건축 디자인에 매우 큰 변화를 가져다주었다.

핸드드로잉 방법에 의해 제도판 위에서 이루어졌던 설계제도가 CAD시스템을 사용하여 컴퓨터에 의해 2차원, 3차원의 설계제도와 모델링 작업이 가능하여 매우 능률적이고 효과적인 건축도면 작성과 설계한 건축물의 표면 재질감까지도 사실적인 표현이 가능하게 되었다. 건축에 사용되는 디자인 소프트웨어는 건축도면 작성 시에는 Auto-CAD, Archi CAD, Alias 프로그램 등이 사용되며, 작성 도면을 3차원 모델링에 사용하는 소프트웨어는 3dsMAX, Maya, Sketch up 등이 있으며, 이것들은 도면 작성과 모델링 작업에 매우 효과적이며, 이것들을 이용한 결과물을 정리하여 마무리하면 좋은 프레젠테이션을 만들 수 있다.

컴퓨터의 소프트웨어를 이용하여 설계도면 작업을 효과적으로 할 수 있다 하더라도 건축에 대한 기본내용과 관련지식, 기술을 알지 못하면 올바른 설계내용을 표

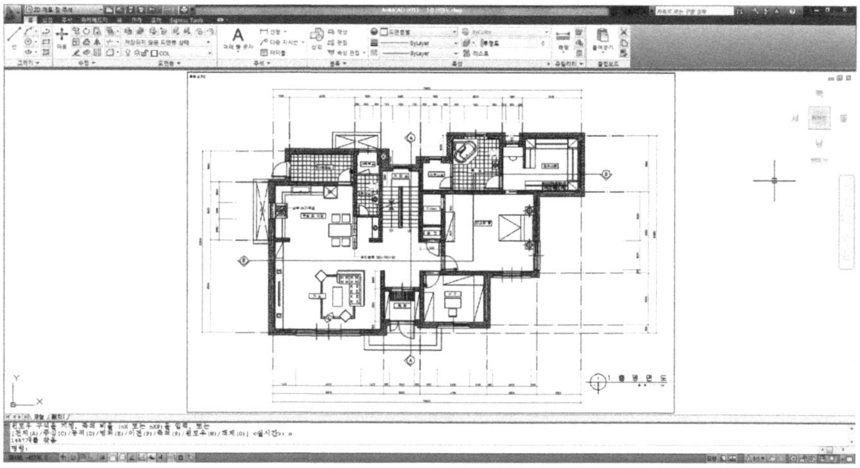

그림 5-2 CAD작업 컴퓨터 화면

현할 수 없어 설계내용을 전달하지 못하므로, 건축설계를 할 수가 없다는 것을 인지해야 할 것이다.

5.2 축척 · 문자 · 치수

건축설계도면의 크기 표현에는 건축도면의 사용용도에 맞게 적당한 규격의 종이를 필요로 한다. 건축에서 사용되는 종이는 일반 백상지와 백색 켄트지, 컬러 켄트지, 트레이싱지, 컬러일반용지 포토그래픽용지(Photo-graphic paper) 등이 사용되며, 트레이싱지(Tracing paper)는 투명하게 보이므로 다른 도면 위에 트레이싱지를 올려놓고 밑에 있는 도면을 참조하거나 같게 그릴 수 있어, 디자인 단계에서 핸드드로잉으로 작업할 때 많이 사용된다.

일반적으로 핸드드로잉에 주로 사용되는 제도용지는 백색 켄트지와 트레이싱지이며, 제도용지의 규격은 가로세로의 비율이 $1 : \sqrt{2}$ 이다. 이 비례에 의한 종이들의 크기들은 각 분류 기호마다 순차적으로 크기가 반으로 분할되면서 면적도 절반(1/2)으로 줄어든다. 제도용지 규격의 명칭은 전지를 A0 사이즈로 시작하여 A1, A2, A3,

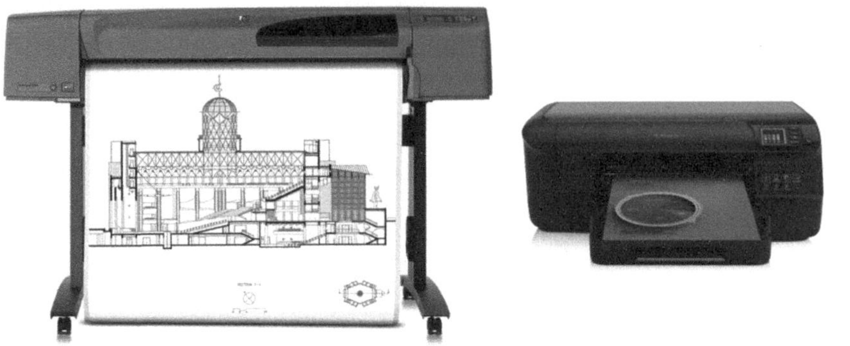

그림 5-3 플로터와 프린터

A4 … 등으로 순차적으로 표현하며, 이 용지 규격은 국제적으로 거의 동일하게 사용하고 있다.

CAD를 이용하여 설계도면 작업을 하면 설계도면은 프린터(Printer)나 플로터(Plotter)에 의해 설계도면을 출력하게 된다. 프린터는 A3 크기 정도의 도면출력에 사용하고 A2나 A1 크기 정도의 도면출력은 대형 플로터를 사용한다.

건축물을 표현하는 모든 도면들은 건물의 실제 크기와 건물을 표현하는 도면과는 일정한 스케일 비율에 의해 작성되어 있다. 이 스케일 비율을 축척이라 한다. 축척은 기본적으로 1:1의 실물축척에서 확대축척이나 축소축척으로 표현한다. 건축물은 규모가 매우 크기 때문에 실물축척을 사용할 수 없기 때문에 축소축척에 의한 도면으로 표현한다. 축척의 표현은 1:100이나 1/100로 동일한 스케일을 나타낸다. 이 1/100은, 예를 들면 1m(100cm)를 1cm로 표현하는 스케일(축척)이다. 건축도면에 상세한 도면의 내용을 표현하기 위해서는 도면의 축소 스케일을 1/10, 1/20, 1/50 정도로 작게 하면 건축도면에 좀 더 상세한 표현할 수 있다. 일반적으로 건축도면의 스케일은 건축물의 규모와 도면의 요구조건에 따라 서로 다른 스케일을 요구한다. 기본설계도서의 스케일은 1/100, 1/200 정도이고 실제 공사를 위한 실시도면은 1/10, 1/20, 1/50의 스케일들이 사용되고 있다.

컴퓨터의 CAD프로그램에서 건물 드로잉은 실물축척인 1:1 스케일로 입력하여 작업하므로 도면의 축척은 출력하는 도면의 비율에 의해 결정된다. CAD에 입력된 도면에서 문자와 숫자 등은 크기와 굵기 등을 미리 모니터에서 최종결과물을 확인하여 결정하고 조절하면 도면을 출력할 때 도면과 문자와 숫자가 잘 어울리는 도면을 출력할 수 있다.

건축도면에서 문자와 숫자는 도면을 설명하거나 이해시키기 위해 사용하며, 디자인의 구성에 매우 중요한 부분을 차지한다. 도면에 표현하는 모든 문자와 기호, 숫자는 도면의 구성요소로 매우 큰 영향을 미치게 되므로 제도 글씨체로 정결하게 써야 한다. 계획된 건축도면의 설계안은 수직과 수평으로 반듯하게 표현되어 있으므로 도면에 표현된 문자와 숫자, 기호는 가능하면 수직으로 써서 도면과 문자, 숫자 등이 서로 어울리게 사용해야 한다. 문자와 숫자, 기호는 장방형의 면적비례를 갖고, 적당한 간격으로 띄우기를 하며, 한 도면에 사용하는 문자나 숫자는 모양과 글자체를 동일하게 해야 도면이 안정감을 가질 수 있다. 문자와 숫자는 기본적으로 수평으로 표현하는 것을 원칙으로 하나, 부득이한 경우에는 수직으로도 사용한다.

건축도면에서 도형의 길이, 폭, 높이, 거리, 간격 등의 치수는 정확하게 기입해야 건축물을 이해할 수 있고 건축물의 공사를 올바르게 진행할 수 있다.

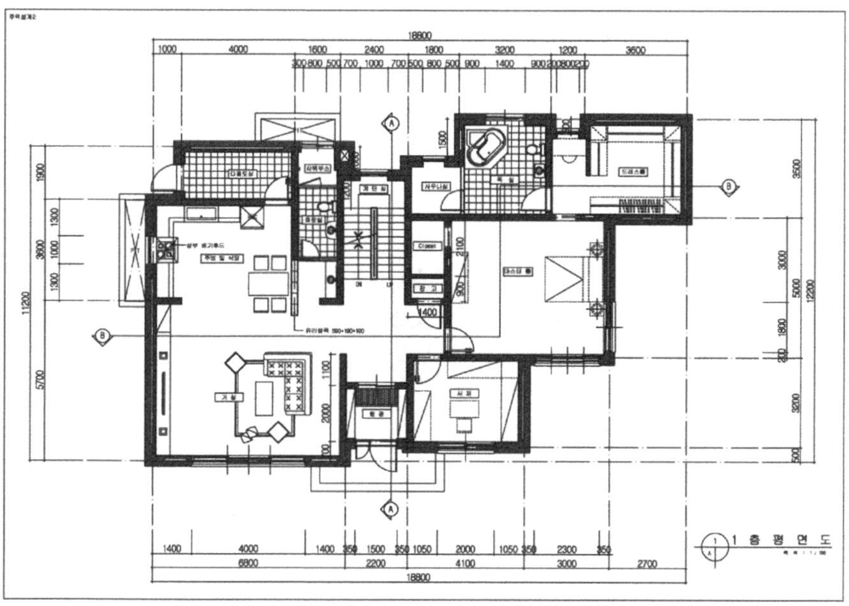

그림 5-4 주택 평면도

치수는 치수선과 치수보조선으로 표현한다. 일반적인 도형에서 수직으로 간격을 표현하는 치수보조선에 직각되게 그린 수평선을 치수선이라 하며, 항상 수직되게 만나는데, 만나는 끝점에 점을 찍든가 치수거리를 화살표로 하여 명확하게 표시한다. 치수의 끝점 표시는 도면 내에서는 항상 동일하게 사용하고 치수는 도형과 평행한 치수선으로 정확하게 표시하며 도면에 사용하는 모든 숫자의 단위는 mm 단위를 기준으로 하여 표시한다. 치수의 숫자는 치수선의 중앙에 치수선과 평행하게 표시하며, 치수는 건축도면에서 작은 치수는 안쪽에, 큰 치수는 바깥쪽에 표시한다.

5.3 렌더링 Rendering

2차원 평면인 건축도면에 모양이나 조명, 색상 등에 따라 다르게 나타나는 그림자나 음영의 농도 등을 고려하여 3차원 입체감을 만들어내는 과정이나 기법을 렌더링이라 한다. 이 렌더링 기법으로 가장 기본적으로 사용하는 방법은, 도형의 외각 모서리만 그려주고 여기에 광선의 굴절이나 반사 등을 고려하여 입체감을 가지게 하는 와이어 프레임(Wire-frame) 렌더링을 주로 사용한다.

렌더링에서 건물에 그림자나 음영의 농도를 이용하여 표현할 때에는 가까이 있는 것은 진하게, 멀리 있는 것은 흐리게 표현하고 주 건물은 진하고 상세하게, 보조

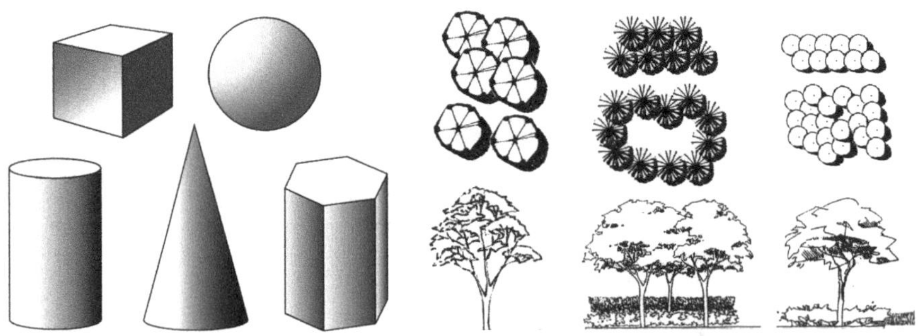

(a) 도형 렌더링 (b) 수목 렌더링

그림 5-5 렌더링

건물은 흐리고 단순하게 표현해야 효과적인 건물을 보여줄 수 있다.

건물의 표현방법은 건물의 외곽선만을 이용하여 건물의 전체 윤곽을 그리고, 건물의 전체 외부형태가 그려지면 좀 더 세분하여 상세를 하나씩 더 세분하여 그려서 건물의 형태를 다듬어 그려가고 그림자나 음영을 표현하여 명도를 주면, 표현하고자 하는 건물을 잘 나타낼 수 있을 것이다.

수목과 조경 렌더링은 건축도면에서 건물과 수목과의 비례(스케일)감을 주며, 수목과 조경에 의한 자연적인 공백을 채워주어 자연과 건물이 잘 어우러져 하나 공간으로 표현될 수 있도록 한다. 수목은 다양한 형태와 형상, 크기를 가지고 있으며, 수목형태는 키큰 나무, 키 작은 나무, 관목, 잡초나 풀 같은 지피식물로 나누고 나무는 침엽수와 활엽수로 구분하여 표현한다. 수목 렌더링은 수목의 평면 밑그림을 그릴 때 원형 템플렛(Template)을 이용하여 수목 스케일에 맞는 원을 약간 차이나게 겹쳐서 이중으로 겹쳐 그린 곳에 음영을 작업하여 마무리하면 된다.

건축도면에 표현하는 문자와 기호는 도면의 구성요소에 매우 중요하다. 문자와 기호의 크기, 굵기, 진하기, 배치 등의 세부사항들은 도면의 구성에 매우 큰 영향을 주며, 도면에 필요한 문자와 치수를 도면에 적절히 기입하여 표현되어야만 도면이 전달하고자 하는 내용을 쉽게 이해시키고 전달할 수 있을 것이다.

문자는 도면의 크기와 축척에 맞게 글자크기(Size), 위치(Position), 굵기(Bold), 진하기(Depth of color) 등을 고려하여 사용하고, 문자와 기호는 수직으로 바르게 쓰고 크기는 장방형의 비율에 맞게 적당한 간격을 유지하며, 한 도면에서는 문자체와 모양을 동일하게 사용해야 도면을 쉽게 이해하고 전달시킬 수 있다.

5.4 선 연습

건축도면에서 선은 가장 기본적인 표현방법으로 형태와 굵기에 의해 결정된다. 도면 작성에 필요한 선은 도면의 스케일에 따라 달리 표현된다. 선은 기본적으로 실선, 파선, 점선, 쇄선이 있다. 이 선들은 도면의 스케일과 사용용도에 따라 각기 다르게 표현하며, 일반적인 선의 두께는 0.5mm를 가장 많이 사용하고 필요에 의해 굵은선과 가는선을 추가하여 사용한다.

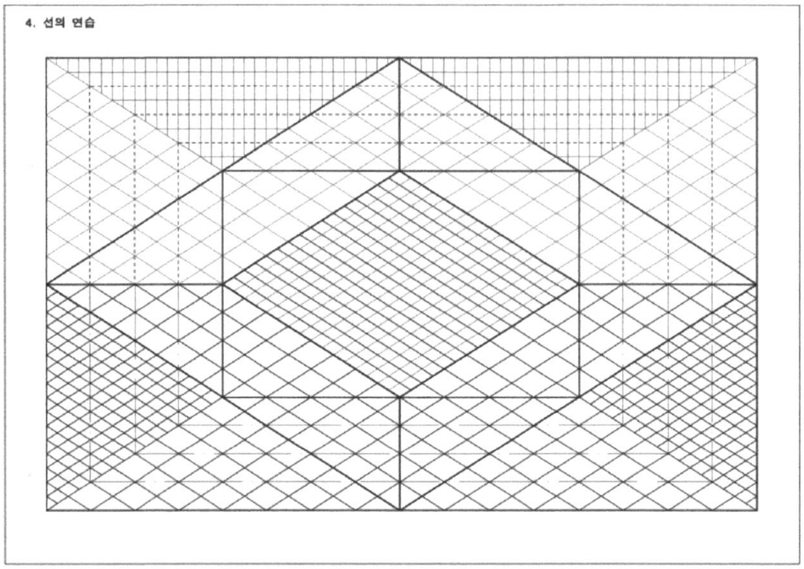

그림 5-6 선 연습

건축물의 일반 구성요소들의 형태 외형선 등은 실선을 사용하고 단면선과 경계선 등은 굵은 실선, 도형의 형태 밑선이나 보조선, 치수보조선 등은 가는 실선, 지표면이나 테두리선 등은 좀 더 굵은 실선을 사용한다.

파선은 건축물의 숨겨진 부분이나 바라보는 방향에서 보이지 않게 가려진 부분, 도면 상부의 모양이나 형태 등을 표현할 때, 계단실 상세에서 계단참 등을 표현할 때 사용한다.

점선은 각층의 평면도나 단면도에서 층높이가 달라서 표현되지 못한 부분이나 표현상 잘린 부분의 아래에 가려져 있는 건축물의 외형선 등을 표현하기 위해 사용한다.

쇄선은 부재나 단면의 중심선과 경계선, 절단면을 표현하는 데 사용한다. 이 쇄선에는 일점쇄선과 이점쇄선이 사용되며 서로를 구분하기 위해 사용한다.

5.5 재료 표시

건축물은 여러 재료들을 사용하여 하나의 구조체를 이루고 있기 때문에 건축의 평면도나 단면도의 절단면에서는 사용재료와 축조 구성요소들이 도면에 표시되므로, 건축물에 사용된 건축 재료의 표시기호와 규격 등은 KS규준에 따라 표현해야 한다.

건축물의 절단면은 여러 재료들이 하나의 구조체를 이루고 있으므로 서로 다른 재료들은 구분하여 표현한다. 도면에 표현된 모든 재료들은 평행한 사선 등을 등간격으로 표시한 해칭(Hatching)선을 이용하여 재료 표시에 맞게 표현하고, 건축물의 사용재료를 도면에서 알 수 있도록 한다. 재료 표시에 사용되는 해칭(Hatching)은 점, 직선, 사선, 그리드 등에 의해 표시된다. 이 재료 표시는 도면의 스케일에 맞게 적절히 사용하여 더 보기 좋은 도면이 되도록 작성해야 한다.

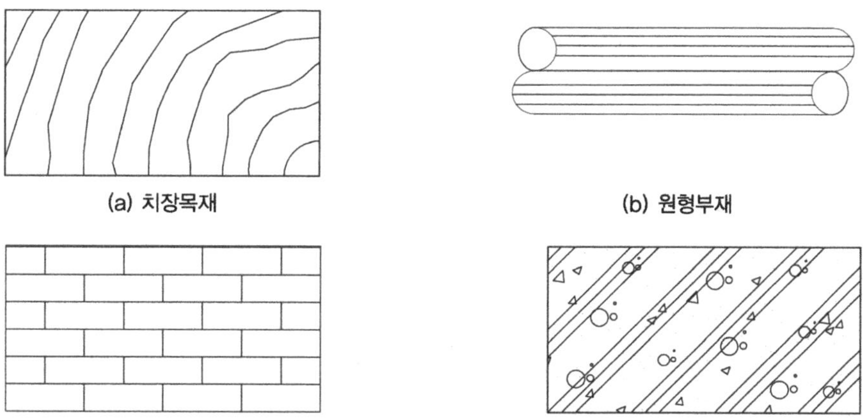

(a) 치장목재 (b) 원형부재

(c) 벽돌면 (d) 철근콘크리트 단면

그림 5-7 재료 표시

5.6 문 · 창문 표시

문이나 창문과 같은 개구부를 창호라 하며 이러한 개구부는 사람의 출입과 물건 등의 반입, 그리고 채광, 환기, 조망과 방풍, 방우, 방한 등의 역할도 해야 한다.

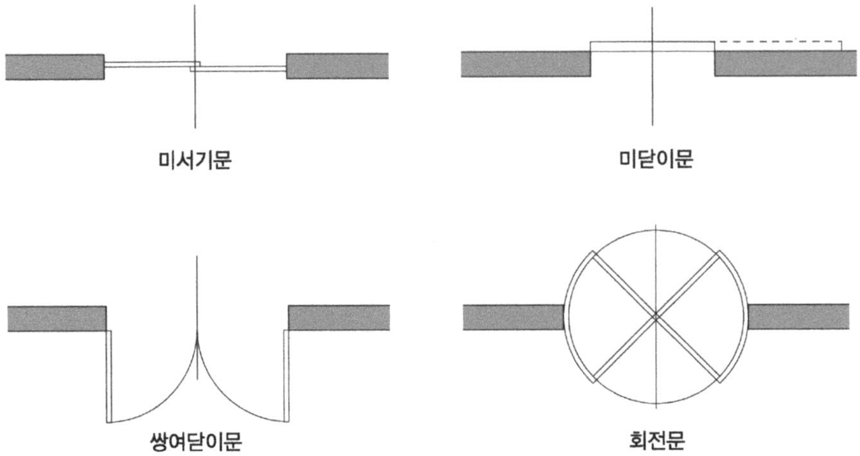

그림 5-8 문의 종류

창호는 자유롭게 여닫을 수 있도록 필요한 개소에 설치하고, 수시로 여닫으므로 견고히 만들어서 뒤틀림, 파손 등이 생기지 않아야 한다. 창호는 실내와 실외를 구획하고 실내공간을 구획해주는 역할을 하므로 기밀성, 내풍압성, 수밀성, 차음성, 단열성 등의 성능을 가져야 하고, 건축물의 외관이나 실내공간 디자인에 매우 중요한 부분을 차지한다.

문은 문틀(Door frame)과 문(Door)으로 이루어지며 문의 종류는 여닫이, 미닫이, 미서기, 회전문 등이 있다. 창은 창틀(Window frame)과 창문(Window)으로 이루어지며 창의 종류는 붙박이창, 여닫이창, 미닫이창, 오르내리창, 회전창 등이 있다.

창호는 외관상 미적인 감각에 의해 보기 좋게 꾸며져야 하고, 열고 닫을 때 충격을 받게 되므로 견고하고 실용적이어야 하며 사용상 편리해야 한다. 목재를 사용할 때에는 완전히 잘 건조된 목재를 사용해서 변형이 생기지 않아야 한다. 창호의 개폐나 문 잠그기가 잘 되도록 철물을 정확한 위치에 달고 사용상 불편함이 없도록 한다.

5·6·1 목재 문·창문

문이나 창문과 같은 개구부를 문꼴이라 한다. 문에는 문짝을 달기 위해 문틀이 필요하고 창문에는 창문짝, 창문, 창을 달기 위해 창문틀이 필요하다.

문꼴의 크기는 일정하지는 않으며 사용목적에 따라 달리하지만 특수한 경우인 창고, 공장 등을 제외하고는 문 한 짝 크기는 폭 60~120cm 정도로 하며, 최근에는 문높이를 천장높이와 같이 하는 경우도 있다.

(1) 문틀의 구성부재

문틀의 구성은 2개의 문설주(선틀), 문 위틀(위틀), 문지방(문밑틀)으로 이루어지며, 교창이나 옆문 등이 있을 경우에는 중간틀, 중간선틀이 있고 문틀이 없는 경우에는 문지방을 대지 않는다.

(2) 문(Door)

문은 잘 여닫고 모양이 견고해야 하며 문을 닫으면 공간이 밀폐될 수 있어야 한다. 또한 경첩 등의 철물 선택과 문달기 등을 정확하게 맞추어 사용하고, 풍소란을 설치하여 방음(防音)과 단열효과가 있어야 하며 장식과 문틀선을 이용하여 기능이 좋고 아름다운 문을 설계하고 제작해야 한다.

문을 구성하는 부재는 선대, 윗막이, 밑막이, 중간막이, 중간선대로 구성된다.

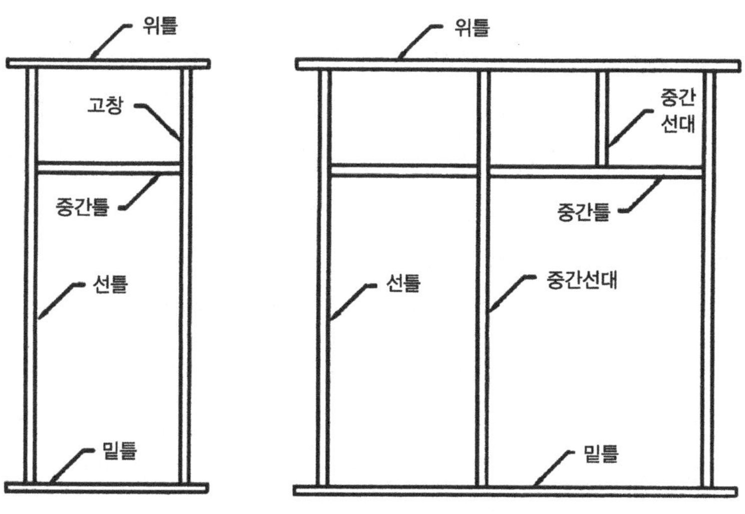

그림 5-9 문틀의 구성부재

(3) 창문틀(Window frame)

창문틀의 구성은 문틀과 같이 2개의 선틀과 창 위틀, 창 밑틀로 이루어지며, 창문이 옆이나 위로 연이어 있을 때에는 중간틀이나 중간선틀을 설치하여 창문틀을 연속하여 구성한다.

모든 창호는 개구부에 맞는 틀(Frame)이 필요하고, 창문틀은 밑틀의 외부에 면한 하부에 빗물이 밖으로 흘러내리도록 겉물매(방수물매)를 주고 창틀 밑면에는 내부에 턱을 두어 흘러내리는 빗물이 내부벽체에 흘러들지 못하고 빗물방울이 떨어지도록 창대 돌출 밑면에는 물끊기 홈을 설치하는 것들이 문틀과 다른 점이다.

창문은 견고하여 외부의 비바람에 견딜 수 있어야 하고, 단열, 방음, 채광과 환기가 되고 잘 여닫을 수 있어야 하고, 방범(防犯)구조여야 하며 구조물과 잘 어울리는 모양으로 밖을 내다볼 수 있어야 한다.

환기를 위한 창문의 크기는 거실일 때는 거실 바닥면적의 1/50 이상으로 하고 욕실이나 화장실의 창문 크기는 바닥면적의 1/20 이상으로 한다.

방음을 위한 창문구조는 창문 주위에 틈새가 생기지 않도록 잘 마감하고 창에 사용하는 유리를 두껍게 하거나 겹유리, 2중 창문으로 하여 단음효과를 크게 한다. 창문구성은 선대에 윗막이, 밑막이, 가로창살, 세로창살로 구성되어 있다.

5·6·2 금속제 문·창문

금속제 문·창문의 용도, 구조형식 등은 목재 창호와 같다. 금속제 문·창문은 사용 금속제의 금속판을 접어 모양을 만든 새시 바(Sash bar)를 이용하여 문틀, 창문틀, 문짝, 창문을 만드는 기본 뼈대골조로 사용한다.

이 새시 바는 큰 공간의 문·창문을 견고하게 설치하고 제작할 수 있으며 금속제로는 철재, 스테인리스제, 알루미늄합금제 등의 창호가 있다.

금속제 창호는 재질이 균일하고 기계로 가공하므로 가공이 정확하고 내화성, 내구성과 기밀성이 좋으며 외관이 변형되지 않고 외형이 심플하고 미려한 장점을 가지고 있으며 단면의 형상은 목재 창호와 유사하다.

철재 창호는 가격이 싸고 도장이 용이하여 일반적으로 방화문으로 사용되고, 스테인리스제 창호는 의장을 목적으로 하는 개소에 사용되나 가격이 철재에 비해 비

싸다.

알루미늄합금 창호는 내구성과 가격이 저렴하고 가벼우며, 가공성이 용이하여 많이 사용하고 있으나 콘크리트, 모르타르 등의 알칼리성에 부식되는 취약성을 가지고 있다.

5·6·3 문·창문의 개폐기능

문이나 창문을 개폐시키는 방법은 문의 좌우 한축에 개폐 회전철물을 달아서 회전시켜 여닫는 방법과 문을 수평이나 수직으로 이동되게 하는 미끄럼 방법으로 여닫는 방법, 그리고 문에 가로축이나 세로축을 기준점으로 회전시켜 여닫는 방법 등으로 설계한다.

(1) 여닫이문·창문(Hinged door, Casements window)

여닫이는 문, 창문의 좌우 한쪽에 경첩을 달아서 90°, 180°로 여닫을 수 있도록 한 창호이다. 여닫이문에는 문 한쪽이 개폐되는 외여닫이와 문 2쪽이 개폐되는 쌍여닫이가 있으며, 여닫는 방향에 따라 안여닫이와 바깥여닫이로 나눈다.

안여닫이는 외부에서 내부로 진입하는 방향으로 밀고 들어가는 개폐방법이고 바깥여닫이는 진입하는 방향에서 당겨서 개폐되는 방법이다.

여닫이 창호는 문을 닫으면 공간을 밀실하게 구획하고 문단속을 하기에도 매우 용이하지만 안여닫이는 여닫는 면적을 필요로 하므로 실내 사용면적을 감소시키는 단점이 있다. 문꼴의 폭이 1m가 넘게 되면 2문짝을 사용하는 쌍여닫이로 하고, 2문짝이 맞닿는 중앙선대에는 반턱지게 물리게 하거나 풍소란 마중선을 대어 방풍과 방음이 되게 설계해야 한다.

(2) 미닫이문·창문(Sliding door, window)

미닫이는 문틀 상하에 홈을 파고 하부 홈에는 테일을 깔고 문이나 창문 밑에 문바퀴를 달아 옆으로 여닫게 개폐되는 구조이다. 미닫이가 열리면 열린 문이 벽 옆에 붙어 있거나 벽체 속으로 숨겨지게 되는 구조이다.

문의 규모가 크고 무거울 때는 문 상부에 도어행거(Door hanger)를 2개 이상 균형잡히게 매달아서 행거레일에 걸고 문 하부에는 문바퀴를 2개 이상 매입하여 여닫기 쉽게 설계해야 한다.

(3) 미서기문 · 창문(Double sliding door, window)

미서기는 문틀의 위틀과 밑틀에 2줄이나 3줄의 좁고 긴 홈을 파고 문을 홈마다 나누어 2짝 미서기 또는 4짝 미서기는 2줄 홈파기, 6짝 미서기는 3줄 홈파기로 하고 옆으로 겹쳐 세워 여닫게 한 구조이다.

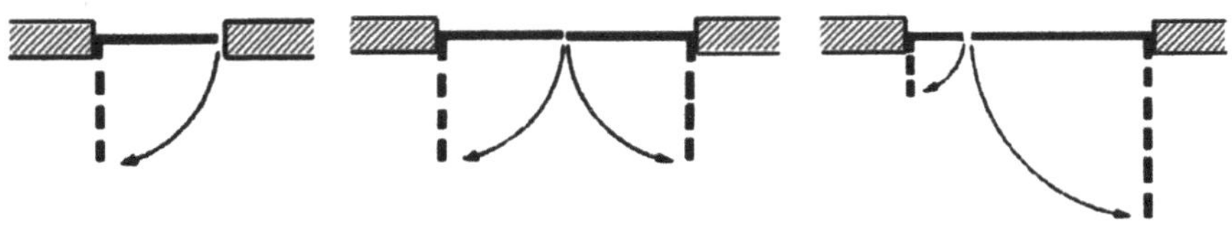

(a) 외여닫이 (b) 쌍여닫이(1) (c) 쌍여닫이(2)

(1) 여닫이문 · 창문

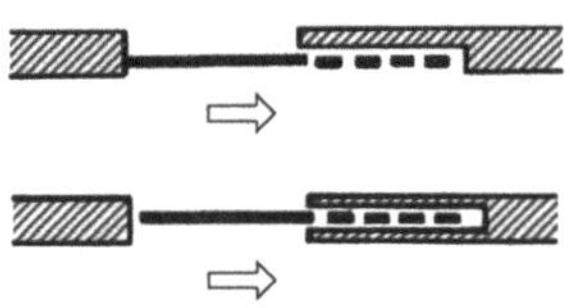

(2) 미닫이문 · 창문

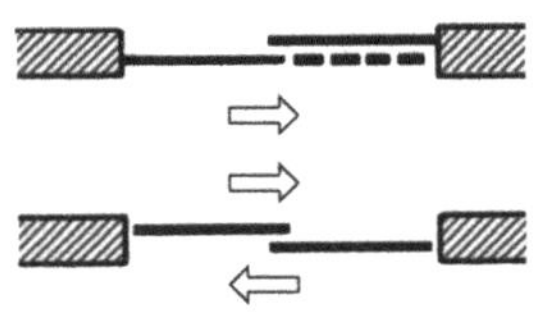

(3) 미서기문 · 창문

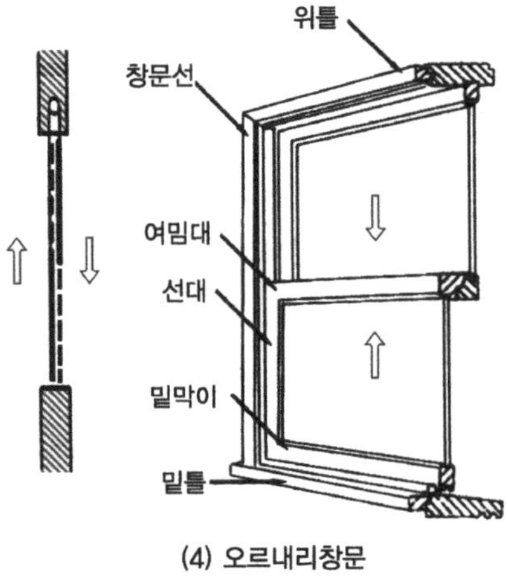

(4) 오르내리창문

그림 5-10 문 · 창문의 종류 1

미서기는 개구부 넓이만큼 전체를 열 수 없으며, 미서기를 닫으면 선대 폭만큼 겹치게 되고 서로 3mm 정도 맞닿게 된다.

문틀의 선틀에는 문받이 홈(문의 두께만큼)을 파서 문을 홈 속에 끼워넣어 방풍, 방울을 갖도록 하고, 4짝 미서기나 6짝 미서기 문의 중앙부에 맞닿는 선대에는 반턱지게 물리게 하거나 마중대를 대어 방풍이 되도록 설계한다.

마중대는 2선대에 턱솔이나 딴혀를 대어 끼워지도록 하여 방풍이 되도록 한다. 이 문받이 홈이나 마중대를 풍소란이라 한다.

(4) 오르내리창문(Vertical sliding window)

오르내리창문은 창문 2짝을 상하로 올리거나 내려서 여닫게 한 개폐방법의 창문이다. 창문이 상하 수직으로 움직이므로 선틀 옆에 창문 무게와 평행되는 추를 넣는 추갑(錘匣)과 수직의 홈이 있어야 한다.

오르내리창문틀은 미서기 창틀을 수직으로 세워 놓은 것과 같다. 창문틀의 위틀과 선틀에는 창문받이 홈을 파서 창문을 맞추어 넣고 창문틀 밑면에는 빗물이 밖으로 흐르도록 걸물매를 두어 설계해야 한다.

(5) 회전문 · 창문(Revolving door, Pivoted window)

회전문은 문을 +자로 네 짝이나 人자로 세 짝 또는 두 짝을 회전축에 달아 회전시켜 실내외의 공기 흐름을 막아 냉난방의 손실을 막고, 외부의 비바람과 먼지 등의 유입을 차단할 목적으로 사용한다. 이 회전문은 원통형의 1/4이나 1/3, 1/2이 개방되고 나머지 부분은 폐쇄되어 실내와 실외를 구획하고 차단하기가 매우 간편하다.

회전문의 크기는 사람의 왕래에 따라 다양하게 선택되고 설계된다. 회전창은 선대의 중앙부에 회전축을 달고 위틀에는 턱을 안쪽으로, 밑틀에는 턱을 바깥쪽으로 하여 창의 밑은 밖으로, 위쪽은 안으로 회전되는 창이다. 이 회전창은 주로 문의 상부 위치에 설치하고 실내 환기를 주 목적으로 설계한다.

(6) 자재문(Swing hinge door)

자재문은 자유여닫이문이라고도 하며, 문에 자유경첩을 달아서 안팎으로 자유롭게 여닫을 수 있는 기능을 가진 문을 말한다. 이 자재문은 문받이턱이 없어 닫혔을 때 공간이 밀실하지 못하고 문단속이 불완전하다. 자재문은 외여닫이나 쌍여닫이로 하고 여닫기가 편리하게 플로어힌지, 도어체크 등을 사용하여 설계한다.

(7) 접이문(Folding door)

여러 장의 문을 경첩으로 서로 연결시켜 위 문틀에 레일을 설치하고 문 위에 매단 도르래를 레일에 끼워 미끄러지게 하여 문을 접어 벽면 옆에 밀어붙이게 한 구조의 문이다. 이 접이문은 하나의 공간을 여러 공간으로 구획하거나 여러 공간을 하나의 공간으로 설계하고자 할 때 사용한다.

최근에는 이 접이문을 공간의 햇빛 조절 또는 빛의 구획 등, 조절공간을 장식하기 위한 인테리어 소품으로도 많이 설계되고 있다.

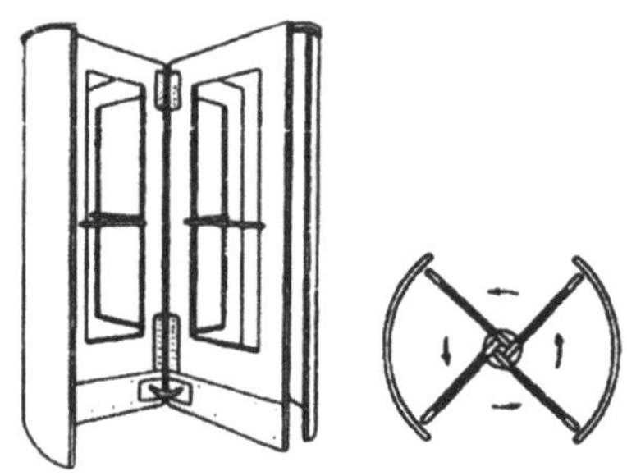

(5) 회전문

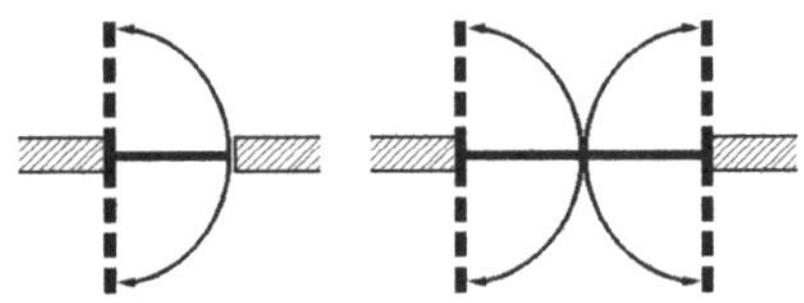

(6) 자재문

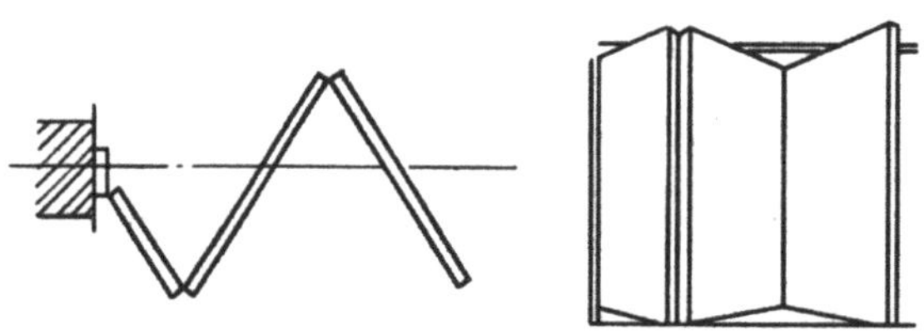

(7) 접이문문

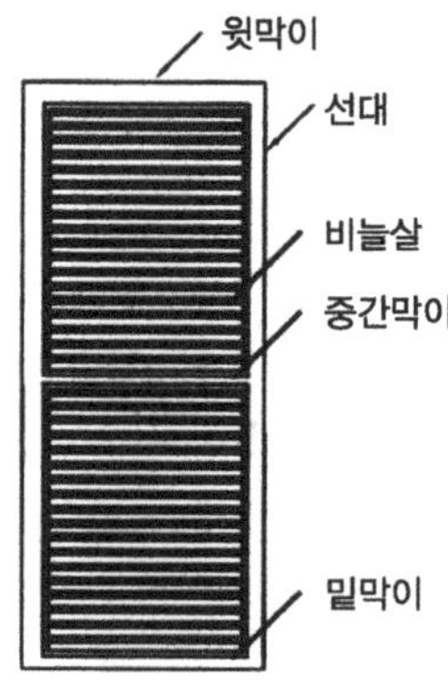

(8) 비늘문

그림 5-11 문 · 창문의 종류 2

(8) 붙박이창(Fixed sash window)

개폐할 수 없도록 고정된 창으로 채광만을 위해 의장 목적으로 설계된 것이다. 주로 출입문 상부에 위틀과 중간틀 사이에 유리를 끼워 설치한다.

(9) 비늘문 · 창문(Louver door, window)

비늘문과 창문의 선대와 윗막이, 밑막이의 기본 뼈대를 구성하고 얇고 넓은 널재의 살을 3cm 정도의 등간격으로 45° 기울기로 계속 끼워 구성한 문과 창문을 말한다. 비늘문, 창문은 통풍이 될 수 있도록 하고, 통풍이 안 되게 폐쇄된 구조로도 할 수 있으며 시야를 차단하거나 햇빛을 막는 차양으로도 사용하는데, 요즈음엔 공간의 이음과 연결, 그리고 단절을 위한 인테리어 소품의 문 · 창문으로도 설계하여 사용되고 있다.

5.7 기초 Foundation

기초는 건축물의 상부구조물 하중을 지반에 안전하게 전달하고 지반침하 및 파괴 등에 의한 손상을 방지할 목적으로 만든 구조물이다. 상부구조가 안정하기 위해서는 기초구조가 지반조건에 안정되게 설계되어야 한다.

기초의 설계는 상부구조물의 규모나 형상, 구조형식, 부지 주변의 상황 등을 고려하여 지반조건 및 시공조건에 적합하게 선택되어야 한다. 일반적으로 상부구조 설계와 지반 예비조사가 끝나면 실시하지만, 상부구조의 계획단계에서 지반 예비조사의 지반조건을 고려하여 상부구조와 기초를 동시에 고려한 기본설계를 수립하는 것이 시공성과 공기단축, 경제성 등 가장 합리적인 기초설계방법이다.

기초는 기초판과 지정으로 구분되는데 기초판은 상부구조 하중을 직접 지반에 전달하는 구조체이며, 기초판이 지반에 하중을 안전하게 전달되게 기초판의 밑면 보강으로 지정을 만든다. 지정에는 지반의 내력을 높이기 위해 잡석다짐과 기초판 자체를 보강하는 말뚝지정 등으로 설계한다.

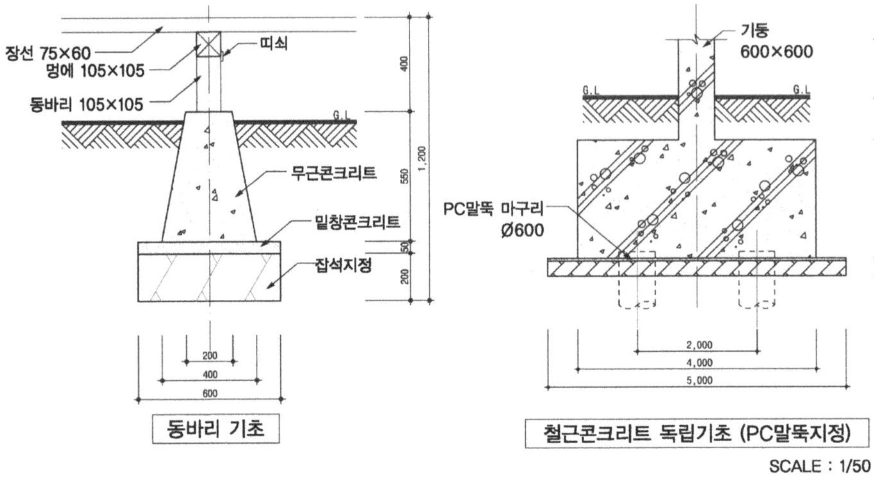

그림 5-12 기초의 종류

• 기초의 종류

기초는 지지기반에 따라 얕은기초나 깊은 기초로 구분된다. 얕은기초는 상부구조의 하중을 지지하는 지층이 지반에 얕게 위치하고 온통기초나 푸팅기초를 지반에 직접 접하게 하는 구조이며, 깊은기초는 상부구조의 하중을 말뚝이나 탑다운공법 등의 제자리콘크리트말뚝 등을 이용하여 지반의 깊은 지층에 지지시키는 구조이다.

일반적으로 얕은기초를 직접기초, 깊은기초를 간접기초라고도 한다. 기초는 항상 동결선 이하에 두어 안정시켜야 한다. 얕은기초는 일반적으로 지반의 표토를 걷어내고 터파기를 하고 잡석지정이나 자갈지정 위에 밑창콘크리트를 친 후 기초구조물이 놓일 수 있도록 설계한다.

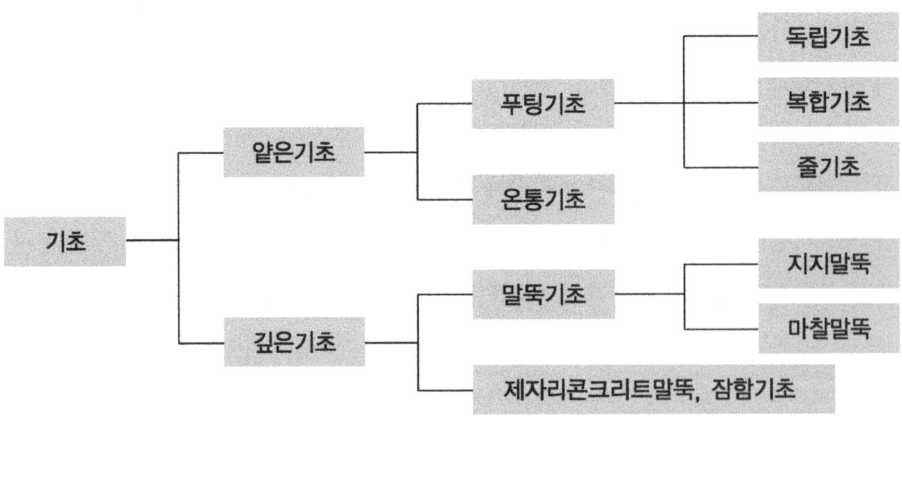

5.8 구조물의 마감

건축물의 주요 구조부인 벽체, 기둥, 보, 바닥, 슬래브, 지붕 등이 구축되고 나면 개구부인 문, 창 등을 설치하고 건축물의 외부와 내부를 기능에 적합한 마감재료로 치장하여 사용상에 지장이 없도록 건축물이 마감되도록 설계되어야 한다. 건축물의 외부마감을 외장공사, 내부마감을 내장공사라 한다.

(a) 널마루

(b) 플로어링 보드

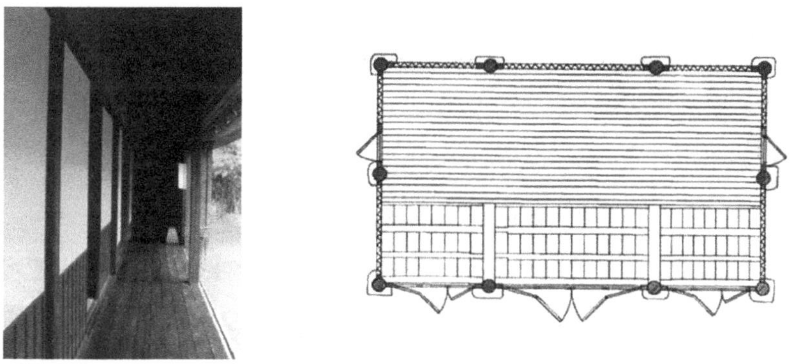

(c) 장마루

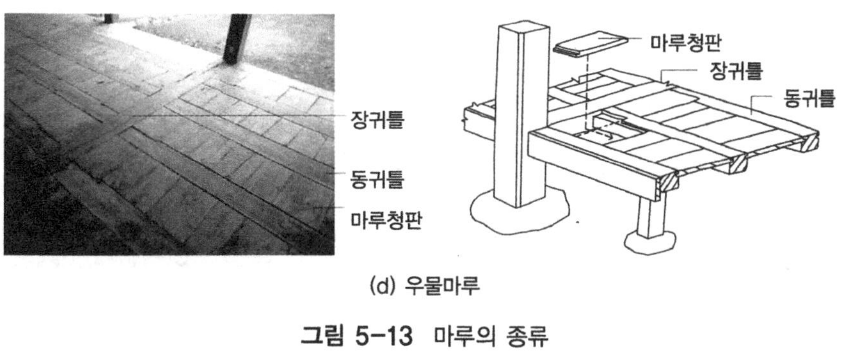

(d) 우물마루

그림 5-13 마루의 종류

5·8·1 바닥마감

건축물의 바닥판은 사용상의 하중인 적재하중을 지지해주고 있는 중요한 부재로 내구성, 내화성, 차단성을 가지고 있어야 하고, 구획되는 내부공간의 크기와 사용용도에 맞게 마무리 재료들로 마감되게 설계한다.

바닥은 목조 마룻널, 콘크리트 슬래브, 모르타르바름 등의 바탕에 구획된 공간의 사용용도에 따라 마무리 재료들이 각기 다르다. 바닥마감은 공간에 잘 조화되어 흡음성과 탄성이 있고 유지관리가 편리한 재료로 설계한다.

- 목재마루바닥

마루는 일반적으로 습기가 많고 더운 지방에서 사용된 것으로 아주 오래된 바닥 마감재이다. 마루는 견고하고 잘 고정되어 안정적이어야 하고 목재의 수축변형이나 시공 잘못 등에 의한 요철이나 기울임이 없는 평면을 유지해야 하며 방습기능과 방음기능도 있게 설계한다. 마루의 종류는 널마루, 플로어링보드·블록마루, 무늬목 합판마루가 있고, 우리 한옥마루는 장마루와 우물마루 구조로 되어 있다.

5·8·2 벽마감

벽의 종류와 기능을 보면 건축물의 외부를 둘러싸고 비바람이나 외부에서 침입을 막는 벽체를 외벽(外壁, External wall)이라 하고 건축물의 내부공간을 구획하고 분할하는 벽체를 내벽(內壁, Internal wall)이라 한다.

벽을 구조에 따라 내력벽과 비내력벽으로 구분한다. 내력벽(耐力壁, Load bearing wall)은 벽에 작용되는 수직하중과 수평하중 등 모든 하중을 지지하여 기초에 전달하는 벽체를 말하고, 비내력벽(非耐力壁, Not load bearing wall)은 힘을 받

(a) 벽돌벽 (b) 커튼월 (c) 유리마감

그림 5-14 벽마감의 종류

아주지 않고 공간구획만을 위한 칸막이벽체(Partition wall)이다. 모든 외벽은 거의 내력벽이고 내벽은 내력벽과 칸막이벽으로 구성된다.

벽체의 구축형태로 조적식, 일체식, 가구식, 피막식벽 등이 있다. 조적식 벽(Masonry wall)은 벽돌, 블록 또는 돌과 같이 작은 것들을 쌓아서 만든 벽이고, 일체식 벽(Monolithic wall)은 거푸집을 만들고 기둥, 보, 바닥판에 철근을 배근하고 콘크리트를 한번에 타설하여 만든 벽이다.

가구식 벽(Framed wall)은 비교적 작은 목재 부재나 철재 부재로 수직과 수평으로 틀을 짜서 만든 벽이고, 피막식 벽(Curtain wall)은 그 자체의 무게 이외에 하중을 받지 않는 비내력벽으로 콘크리트조 또는 철골조 등과 같이 강구조체의 외벽에 붙인다든가 뼈대 사이에 공간구획 할 목적으로 끼우는 형태를 만든 커튼월(Curtain wall)을 사용한다.

5 · 8 · 3 천장마감

건축물의 실내 상부공간을 구획한 칸막이를 천장이라 하며, 천장의 역할은 방한, 방진, 보온, 차음, 흡음 등의 성능을 가지고 있다. 천장은 반자라 하며 건축물의 지붕틀 부재들이 보이지 않도록 하고 실내공간의 상부마감형태로 의장적 효과로 사용되게 설계된다. 천장을 구성하고 있는 틀을 반자틀이라 한다.

반자틀을 지붕틀이나 상부층 바닥틀에 달아 매단 것을 달반자라 하고 철근콘크리트바닥판을 제물마무리하거나 바닥판 밑을 마무리한 것을 제물반지라 한다.

• 반자틀

반자틀은 목재로 짠 목재 반자틀구조와 강재로 결합한 강재 반자틀구조로 설계되어진다.

(1) 목재 반자틀

목재 반자틀 구조는 지붕평보, 바닥보 등에 달대 받침대를 설치하고 달대받이를 달대 받침대에 고정시킨 후 달대받이에 달대를 매달아 고정시키고, 달대 끝단에 반자틀받이를 90cm 간격으로 달아 고정시킨다. 이 반자틀받이에 45cm 간격으로 반자틀을 설치하고 벽과 맞닿은 반자는 반자돌림대로 마감한 후 널재나 판재로 반자

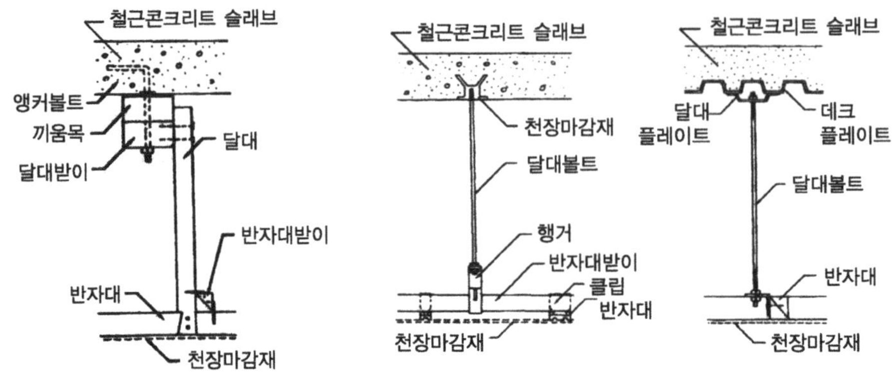

(a) 목재 반자틀 (b) 강재 반자틀(1) (b) 강재 반자틀(2)

그림 5-15 반자틀

(2) 강재 반자틀

강재 반자틀 구조는 철근콘크리트구조의 슬래브와 철골구조의 데크플레이트 슬래브 등에 설치된다. 철근콘크리트구조에서는 슬래브 콘크리트를 치기 전에 인서트(Insert), 앵커볼트 등을 가로 세로 1~2m 간격으로 배치하고, 움직이지 않게 고정시킨 다음 콘크리트를 타설 하여 슬래브가 경화한 후 철재 달대와 경량 형강의 반자틀받이와 반자틀을 설치하고, 보드류의 판재를 반자틀에 끼워넣어 반자를 마감되게 설계한다.

철골구조 강재 반자틀은 데크플레이트 하부에 철재 달대를 매달 수 있도록 철재 받침대를 설치하고 강재 반자틀을 매단다.

5.9 지붕구조

건축물의 지붕틀은 비바람을 막을 수 있는 구조야 한다. 이 비바람을 막기 위해서는 지붕틀 물매(지붕경사도)를 잘 잡아야 하는데 지붕잇기에 사용되는 재료의 종류에 따라 지붕물매를 조절할 수 있다. 지붕틀구조는 견고하고 내구성 있는 구조로 설계한다. 지붕구조는 비 또는 바람, 그리고 눈 등의 하중에 대해 충분히 견딜 수 있는 구조여야 하고 변형이나 처짐이 생기지 않게 충분한 강성을 갖도록 설계한다.

지붕틀은 단열구조로 설계한다. 집안의 열이 지붕틀로부터 빼앗기지 않기 위해 지붕과 천장 사이에 밀폐된 공간층을 만들거나 천장 상부에 단열재를 깔거나 환기가 되지 않게 설치하는 것들은 단열구조로 만들어 열의 이동을 막기 위함이다.

5·9·1 지붕의 종류

지붕의 형태는 건축물의 종류, 크기, 용도, 규모, 위치한 주위의 환경과 조건 등에 맞게 설계된다. 지붕 모양은 한 가지 형태의 지붕틀로 이루어지기보다는 두세 가지 이상의 지붕틀구조를 조합하고 혼용하여 사용되는 것이 일반적이다. 지붕 모양은 지붕틀구조형태가 가능하면 단순하고 합리적으로 설계해야 좋은 지붕틀구조라 할 수 있다.

지붕 모양은 외쪽지붕, 박공지붕, 모임지붕, 합각지붕, 평지붕, 맨사드지붕, 솟을지붕, 톱날지붕 등이 있다.

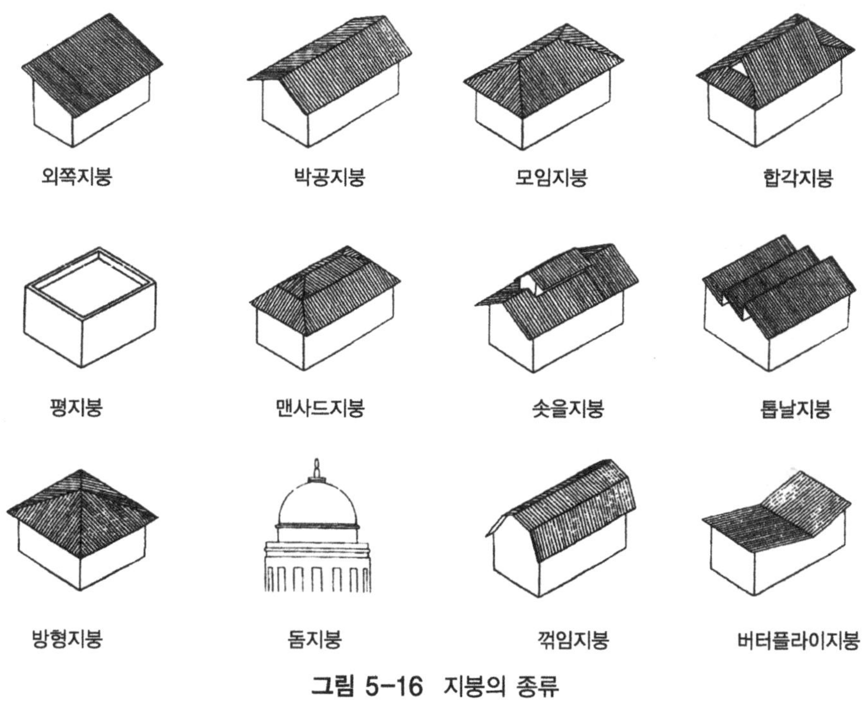

그림 5-16 지붕의 종류

5·9·2 지붕물매 Slope of roof

지붕물매는 지붕의 경사도를 말한다. 빗물의 흐름이 잘되게 하기 위해 지붕에 적당한 경사를 두는 것을 지붕물매라 한다. 지붕물매는 수평거리 10에 대한 직각삼각형의 높이 값으로 표시하고 단위는 무단위이다. 지붕경사도는 수평에 대한 각도로도 표시한다.

지붕이 단지 빗물처리만을 고려한다면 지붕물매를 크게 하는 것이 유리하지만, 지붕의 풍압 감소, 지붕재료의 절감 등을 고려하면 지붕물매는 적게 하는 것이 좋다. 그러나 지붕면적과 건축면적이 일정한 비율이 되어야 보기 좋은 건축물이 되기 때문에 적당한 비율의 지붕물매가 필요하다.

우리나라에서는 수평거리 10cm에 대한 높이로 물매를 표시한다. 3cm 물매, 4.5cm 물매 라고 하면 (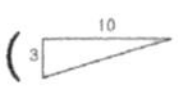 , ) 등을 의미한다.

지붕재료	물매 (수평 1m에 대한 높이(mm))	수평에 대한 각도
아스팔트, 납판, 동판, 알루미늄	30	$1\frac{3}{4}°$
아스팔트펠트, 골판 플라스틱 등	100	$5\frac{3}{4}°$
슬레이트	670	$33\frac{2}{3}°$
외기와	450	24°
기타 기와	780~1,000	37~45°

5·9·3 지붕틀구조

지붕의 모양과 형태에 맞게 지붕뼈대를 짠 것을 지붕틀구조라 한다. 지붕은 지붕상부의 하중을 받아서 기둥 또는 벽체에 힘을 안전하게 전달할 수 있는 지붕틀구조로 설계해야 한다. 이 지붕틀구조는 평면의 모양에 따라 다르게 설계되며, 지붕틀구조의 형상은 한식, 절충식, 양식구조 등이 있다.

(1) 절충식 지붕틀구조

한식 지붕틀구조 또는 절충식 지붕틀구조는 지중보를 걸쳐놓고 이 보 위에 동자기둥을 세운 위에 마룻보를 걸쳐 대공을 세우고, 지붕을 받치는 중도리와 마룻대를 설치하고 서까래를 대고 지붕널을 깔도록 지붕틀을 설계한다.

지붕의 하중은 서까래를 통해 마룻대, 중도리를 통해 수직부재로 전달되고 다시 지붕보를 통해 기둥이나 벽체로 분산 · 전달된다. 이 절충식 지붕틀구조는 작업이 간단하고 공사비가 저렴하므로 소규모 건축물의 지붕틀구조로 많이 사용된다.

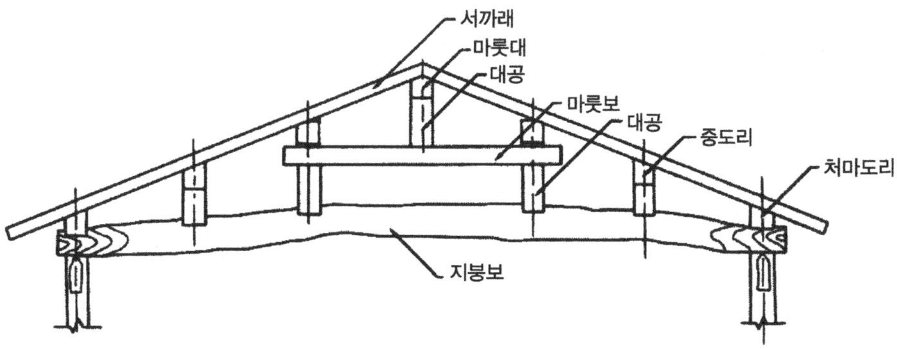

그림 5-17 절충식 지붕틀구조

(2) 왕대공지붕틀구조

양식지붕틀구조 중에서 가장 많이 사용되는 지붕틀은 왕대공지붕틀(King post roof truss)이며, 이것은 여러 부재를 사용하여 가장 안정적인 도형인 삼각형을 여러 개 짜맞추어 지붕하중을 받으며 지붕 모양을 만드는 구조이다.

왕대공 트러스의 부재 단면 또는 맞춤방법 등은 역학적으로 계산되고 설계되어 지붕틀이 단일부재와 같이 된 구조체이다. 이 지붕틀은 20m 정도의 비교적 스팬 간격이 큰 경우에도 사용되지만 일반적으로 10m 정도의 스팬 간격에 가장 많이 사용된다. 트러스지붕틀의 간격은 2~3m 정도로 설계한다.

지붕틀은 일반적으로 지붕틀을 목재로 구성하는 목재 트러스를 사용하지만 최근에는 지붕틀을 철재로 짜서 사용하기도 한다.

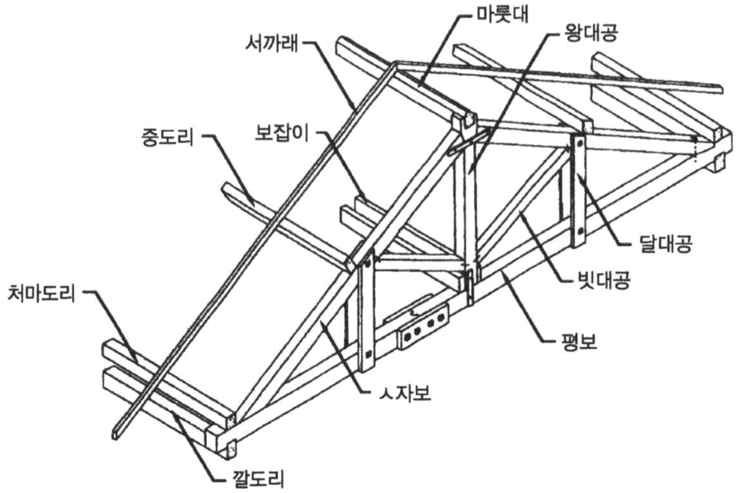

그림 5-18 왕대공 트러스지붕틀구조

(3) 여왕대공(쌍대공)지붕틀구조(Queen post roof truss)

지붕 속에 다락방을 가지는 지붕틀구조를 여왕대공지붕틀 또는 쌍대공지붕틀이라 한다. 이 지붕틀은 평보 위에 동자기둥과 같은 쌍대공을 좌우에 세우고, 마룻보를 걸쳐 지붕 속에 공간을 구획하고 위에 대공을 세우거나 왕대공 부재를 세우고, 그 위에 ㅅ자보를 보내 지붕틀을 구성하는 구조이다.

지붕틀의 스팬 거리는 일반적으로 10~15m 정도가 적당하고 지붕틀의 간격은 2~3m 정도로 설계한다.

평보 위의 쌍대공 위치는 평보의 길이의 1/3~1/4 위치로 하고, 마룻보의 상부는 작은 왕대공 트러스를 짜거나 대공만 세우고 곧바로 마룻대를 놓고 서까래를 깔고 지붕널을 놓아 지붕틀을 만든다.

꺾임지붕틀구조 또는 맨사드지붕틀구조는 쌍대공 위에 깔도리를 다시 놓고 마룻보를 보낸 후에 처마도리를 놓은 후 서까래를 깔고 지붕널을 놓아서 지붕틀을 만드는 지붕틀구조의 형상이다.

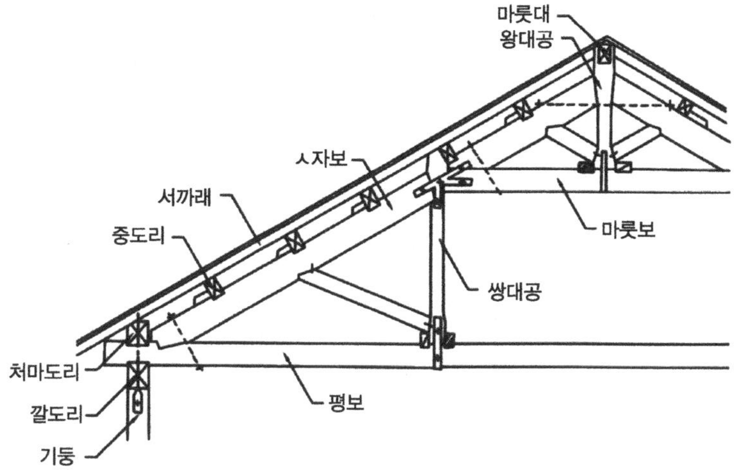

그림 5-19 여왕대공 트러스지붕틀 구조

(4) 경골지붕틀구조(Balloon frame roof truss)

경골지붕틀구조는 일반적으로 평보 · ㅅ자보 · 빗대공 부재 등으로 구성되며, 부재단면의 크기는 Two by Four(2×4) 개념인 50mm×100mm의 표준치수의 평각재를 주로 사용하며, 이 부재보다 큰 단면치수가 필요하면 표준치수의 2배 또는 3배 등 표준치수의 일정한 배수의 단면 크기를 사용한다.

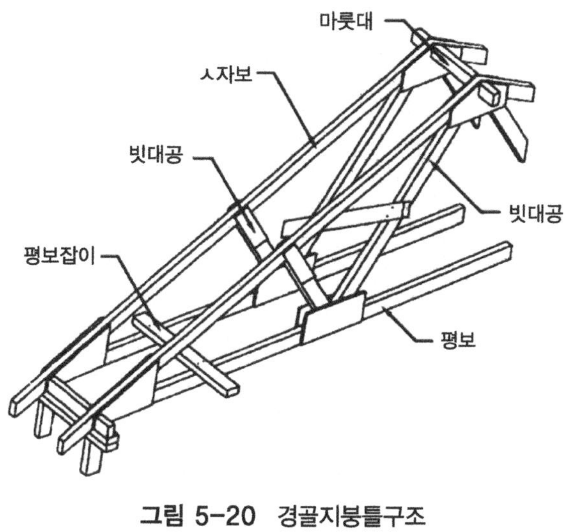

그림 5-20 경골지붕틀구조

지붕틀 사이에는 지붕틀 연결재를 사용하여 경골지붕틀이 변형되는 것을 막고, 평보잡이, 가새, 귀잡이보를 사용하여 약한 경골지붕틀을 보강한다. 경골지붕틀구조는 미리 정해놓은 50mm×100mm 부재만을 사용하므로 공기가 단축되고, 듀벨, 볼트 등과 같은 보강철물을 같이 사용하면 20m 정도의 스팬 거리에서도 사용할 수 있다.

찾아보기

[ㄱ]

[ㄴ]

[ㄷ]

[ㄹ]

[ㅁ]

[ㅂ]

[ㅅ]

[ㅇ]

[ㅈ]

[ㅊ]

[ㅋ]

[ㅌ]

[ㅍ]

[ㅎ]

[기타]

건축설계방법론

2013년 9월 6일 1판 1쇄 발행
2023년 3월 10일 1판 6쇄 발행

저 자 신창훈 · 도규환 · 이재국 · 이원근 · 홍석주
발 행 인 강 해 작
발 행 처 기 문 당
주 소 서울시 성동구 무학봉28길 4-1
전 화 02) 2295-6171(代)~5
팩 스 02) 2296-8188
출판등록 1976. 10. 7(1-44)
홈페이지 www.kimoondang.com
I S B N 978-89-6225-536-2 93540

1. 건물 표현 렌더링 연습

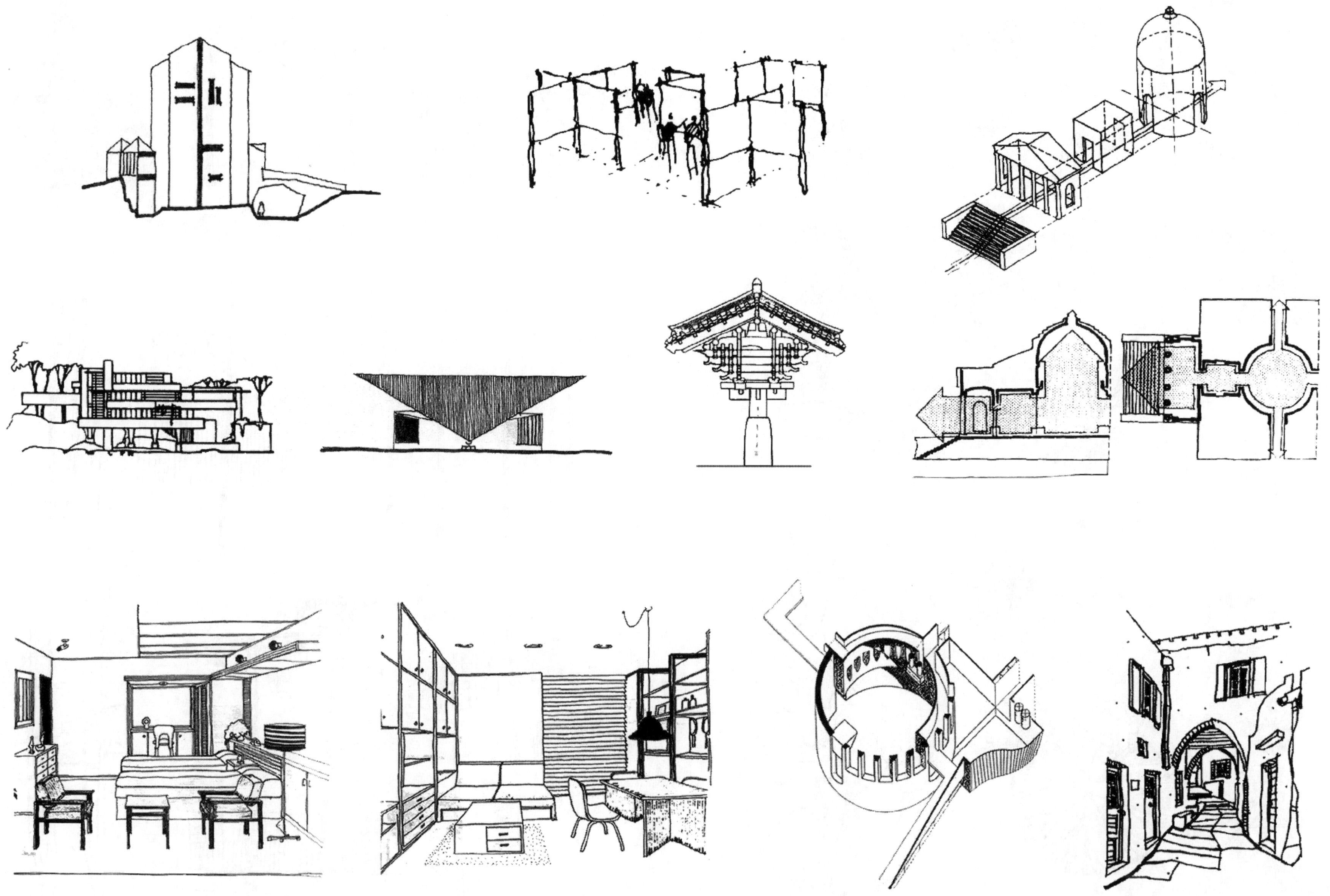

2. 수목 렌더링 연습

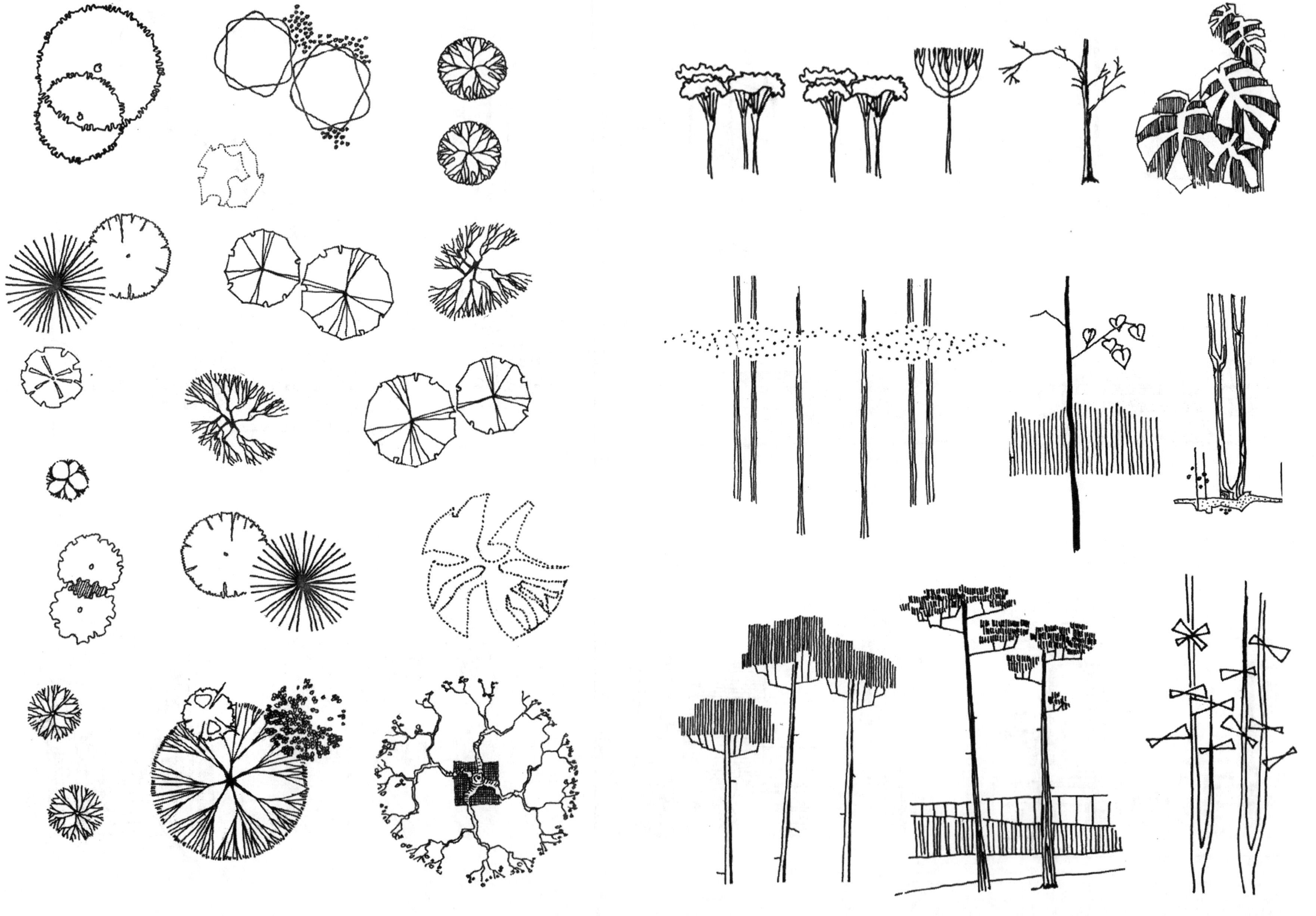

3. 문자연습

건축 설계 제도 신축 학교 건축과

평면도 단면도 입면도 측면도

축척 평면 입면 동서남북 단면구조 투시도

토대 기둥보 목조 벽돌블록철근 콘크리이트

거실 포치 테라스 침실 창호 벽체 현관

처마돌이 장선 호박돌 처마도리 슬래브 서까래

철근 콘크리트 기와걸이 적벽돌 반자틀 달대받이 왕대공

단열재 치장벽돌 모르타르 액체방수 멍에 욕실 부엌

가 나 다 라 마 바 사 아 자 차 카 타 파 하 주 택 병 원

나왕 합판 시멘트 모르타르 초배지 시래믹 모자이크 아스팔트 타일 인조석갈기

기둥 105 X 105 멍에 90 X 90 장선 45 X 60 반자틀 45 X 45 처마도리 105 X 120

멍에 90 × 90 @ 900 장선 45 × 45 @ 450 밑둥잡이 45 × 90

걸레받이 18 × 150 내수합판 THK 12 플로링널 THK 18

1 2 3 4 5 6 7 8 9 0

DEVELOPMENT OF STYLE SHOULD ALWAYS EXHIBIT CONSISTENCY IN SPACING, PROPORTION, AND OVERALL APPEARANCE. FOR EXAMPLE, THE LETTERS ON THE PREVIOUS PAGE CAN BE STRETCHED HORIZONTALLY AND HORIZONTAL STROKES CAN BE DONE AT A SLIGHT ANGLE TO THE HORIZONTAL. "I" AND "J" ARE EXCEPTIONS

평면도 입면도

상세도 투시도

ABCDEFGHIJKLMN

OPQRSTUVWXYZ

4. 선의 연습

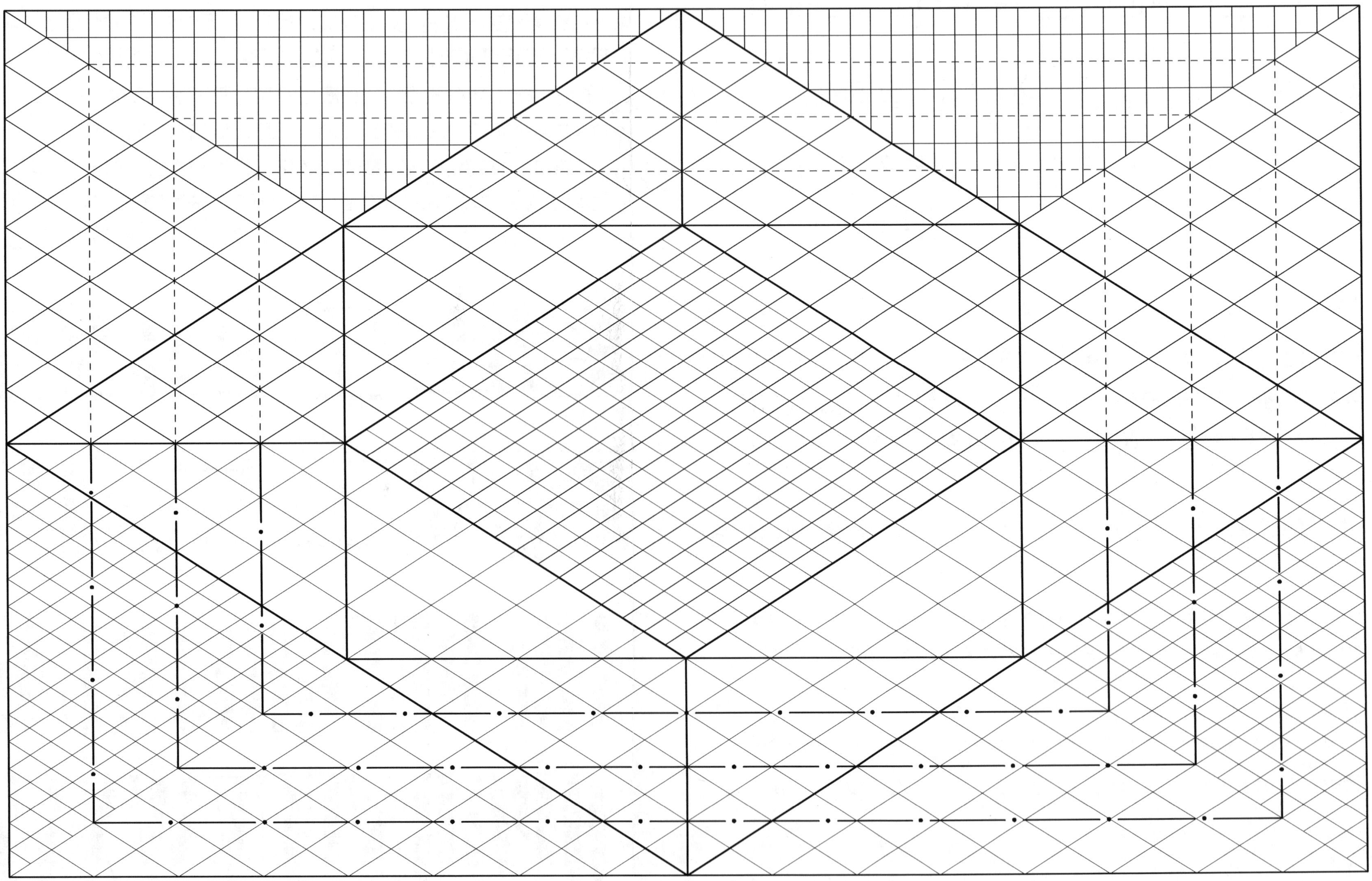

5. 재료표시

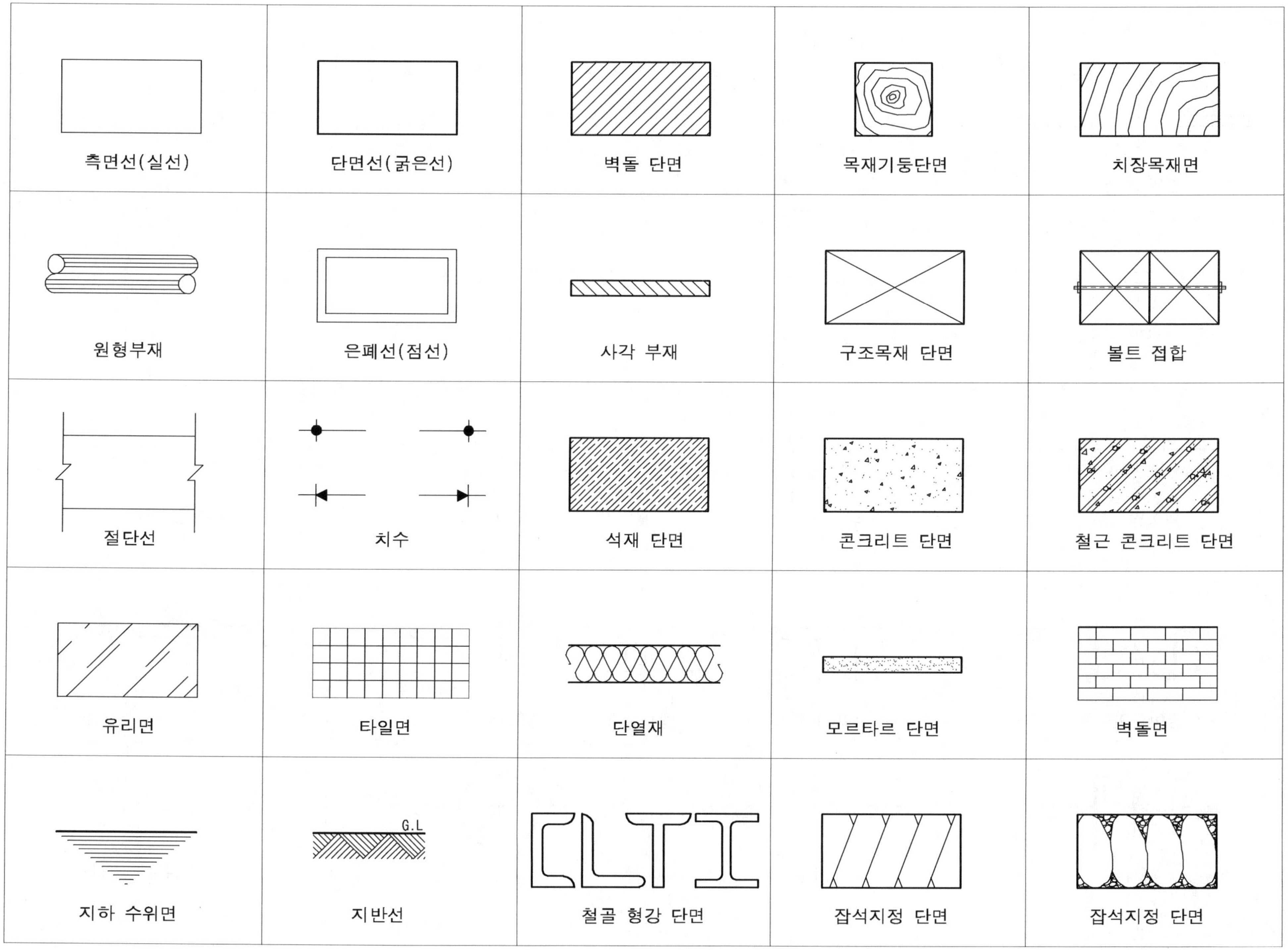
측면선(실선)
단면선(굵은선)
벽돌 단면
목재기둥단면
치장목재면
원형부재
은폐선(점선)
사각 부재
구조목재 단면
볼트 접합
절단선
치수
석재 단면
콘크리트 단면
철근 콘크리트 단면
유리면
타일면
단열재
모르타르 단면
벽돌면
지하 수위면
G.L
지반선
철골 형강 단면
잡석지정 단면
잡석지정 단면

6. 문, 창문표시

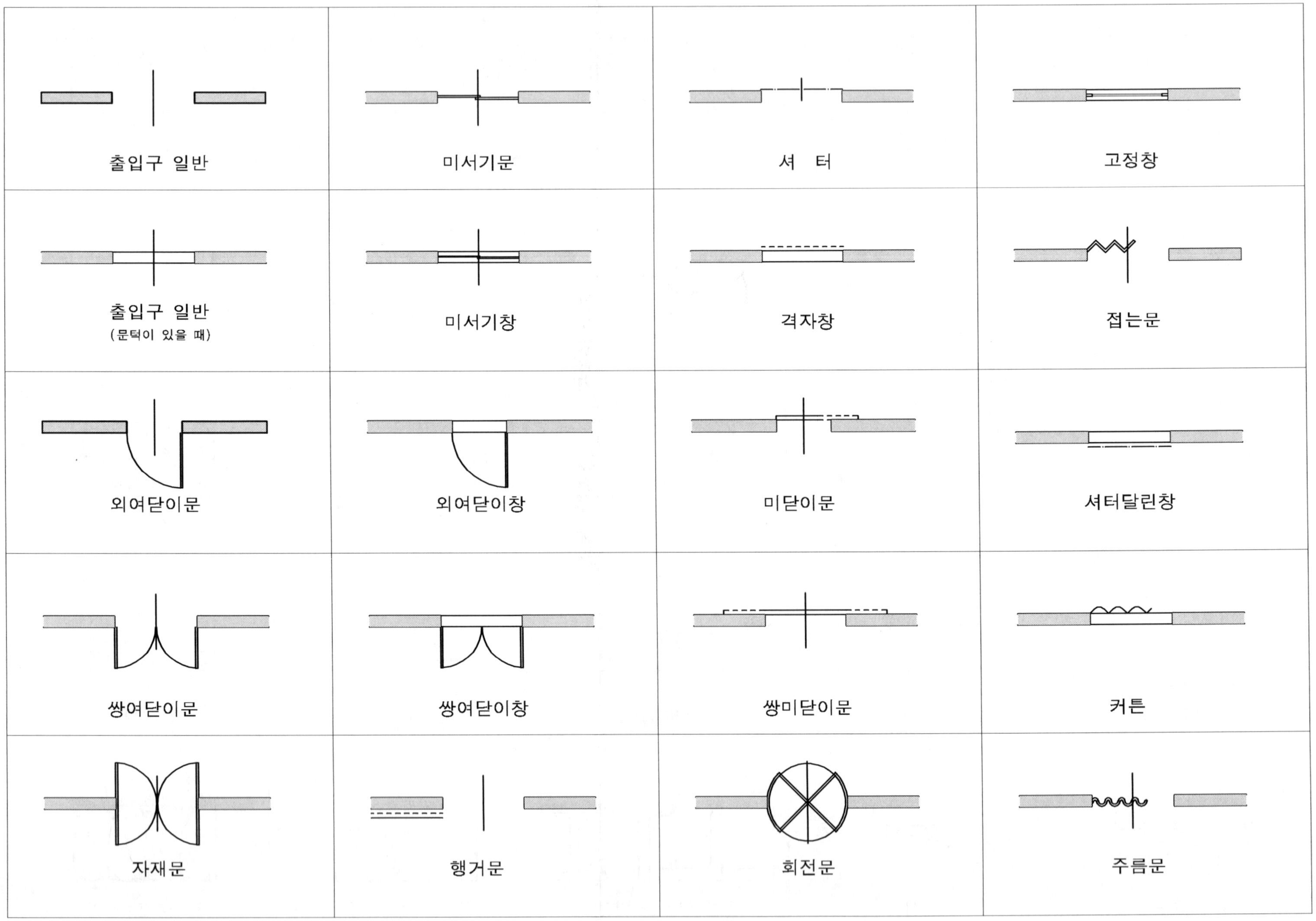

출입구 일반
미서기문
셔 터
고정창
출입구 일반
(문턱이 있을 때)
미서기창
격자창
접는문
외여닫이문
외여닫이창
미닫이문
셔터달린창
쌍여닫이문
쌍여닫이창
쌍미닫이문
커튼
자재문
행거문
회전문
주름문

7. 목조 외벽구조와 재료표시 (도면작성 축척 1/5)

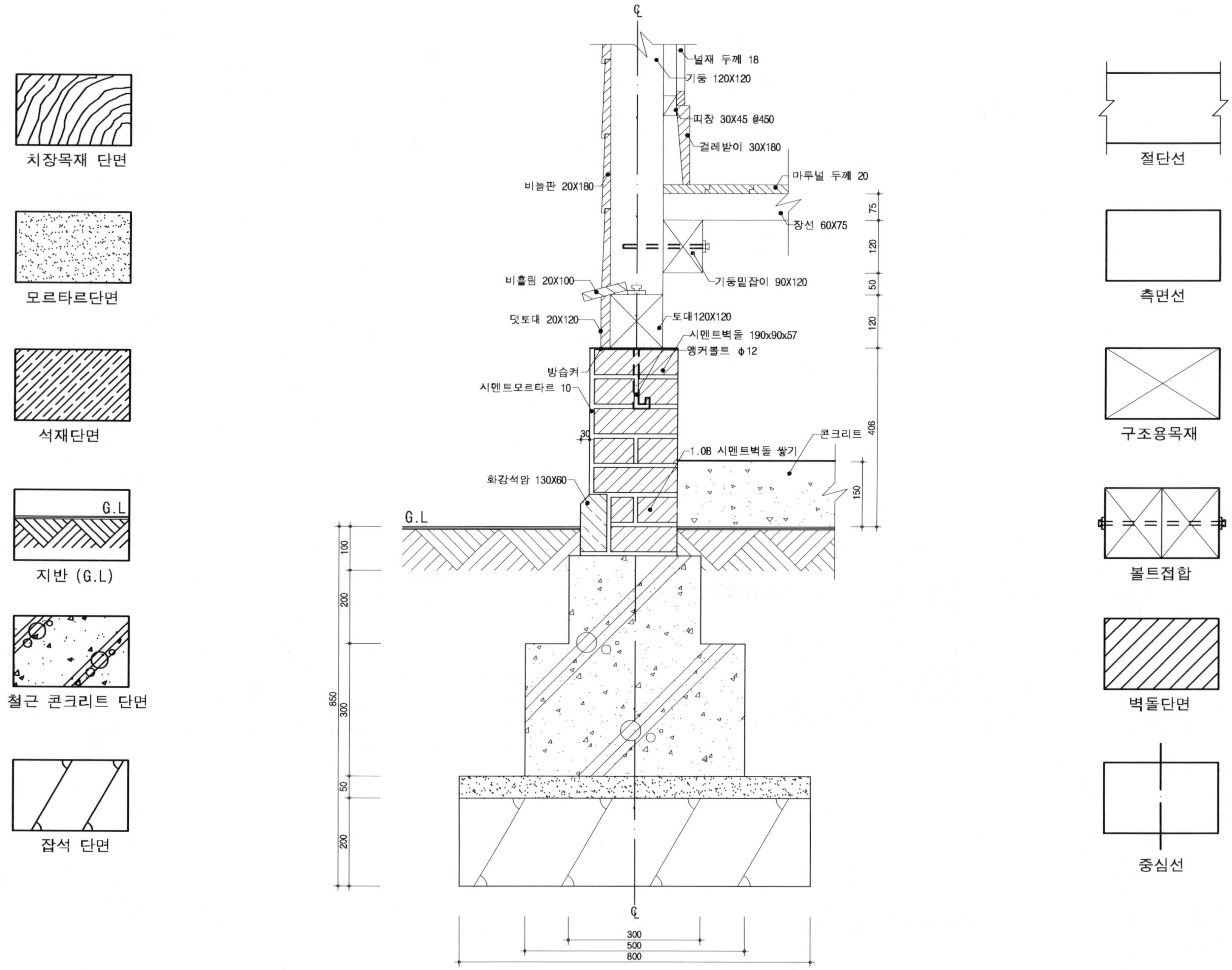

8. 기초 상세도 (도면작성 축척 1/10)

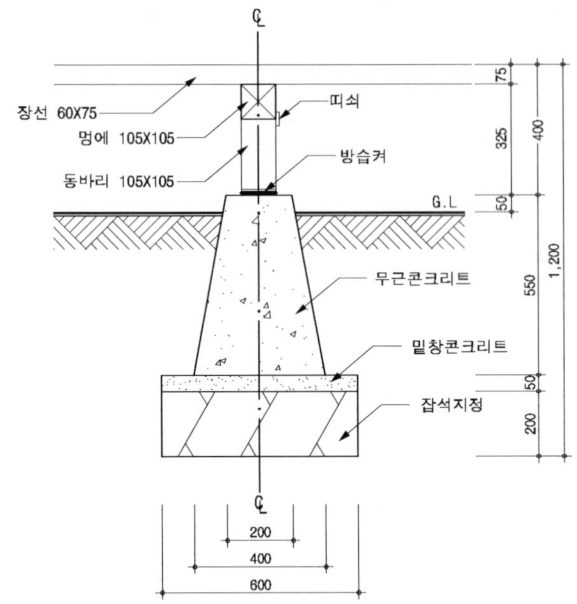

동바리 기초

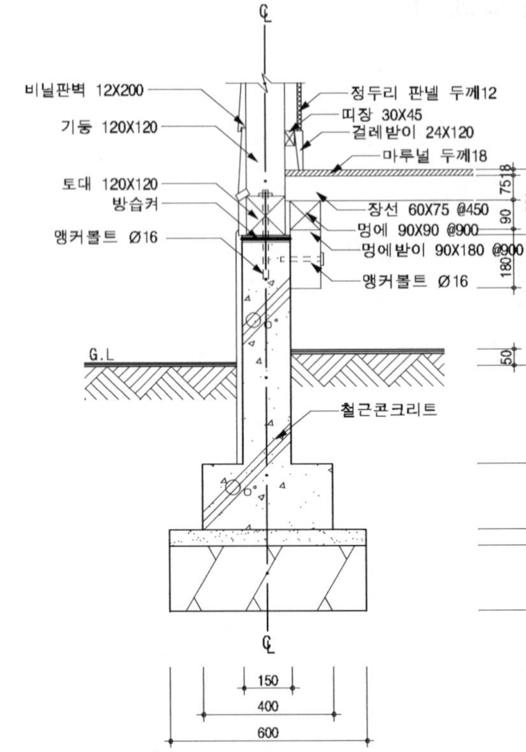

목조 콘크리트 줄기초

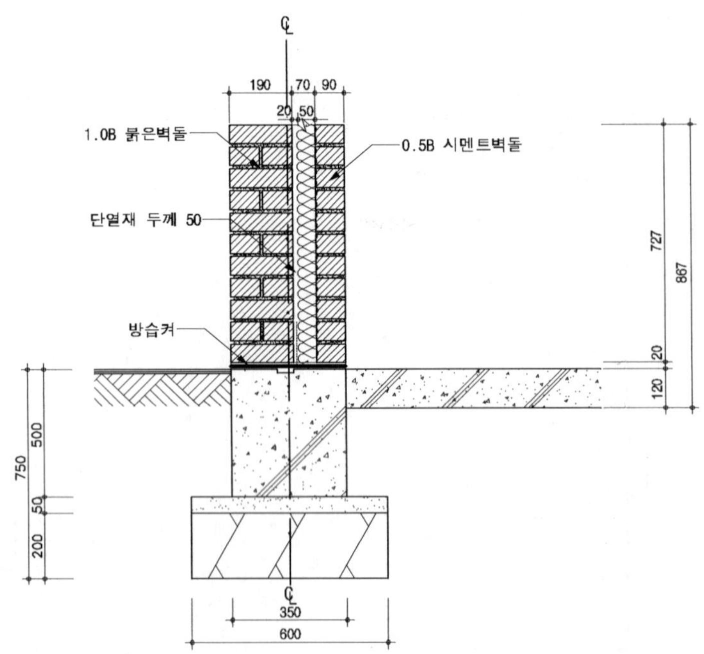

벽돌 줄기초

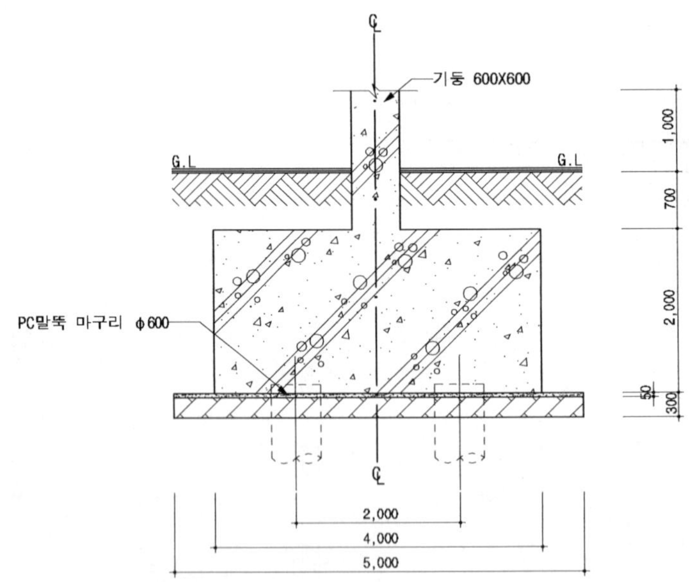

철근콘크리트 독립기초 · PC말뚝지정 (1/50)

9. 바닥,벽 부분 상세 (도면작성 축척 1/10)

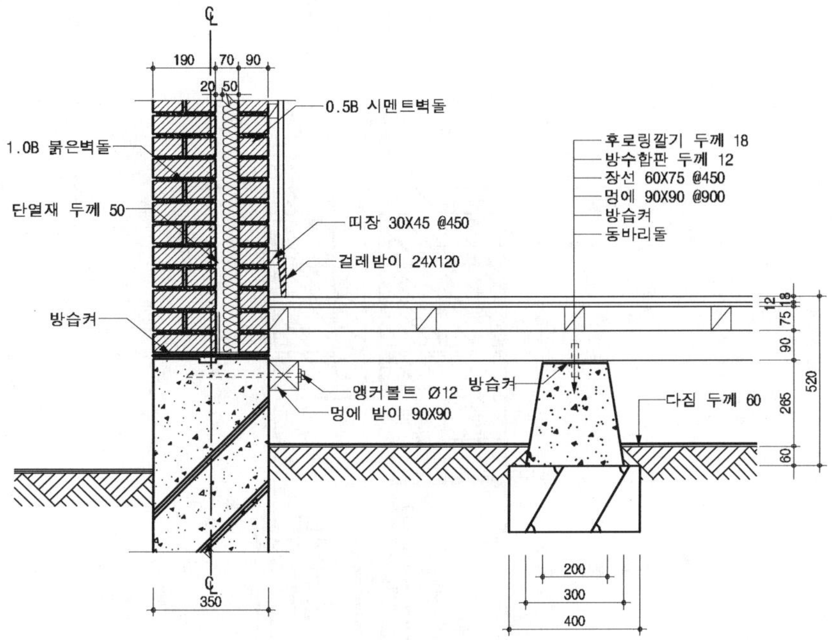

벽 상세도

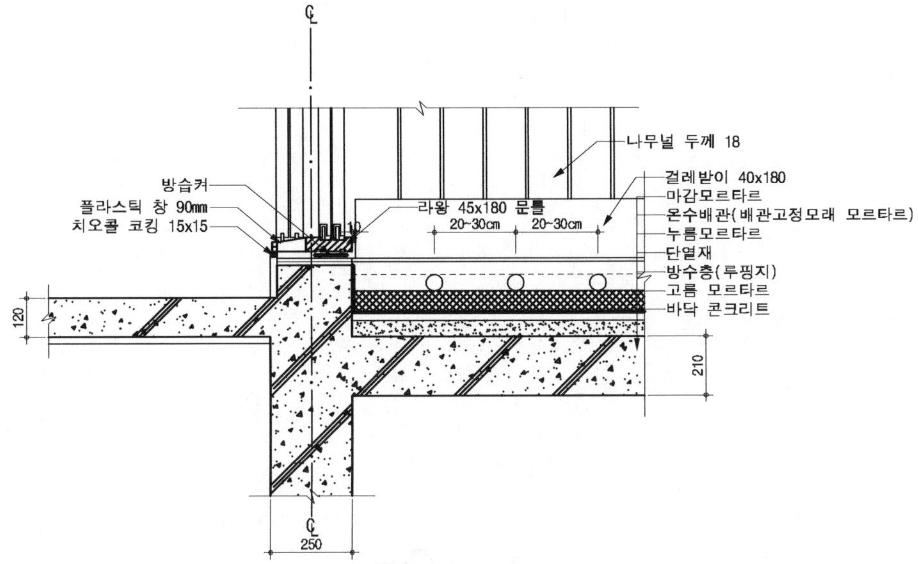

거실 - 발코니 부분 상세도

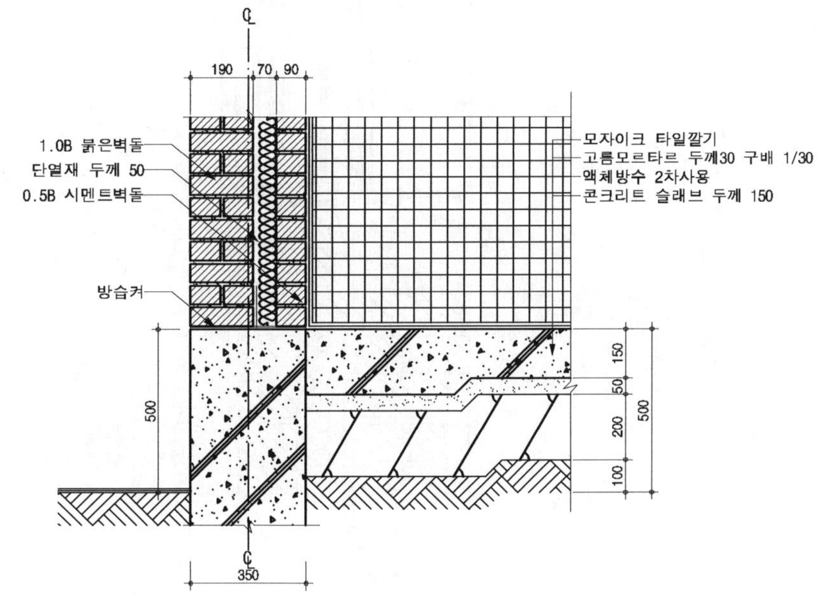

욕실부분 상세도

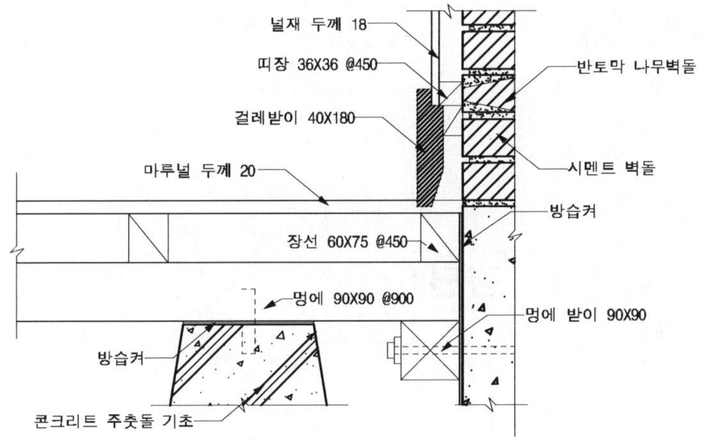

걸레받이 상세도(1/5)

10. 창틀 상세도 (도면작성 축척 1/5)

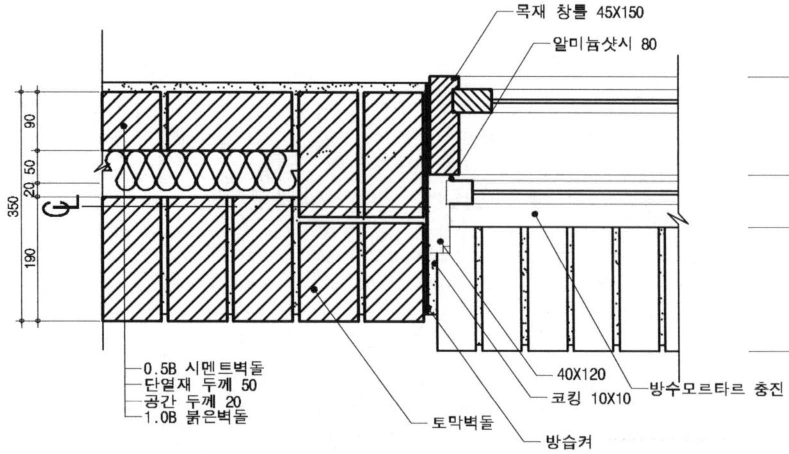

평면

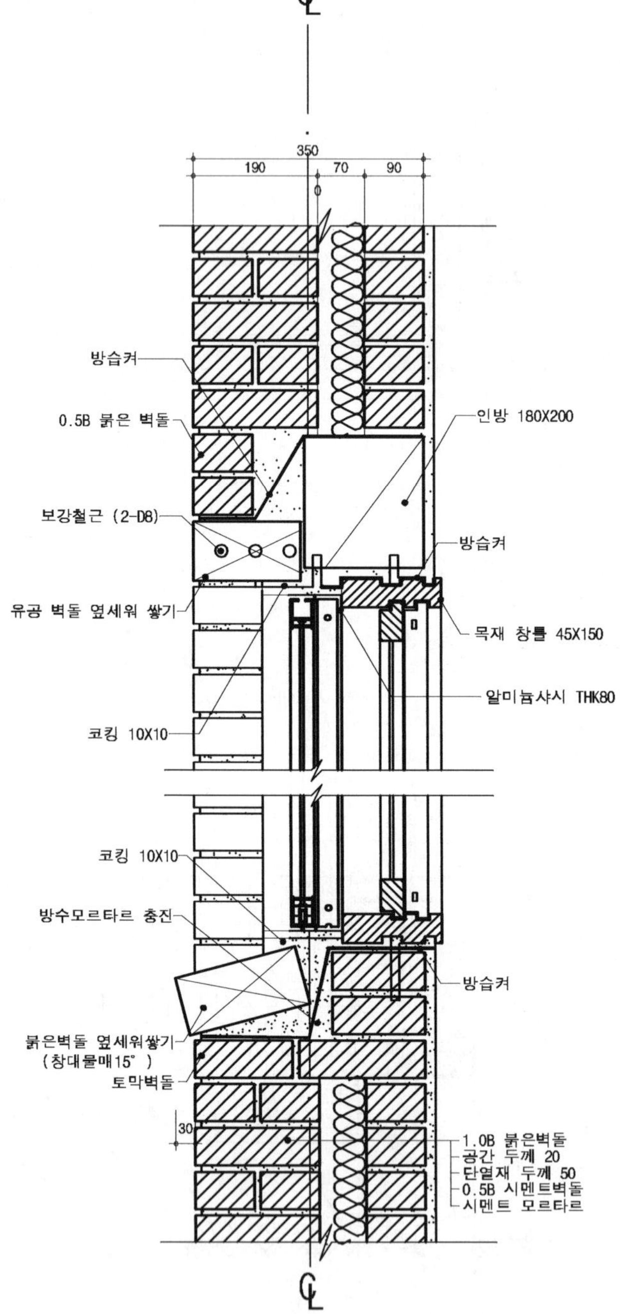

단면

11. 밑틀, 윗틀 (도면작성 축척 1/5)

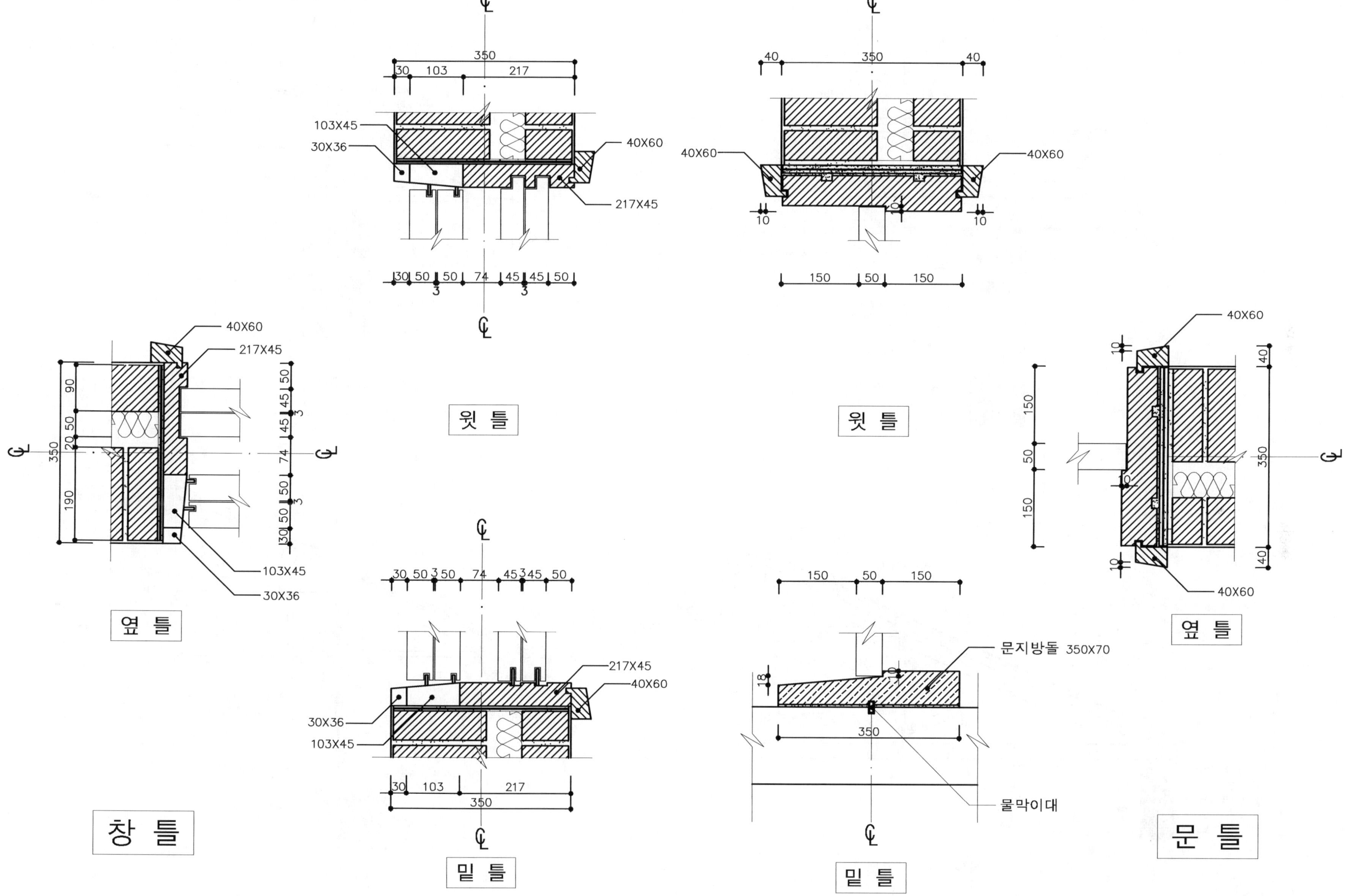

12. 지붕틀 구조 (도면작성 축척 1/20)

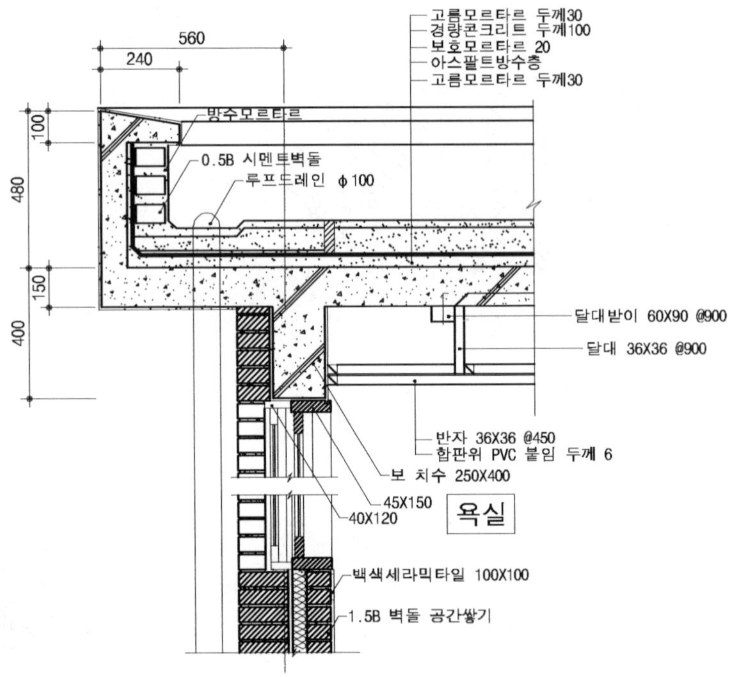

평지붕

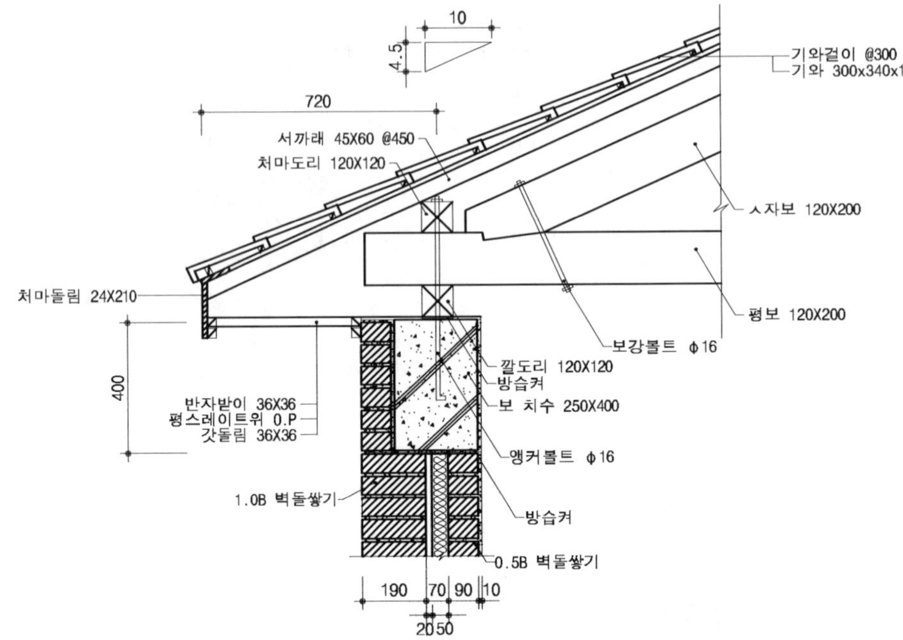

왕대공 지붕틀

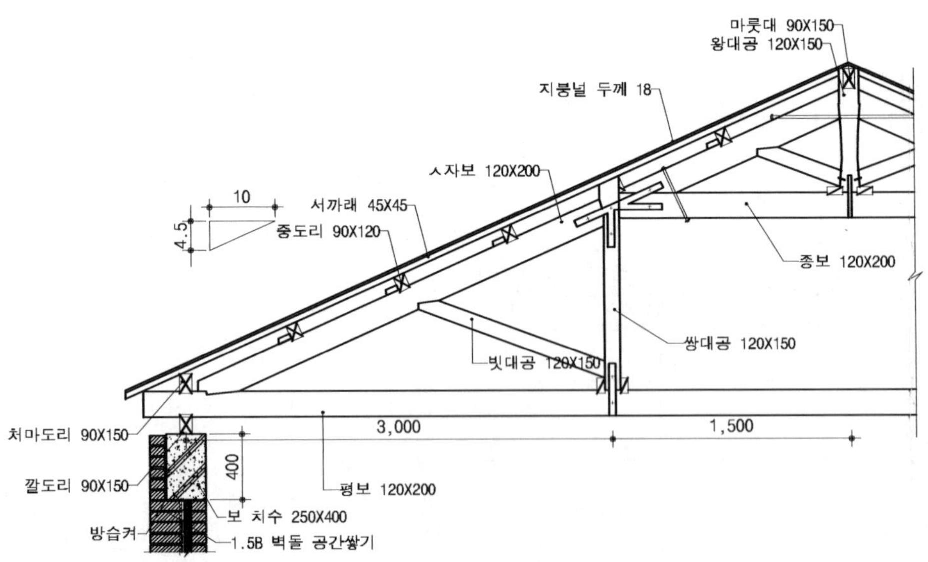

여왕대공 지붕틀
(도면작성 축척 1/30)

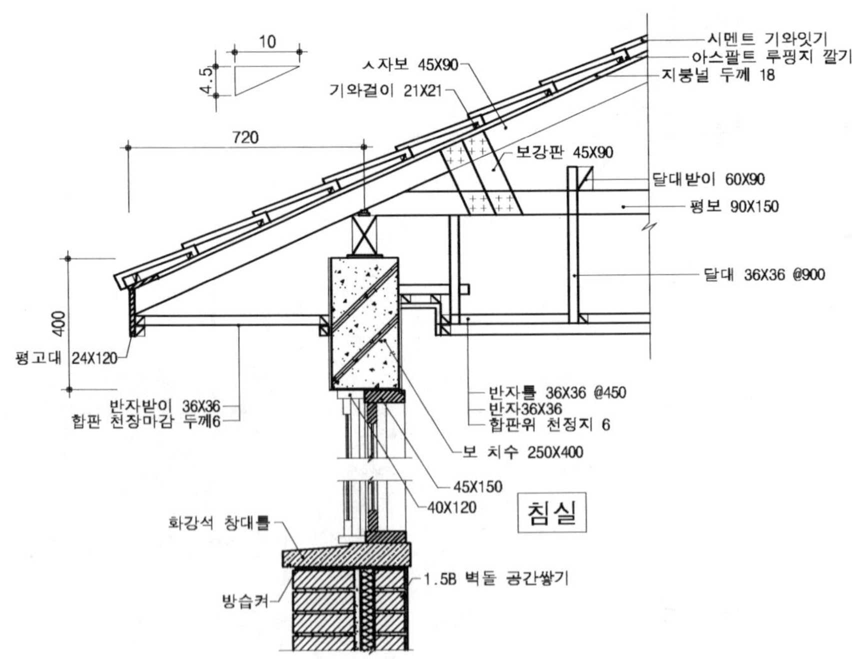

경골 지붕틀

13. 미서기창 상세도 (도면작성 축적 1/10)

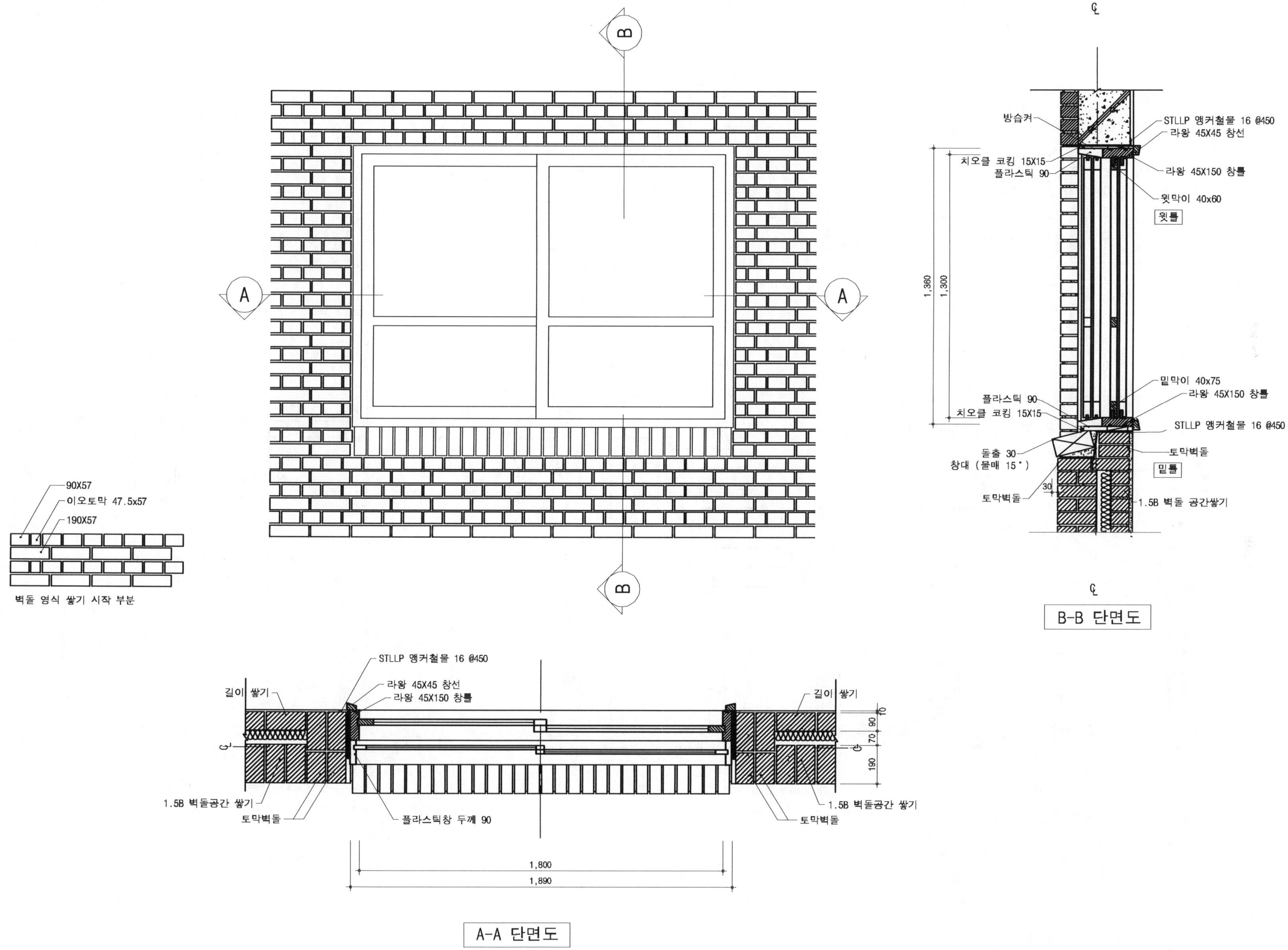

14. 계단 상세도 (도면작성 축척 1/30 상부층 일부 절단)

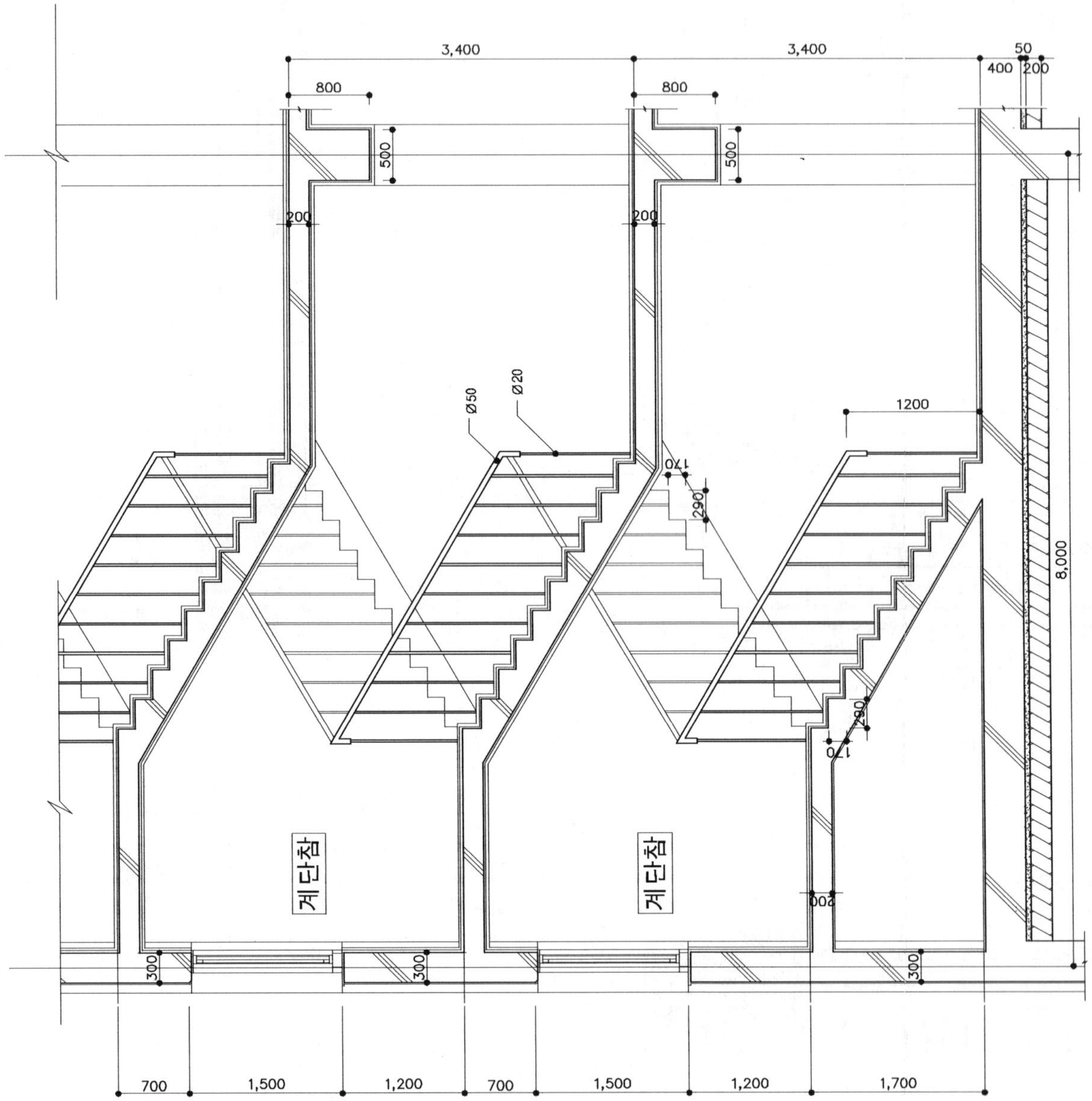

계단 단면도

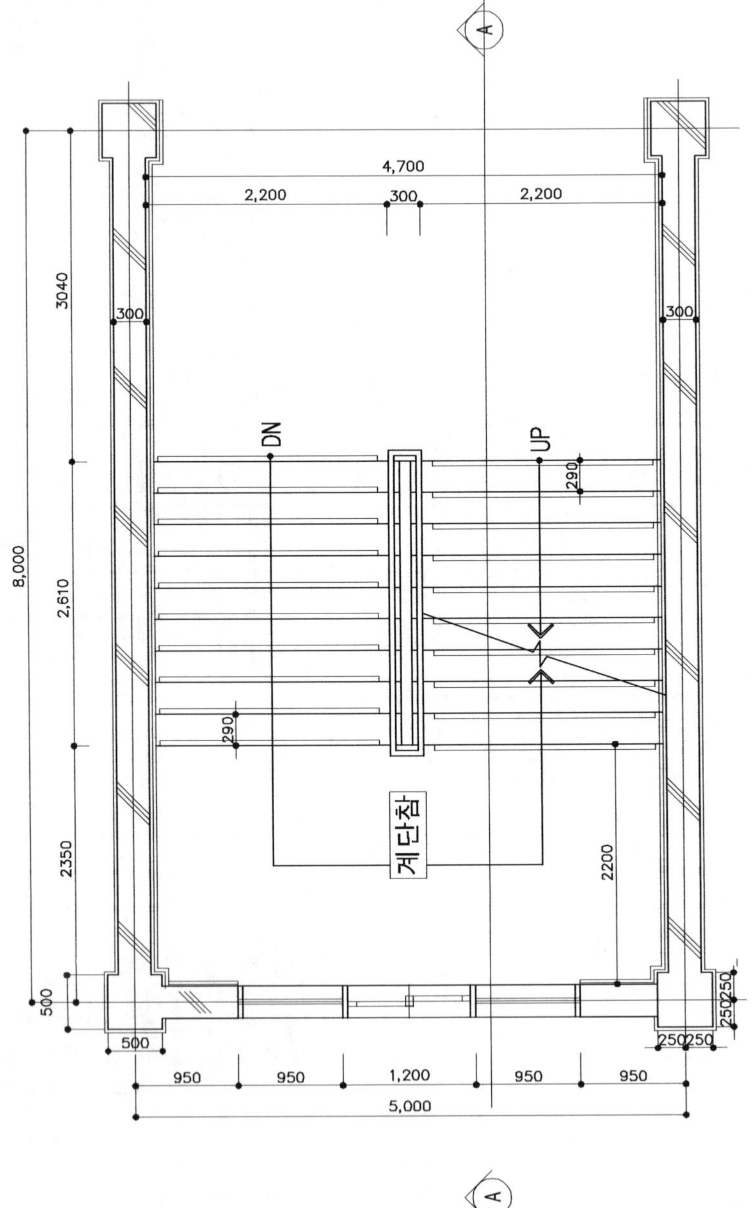

계단 평면도

15. 기초 배근도 (작성도면 축척 1/50)

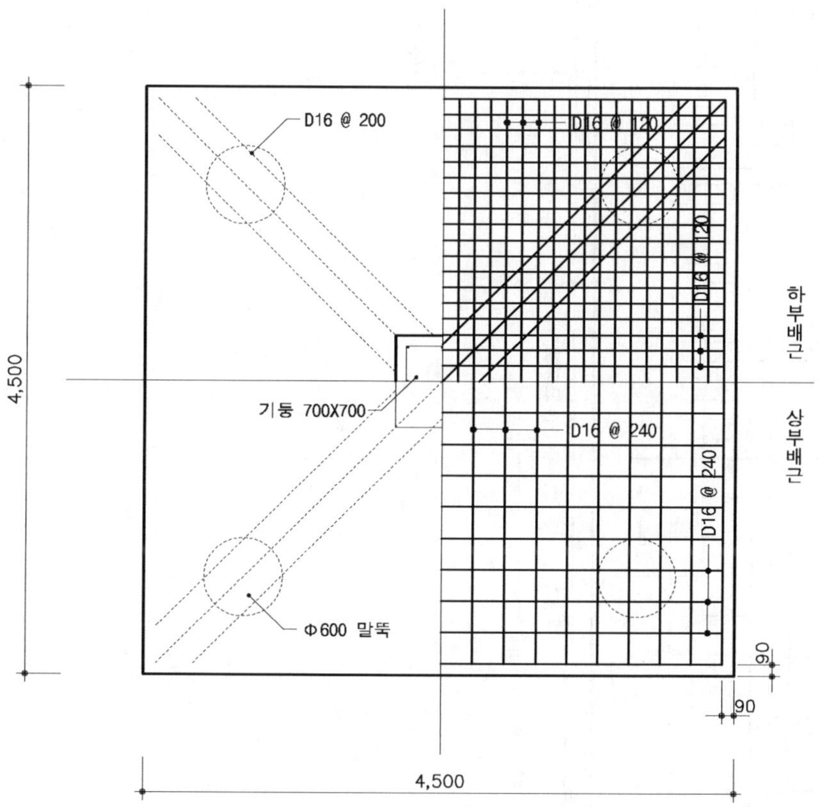

기초 평면도

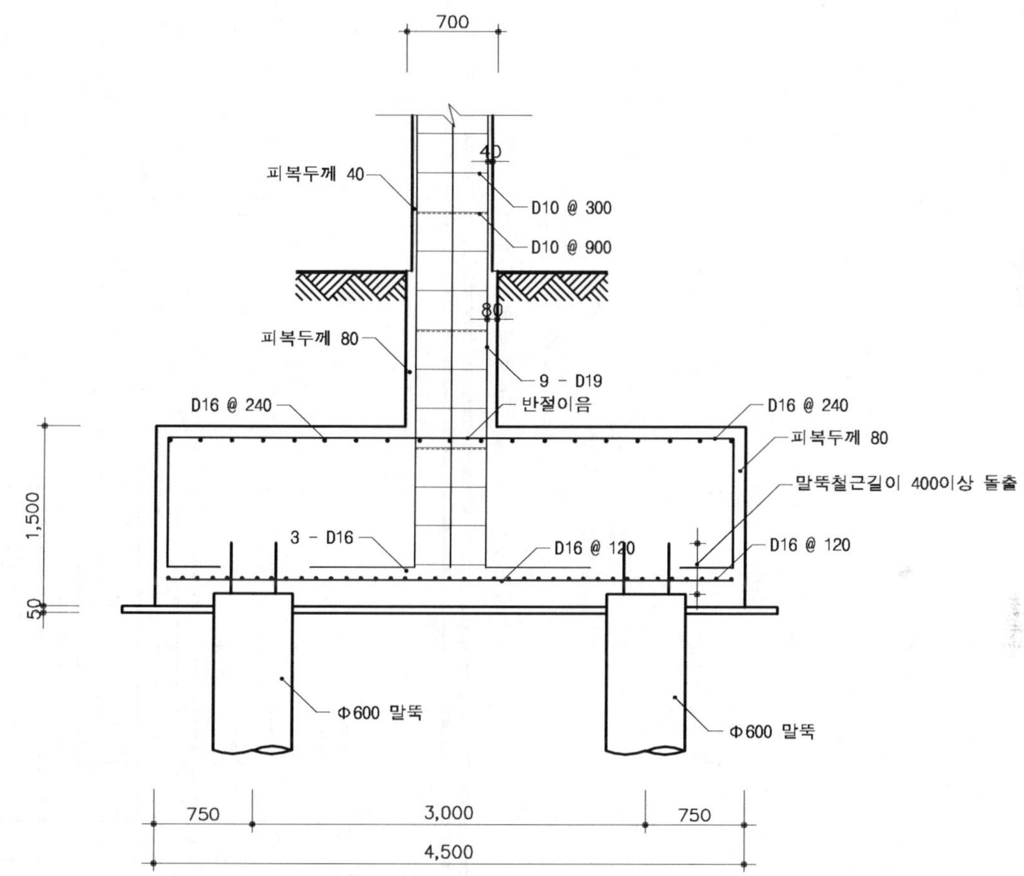

*말뚝머리는 기초속에 삽입되어 있어야 하고,
말뚝의 까낸 철근의 길이는 400mm이상 되어야 한다.
*땅속에 묻힌 콘크리트 피복두께는 80mm,
지상 노출 콘크리트 피복두께는 40mm으로 할 것.

기초 입면도

16. 슬래브 배근도 (도면 작성 축척 1/30)

(4변고정슬래브)

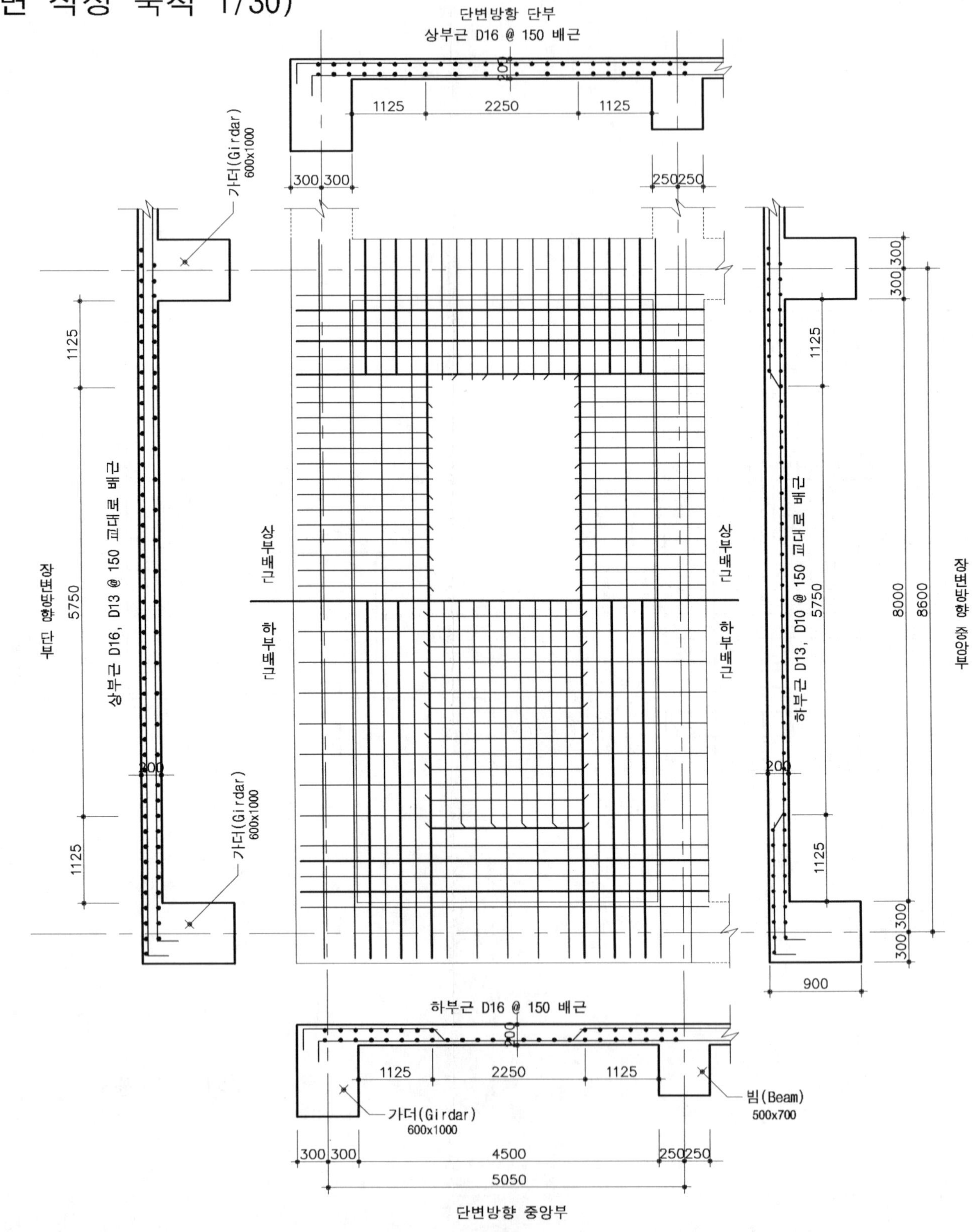

17. 단면 계단 배근도 (도면 작성 축척 1/20)

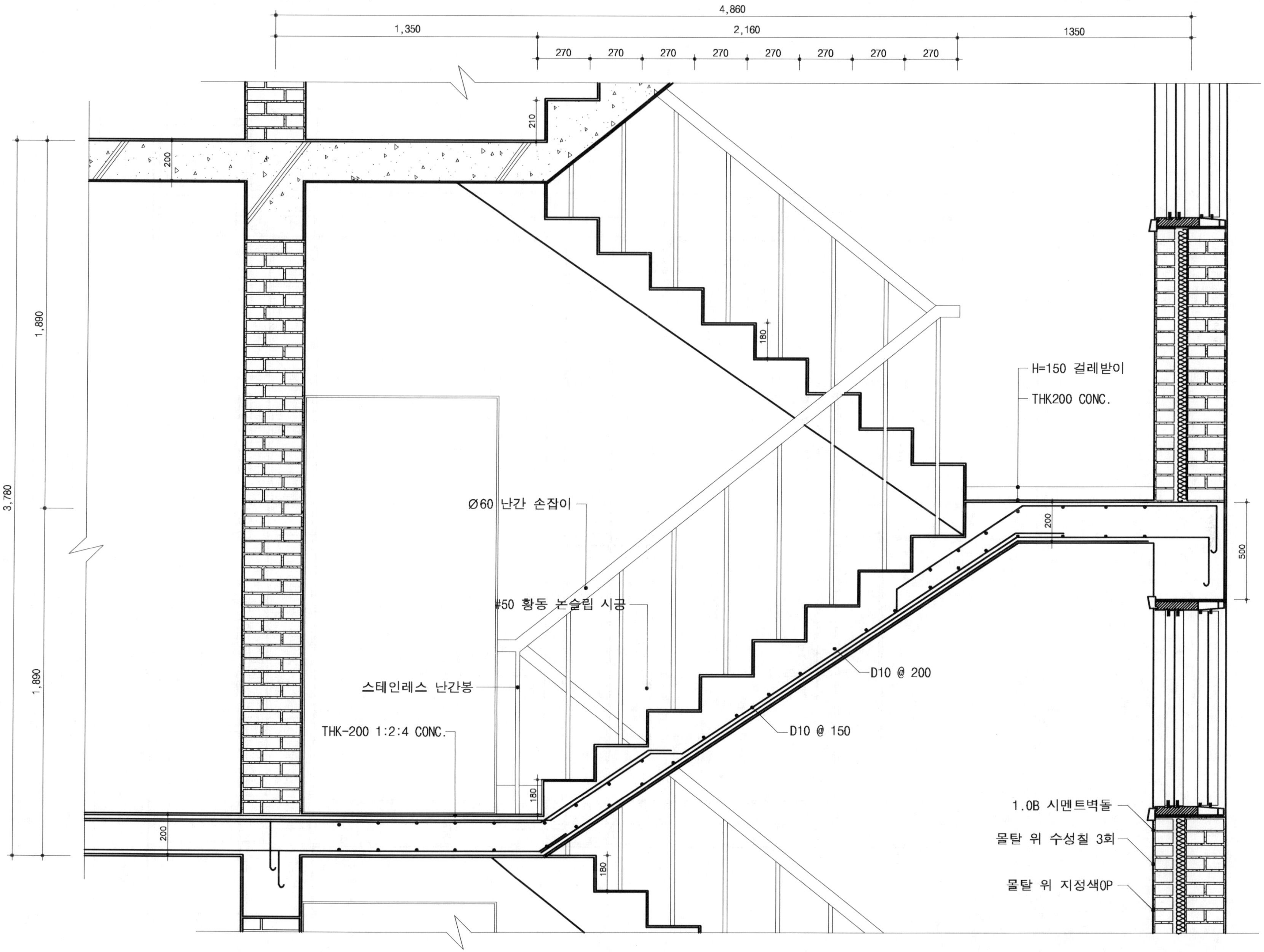

18. 라멘 배근도 (작성도면 축척 1/30)

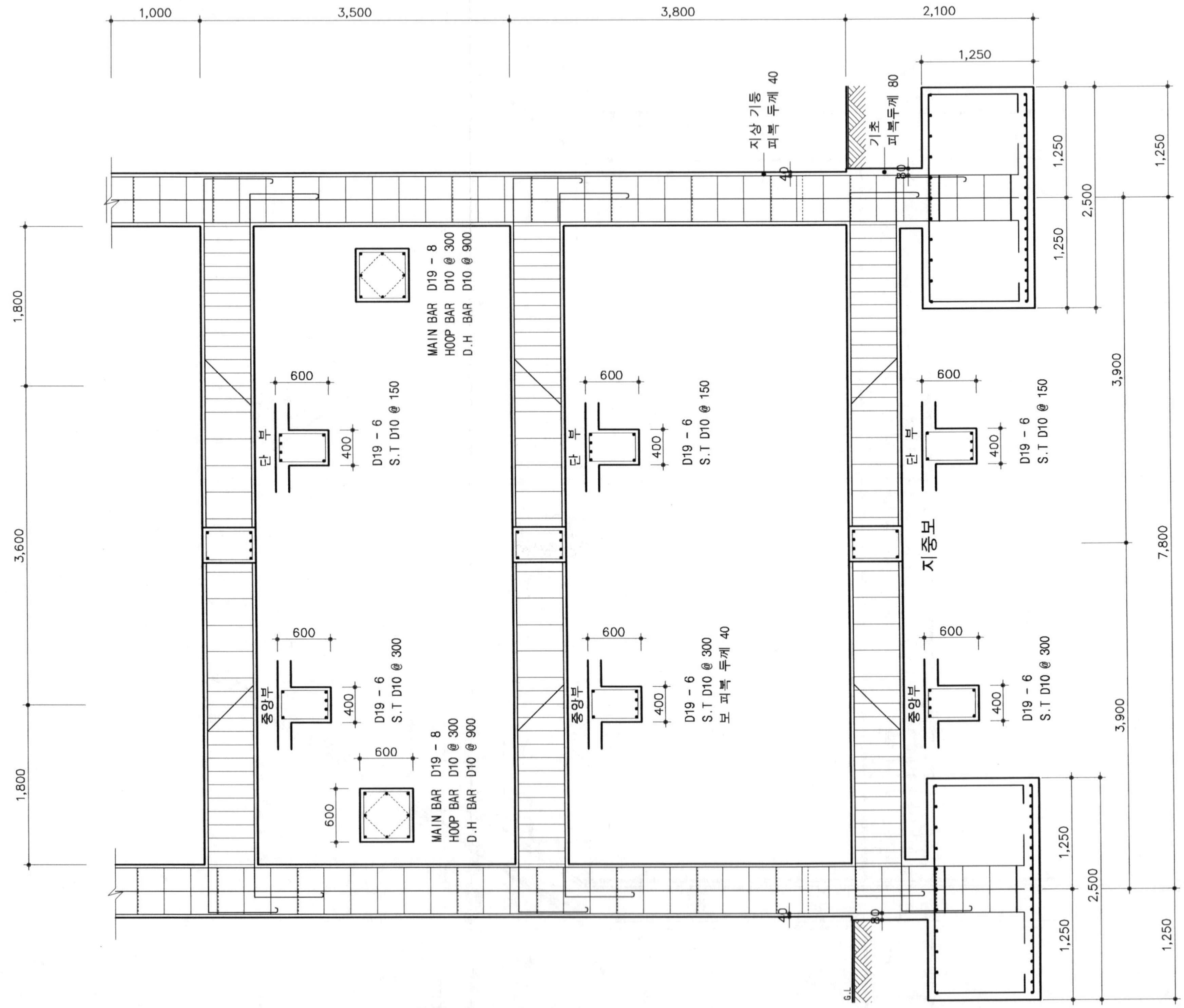

19. 철근콘크리트 벽 철근배근도 (작성 도면 축척 1/50)

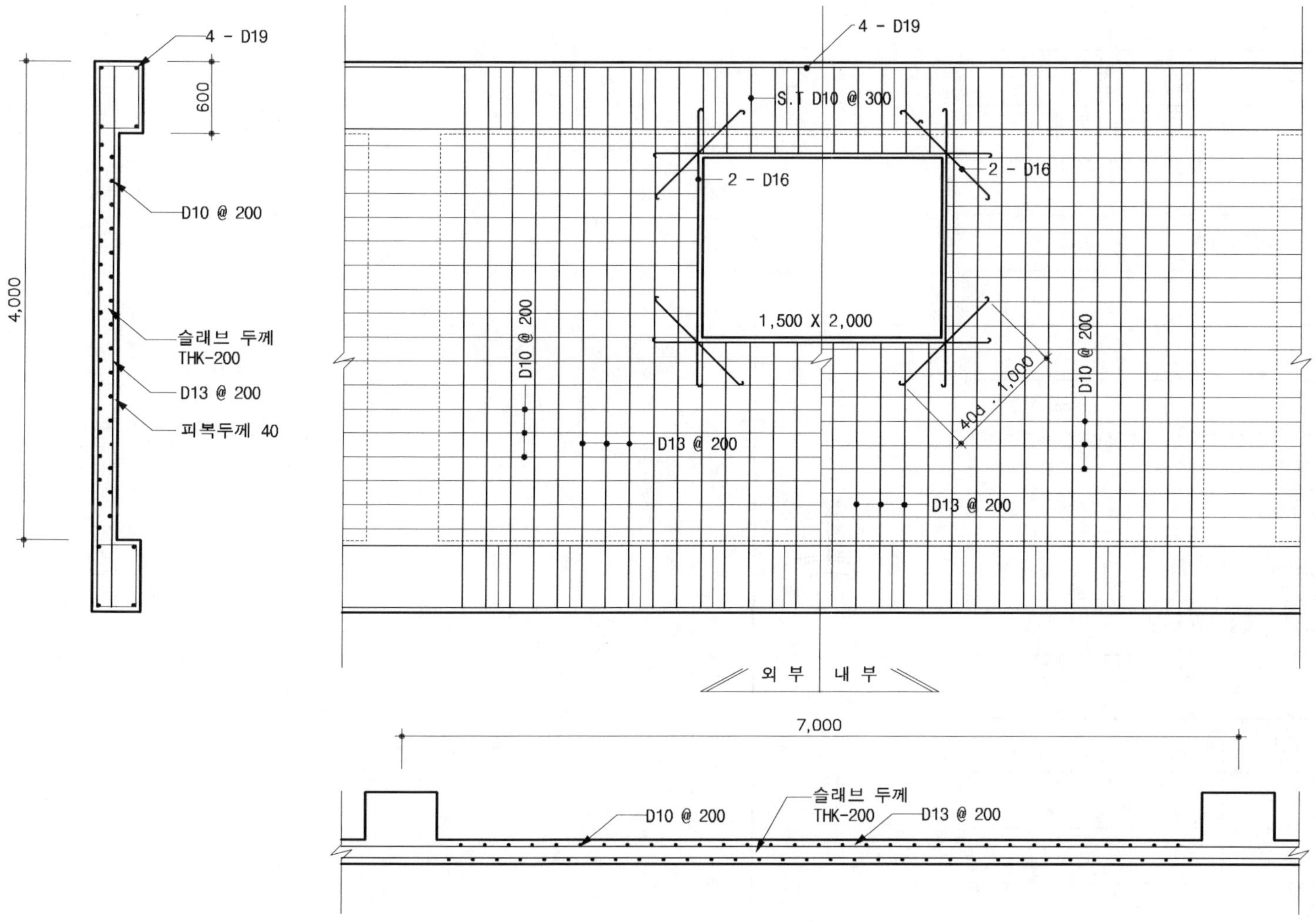

주택설계1

설계개요

대지 위치	
지역, 지구	일반주거지역
대지 면적	516 .00 ㎡
건축 면적	167.87 ㎡
연 면 적	328.94 ㎡
건 폐 율	32.53 %
용 적 률	54.36 %
용 도	단독 주택
규 모	지상1층,지상2층,지하1층
구 조	적벽돌 구조
도로 현황	전면 8m도로
최고 높이	10,800 mm
외부 마감	적벽돌 마감
정 화 조	15인조 부패정화조
주차대수	법정:2대, 계획:2대
조경면적	법정:25.80 ㎡ , 계획:178.52 ㎡

면적개요

층 별	면 적(㎡)	비 고
지 하 1 층	48.44	
1 층	155.45	
2 층	125.05	
지상층연면적	280.50	
합 계	328.94	

주택설계1 - 조감도

주택설계1

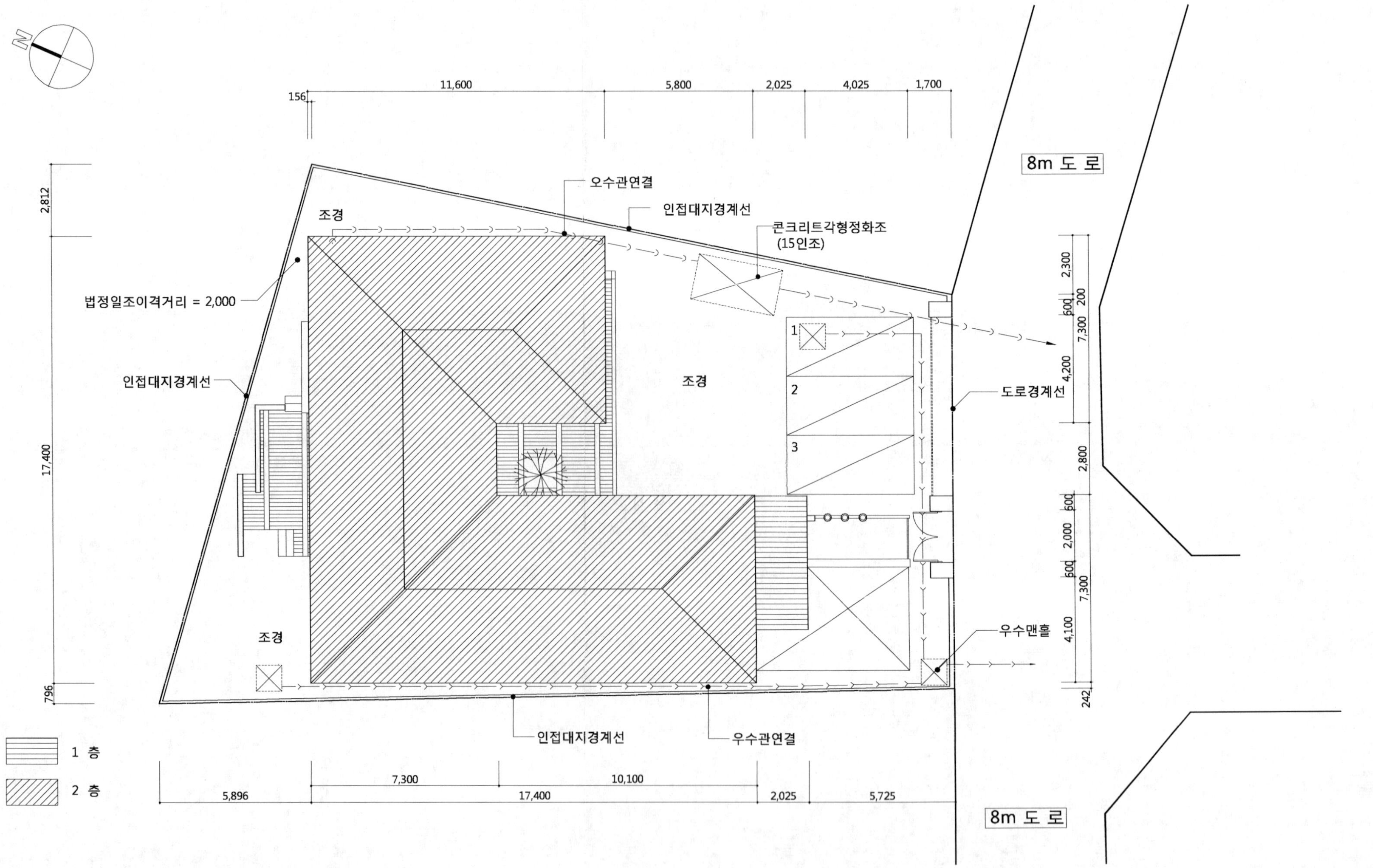

배 치 도

축 척 : 1 / 100

주택설계1

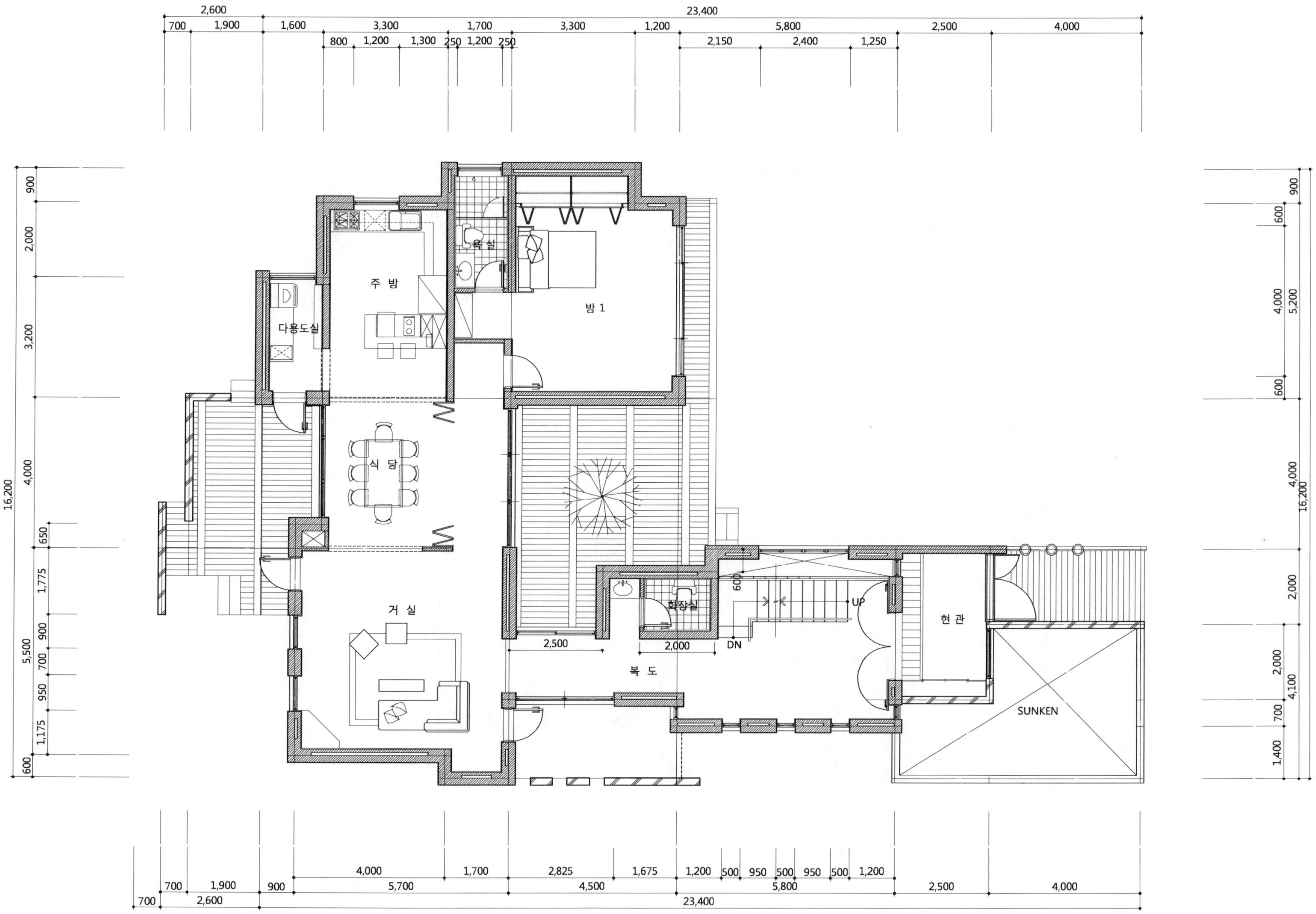

1 층 평 면 도

축 척 : 1 / 100

주택설계1

2층 평 면 도

축 척 : 1 / 100

주택설계1

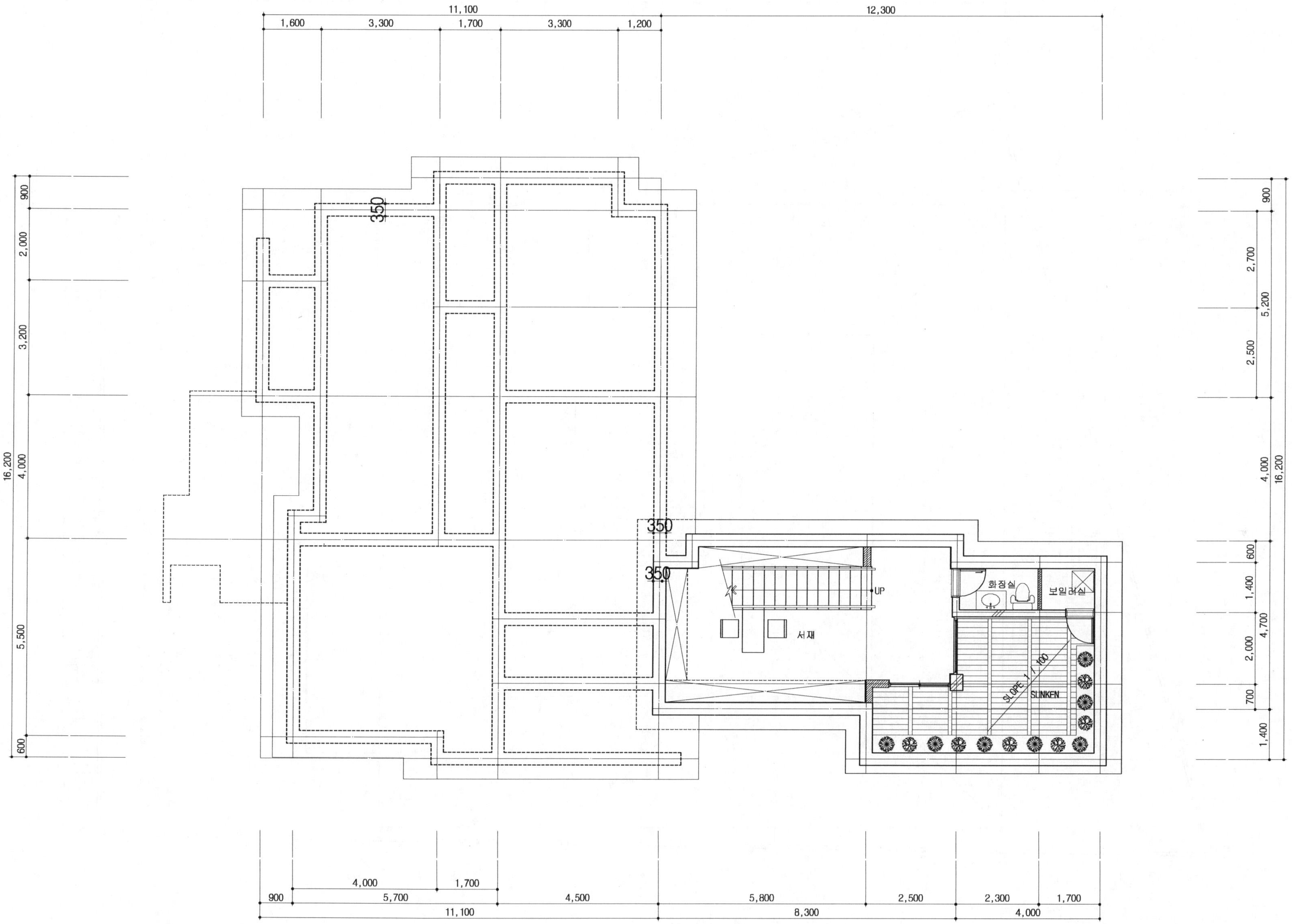

1 A 지 하 층 평 면 도

축 척 : 1 / 100

주택설계1

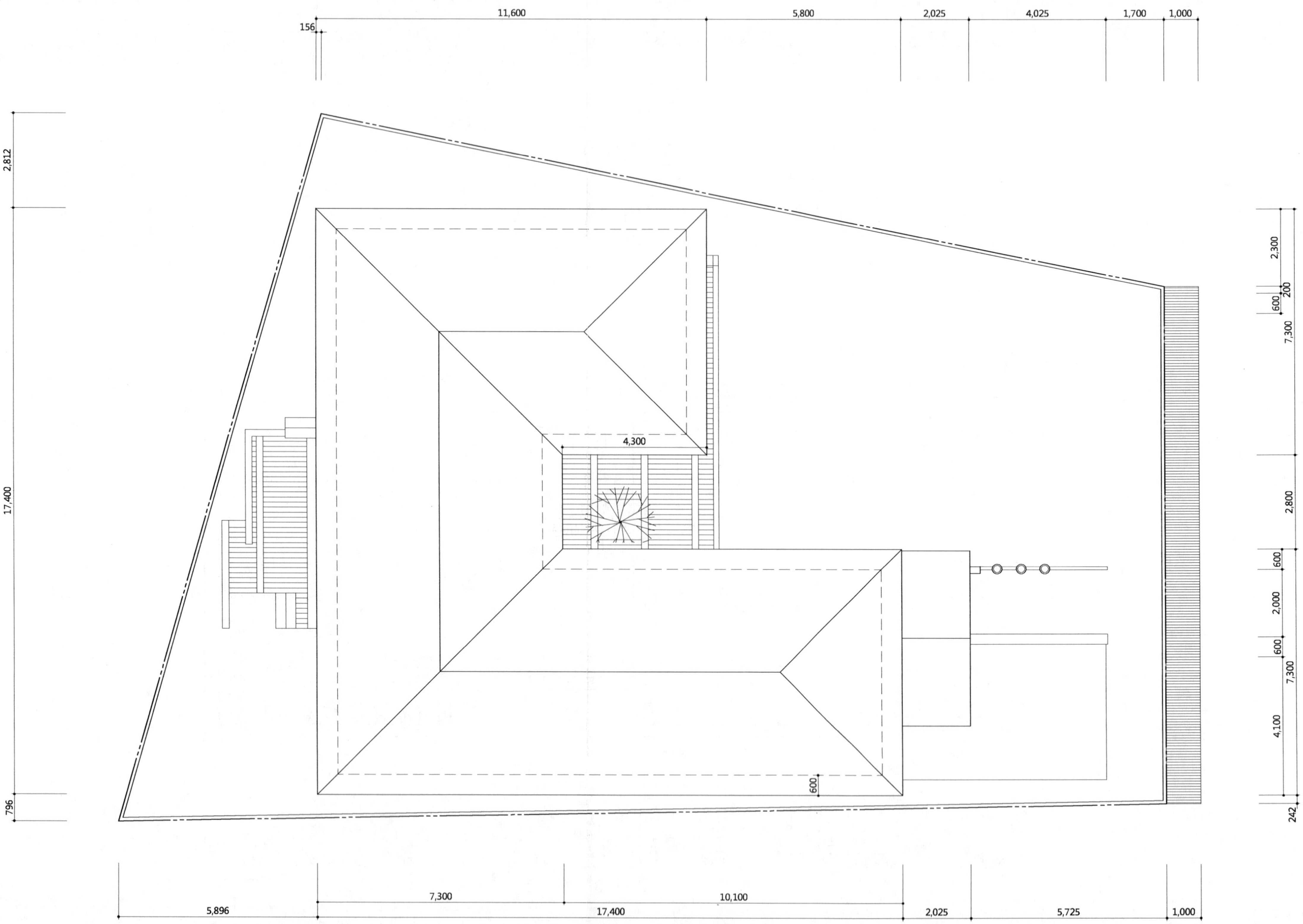

지 붕 도

축 척 : 1 / 100

주택설계1

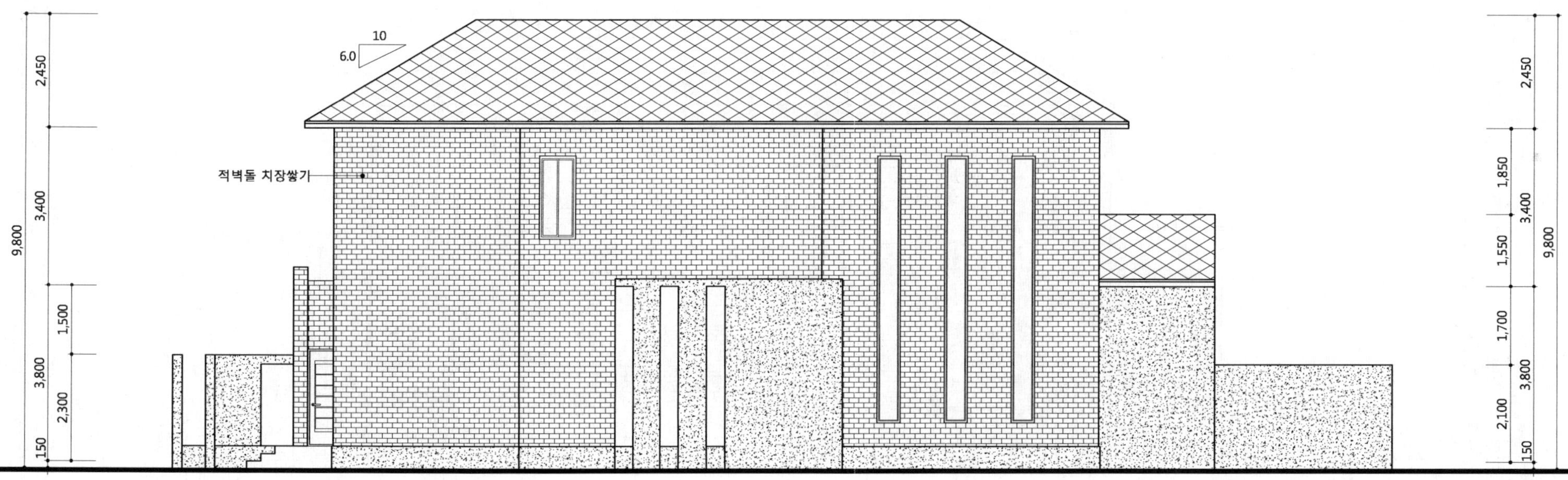

정 면 도

축 척 : 1 / 100

주택설계1

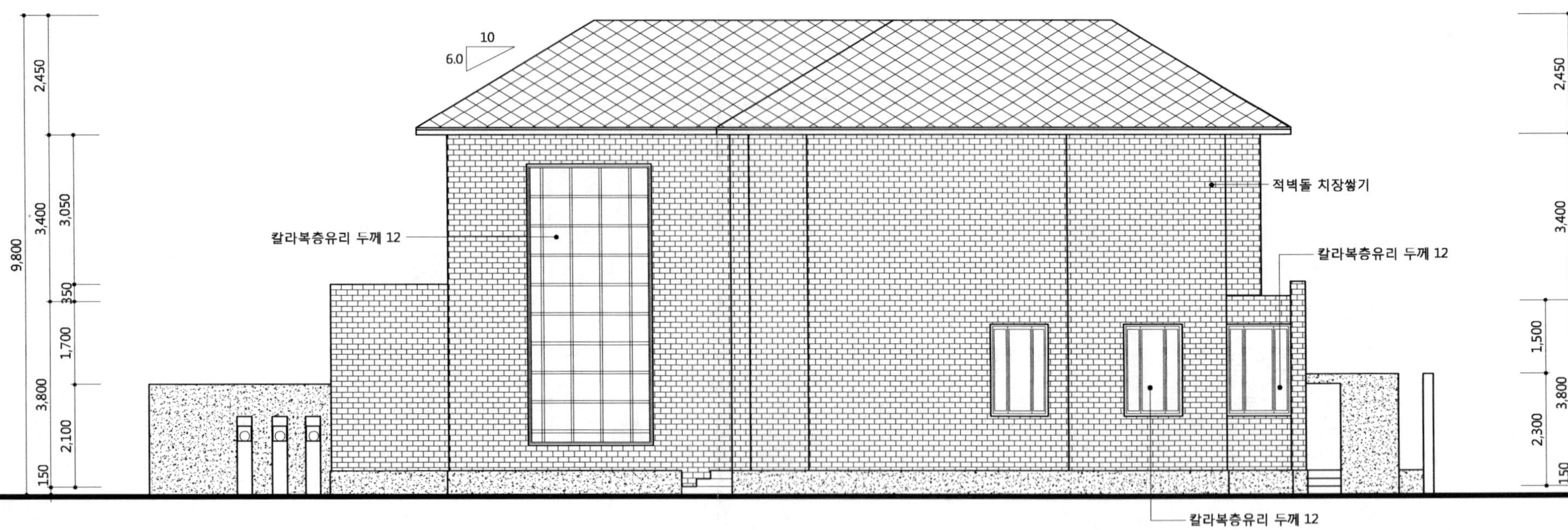

배 면 도

축 척 : 1 / 100

주택설계1

우 측 면 도

축 척 : 1 / 100

주택설계1

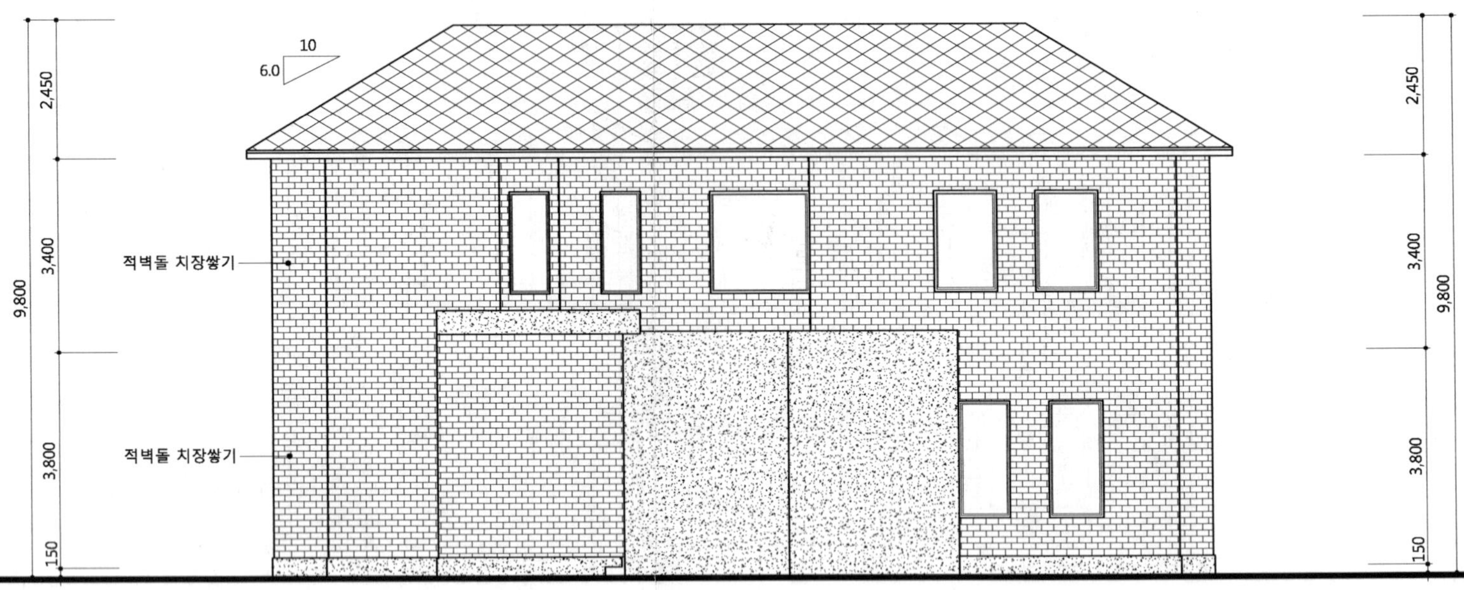

1 A 좌 측 면 도

축 척 : 1 / 100

주택설계1

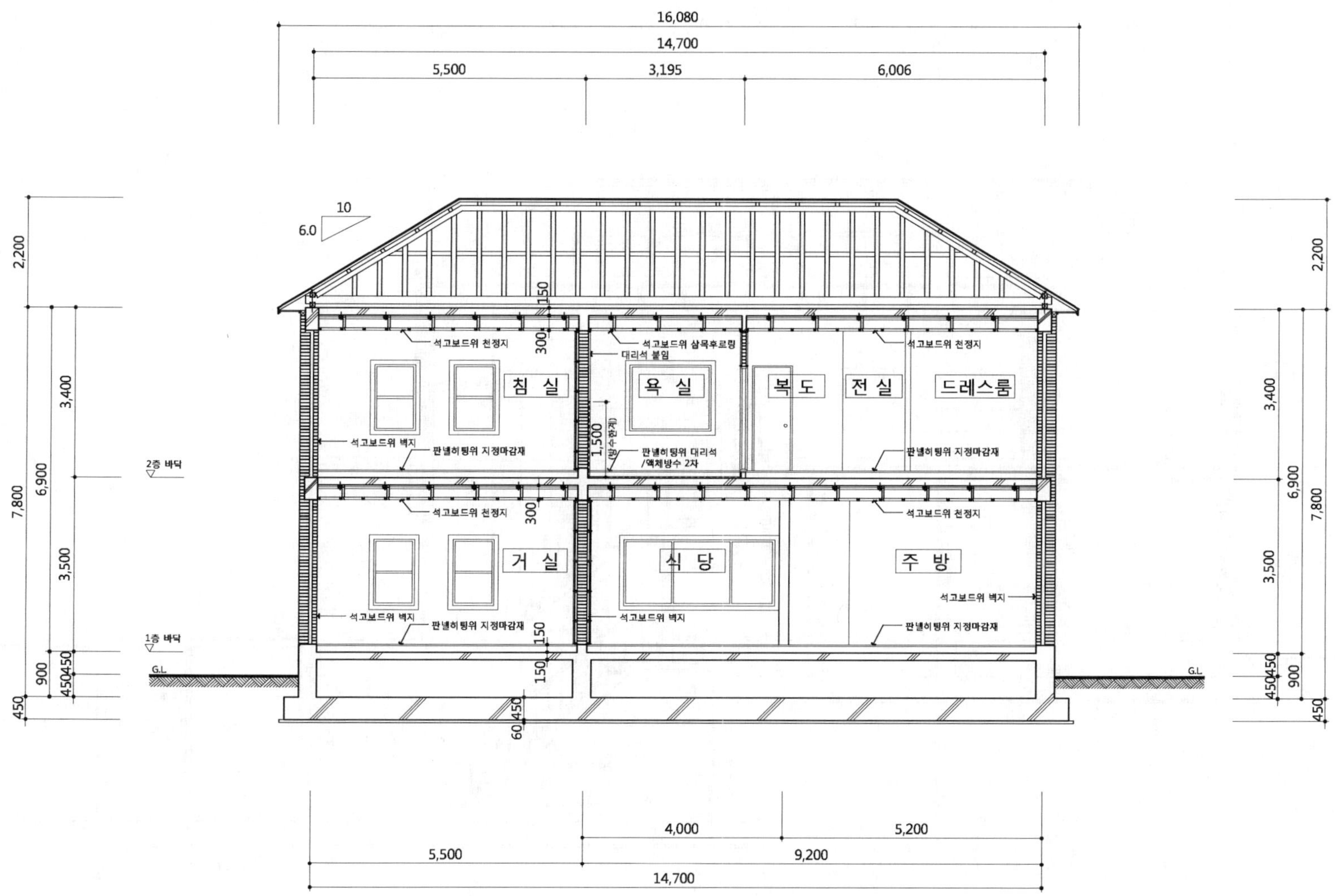

1 A 종 단 면 도
축 척 : 1 / 100

주택설계1

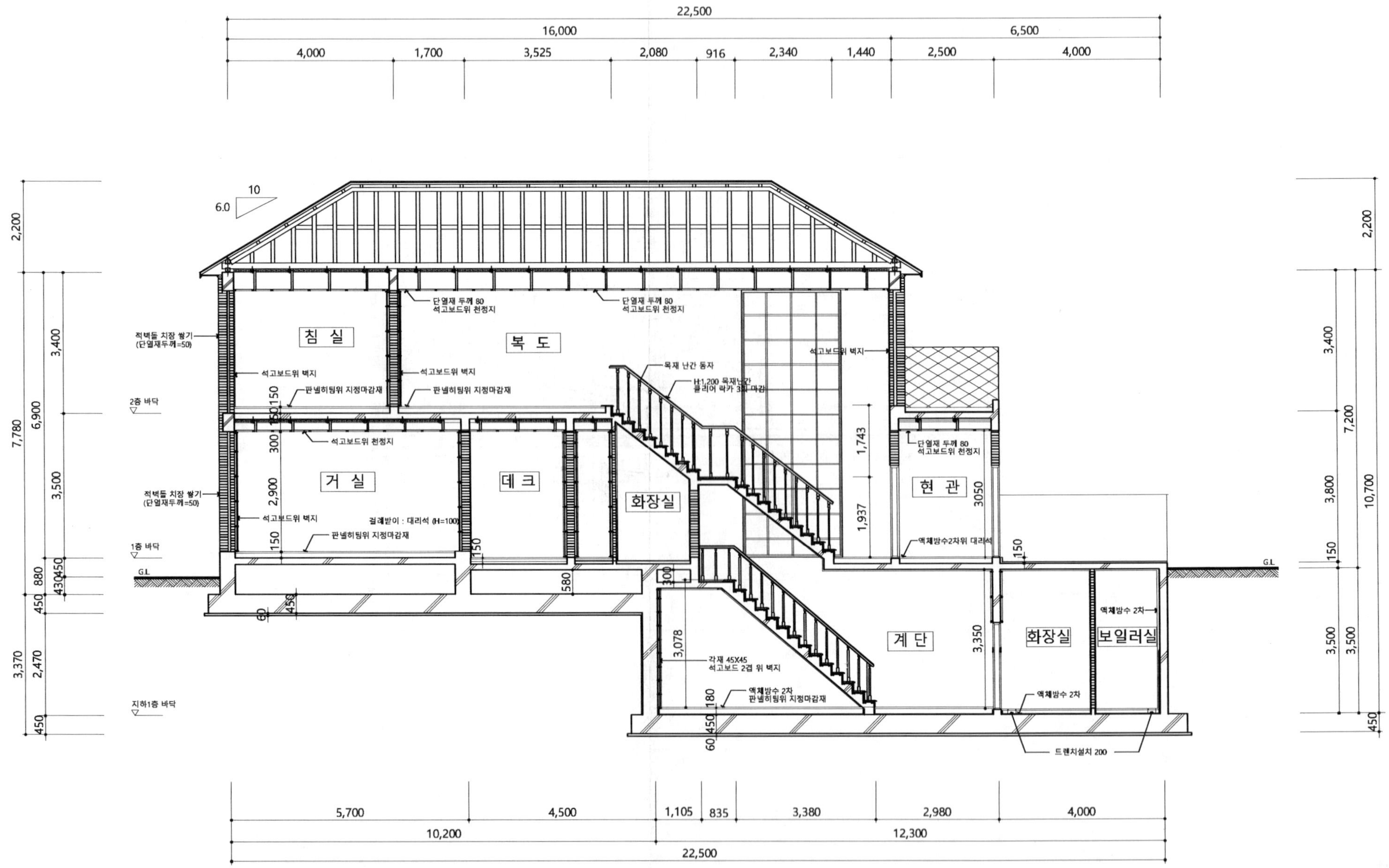

1 A **횡 단 면 도**

축 척 : 1 / 100

설 계 개 요

대 지 위 치	
지 역, 지 구	일반주거지역
대 지 면 적	20X25 = 500㎡ (151.249평)
건 축 면 적	170.92 ㎡
연 면 적	324.28 ㎡
건 폐 율	34.184%
용 적 률	52.216%
용 도	단독 주택
규 모	지상1층,지상2층,지하1층
구 조	적벽돌 구조
도 로 현 황	전면 8M도로, 측면 6M도로
최 고 높 이	8,950 ㎜
외 부 마 감	적벽돌 마감
정 화 조	15인조 부패정화조
주 차 대 수	법정:2대, 계획:2대
조 경 면 적	법정:25.80 ㎡ , 계획:178.52 ㎡

면 적 개 요

층 별	면 적(㎡)	비 고
지 하 1 층	63.2	
1 층	170.92	
2 층	90.16	
지상층연면적	261.08	
합 계	324.28	

주택설계2 - 조감도

주택설계2

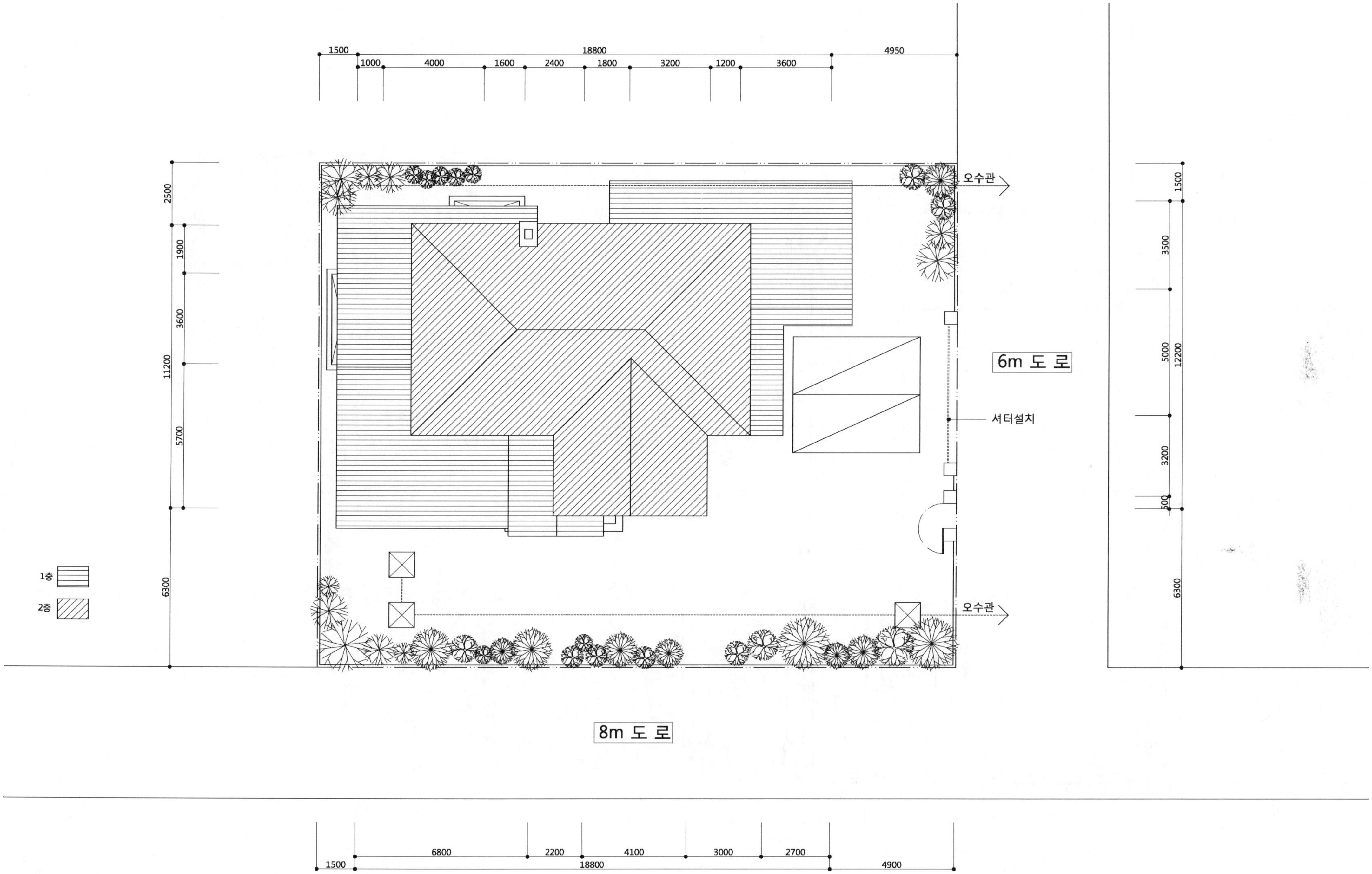

1 A 배 치 도
축척 : 1 / 200

주택설계2

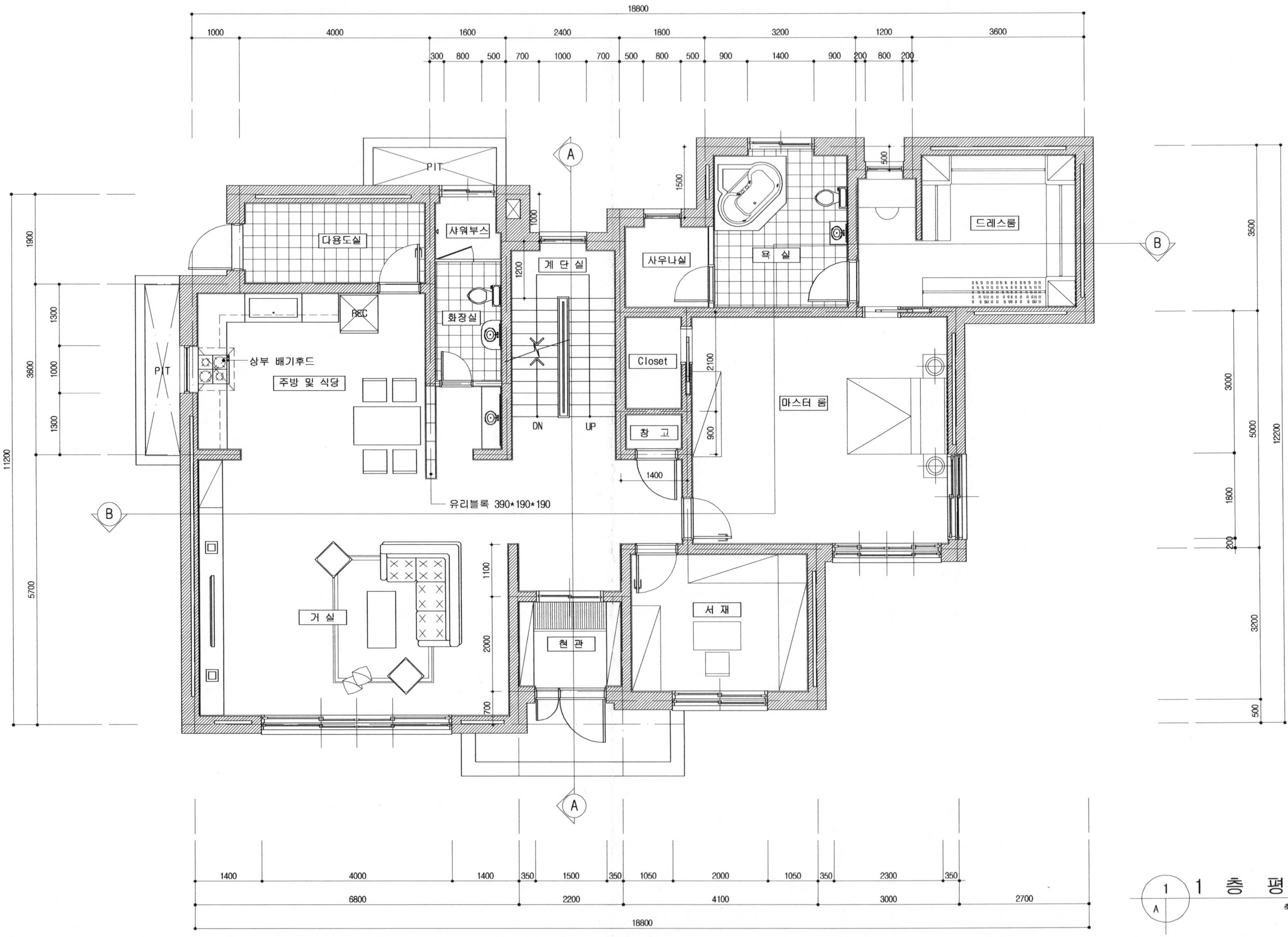

1 층 평 면 도

축 척 : 1 / 100

주택설계2

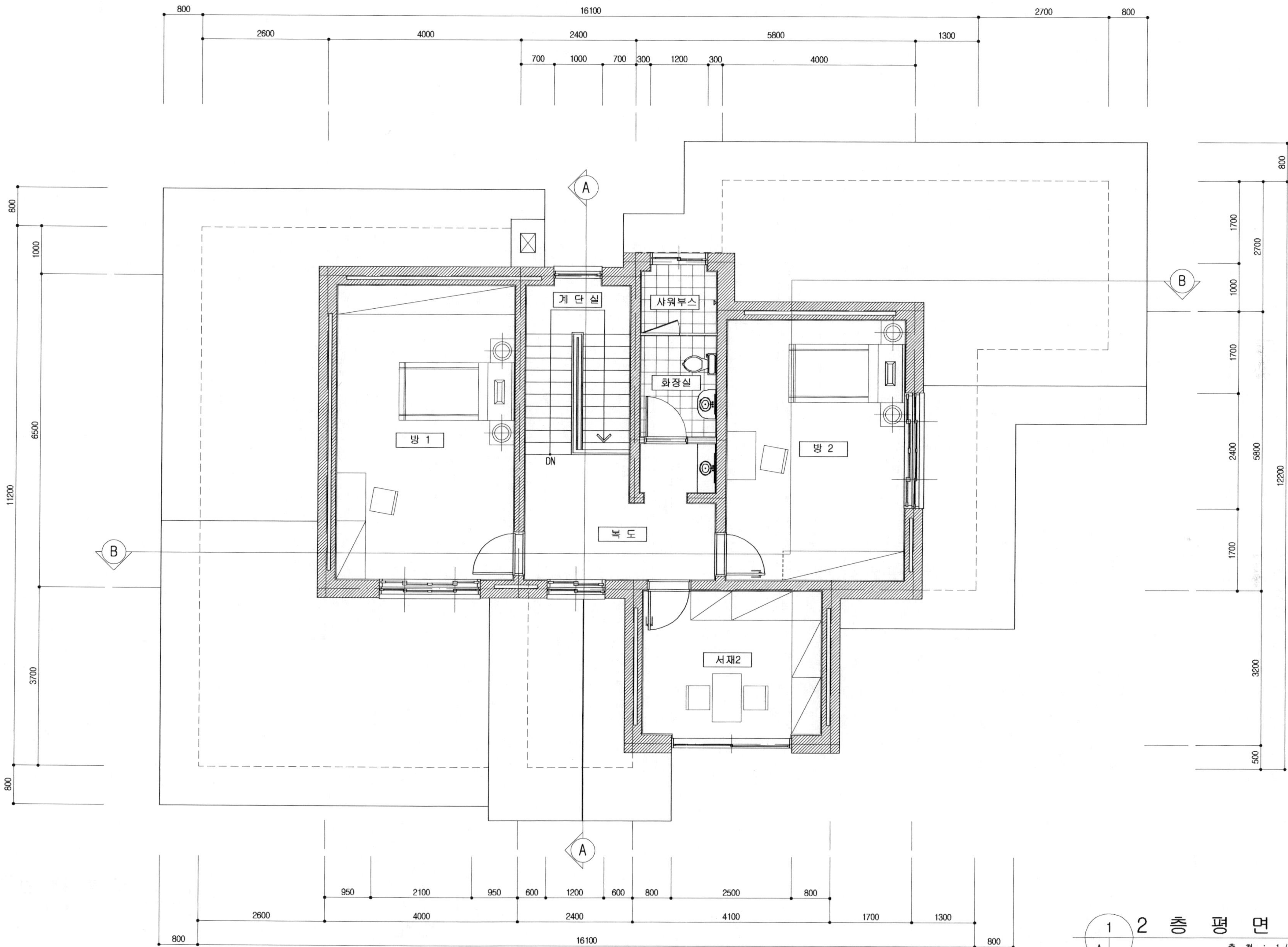

1
A
2 층 평 면 도

축 척 : 1 / 100

주택설계2

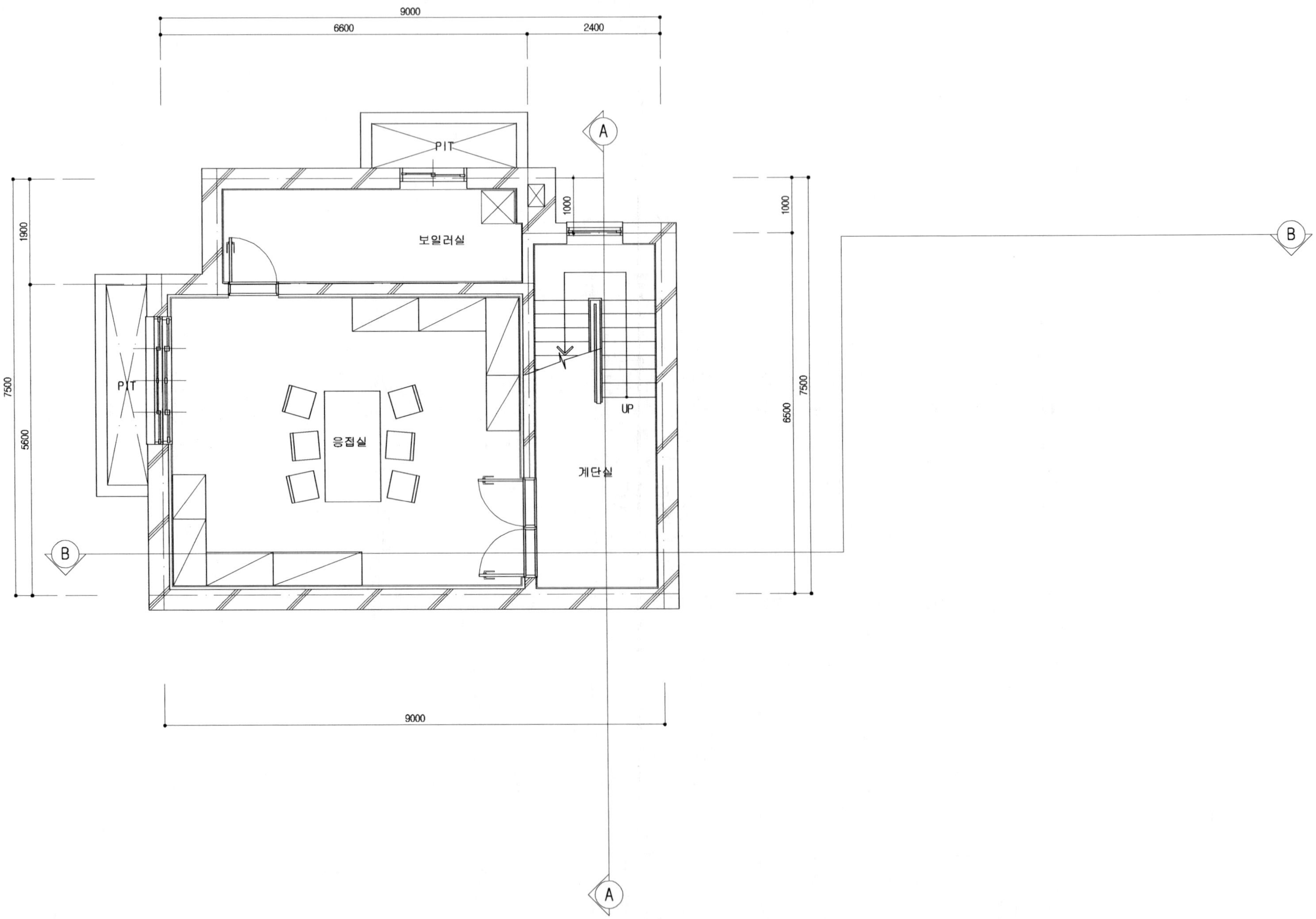

지 하 층 평 면 도

축 척 : 1 / 100

주택설계2

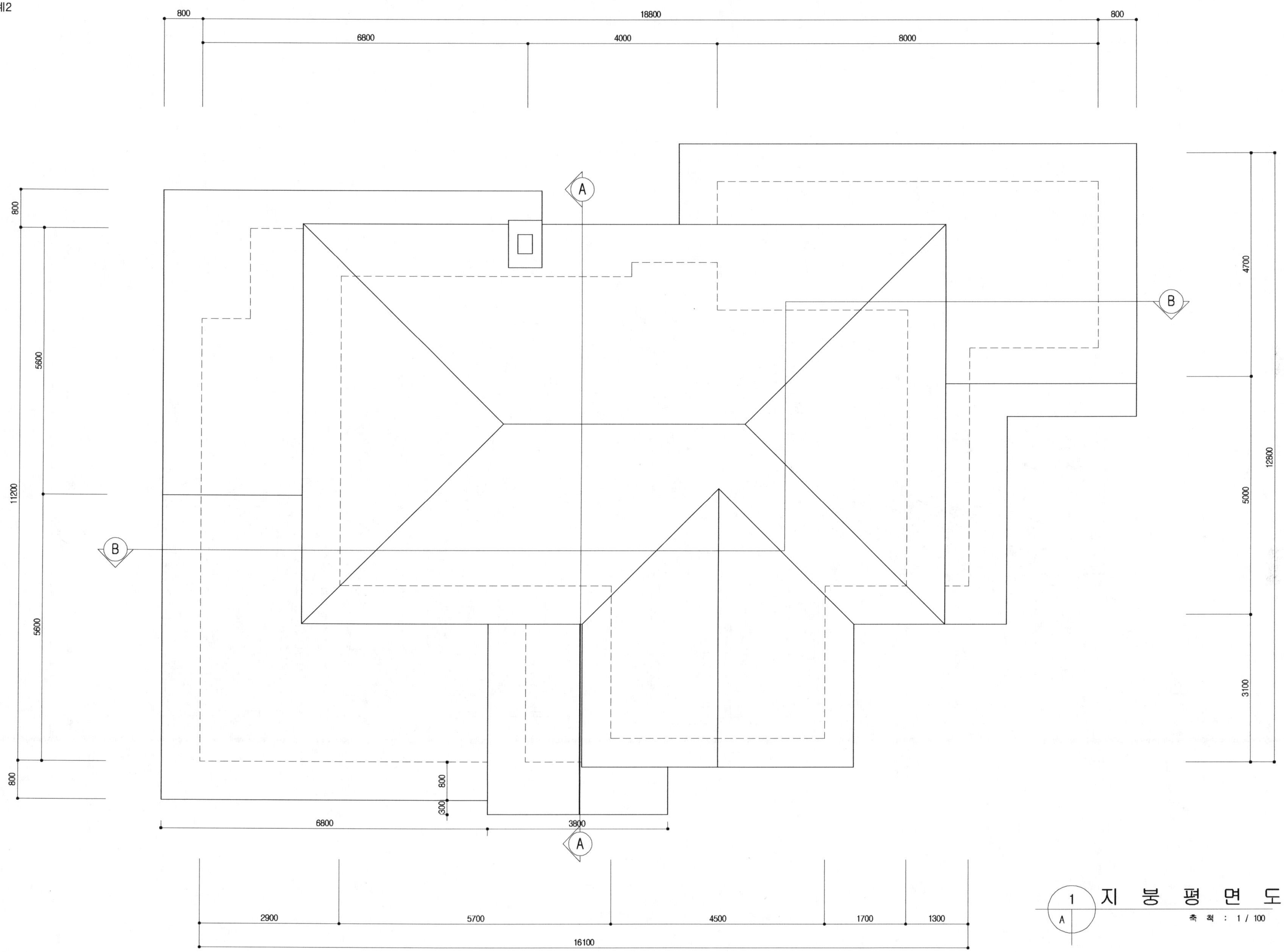

지 붕 평 면 도

축 척 : 1 / 100

주택설계2

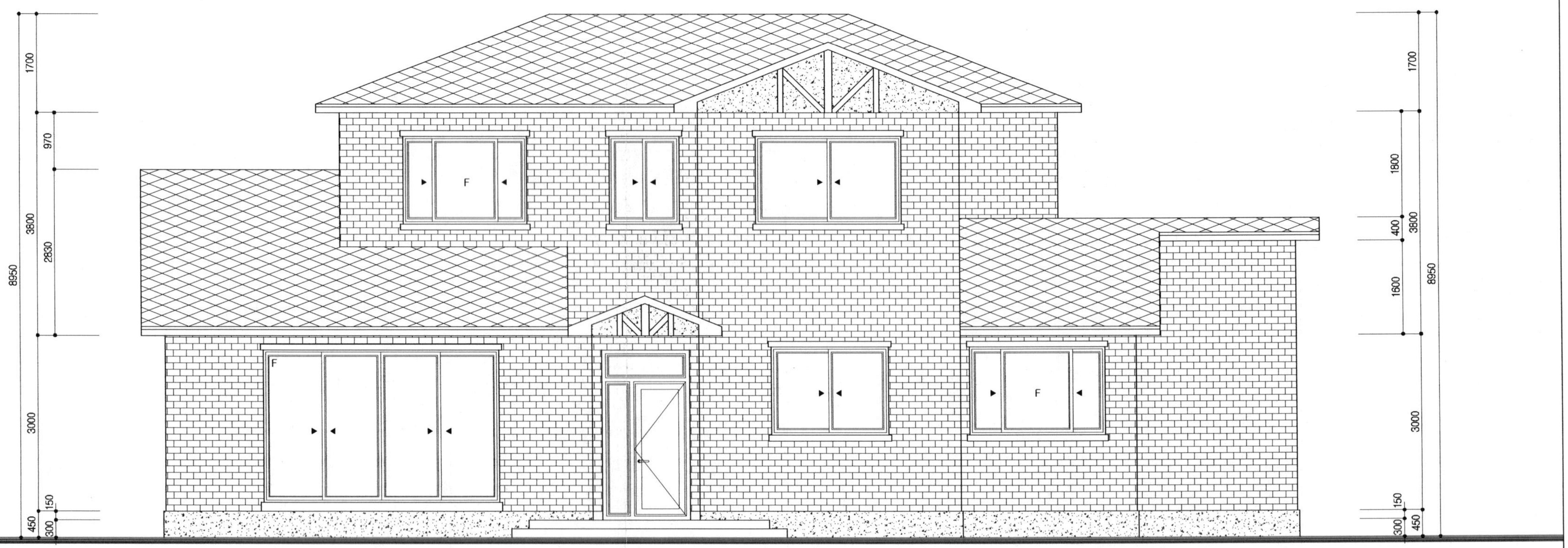

1 A 정 면 도

축 척 : 1 / 100

주택설계2

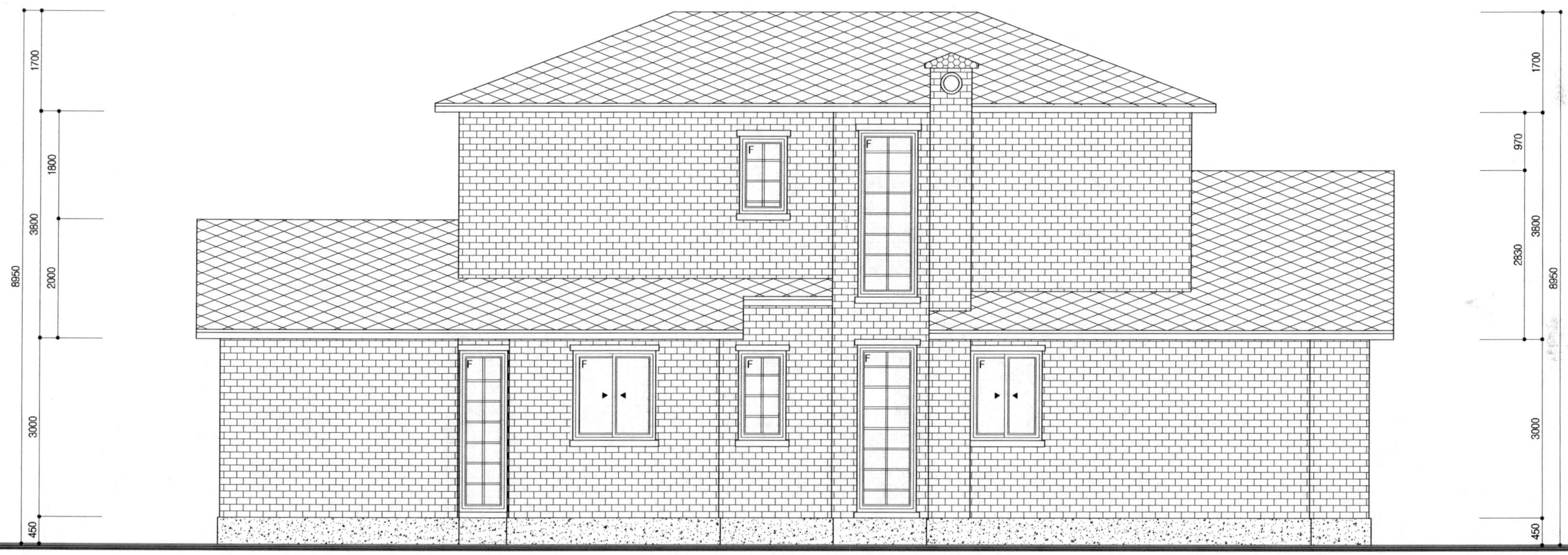

1 A 배 면 도

축 척 : 1 / 100

주택설계2

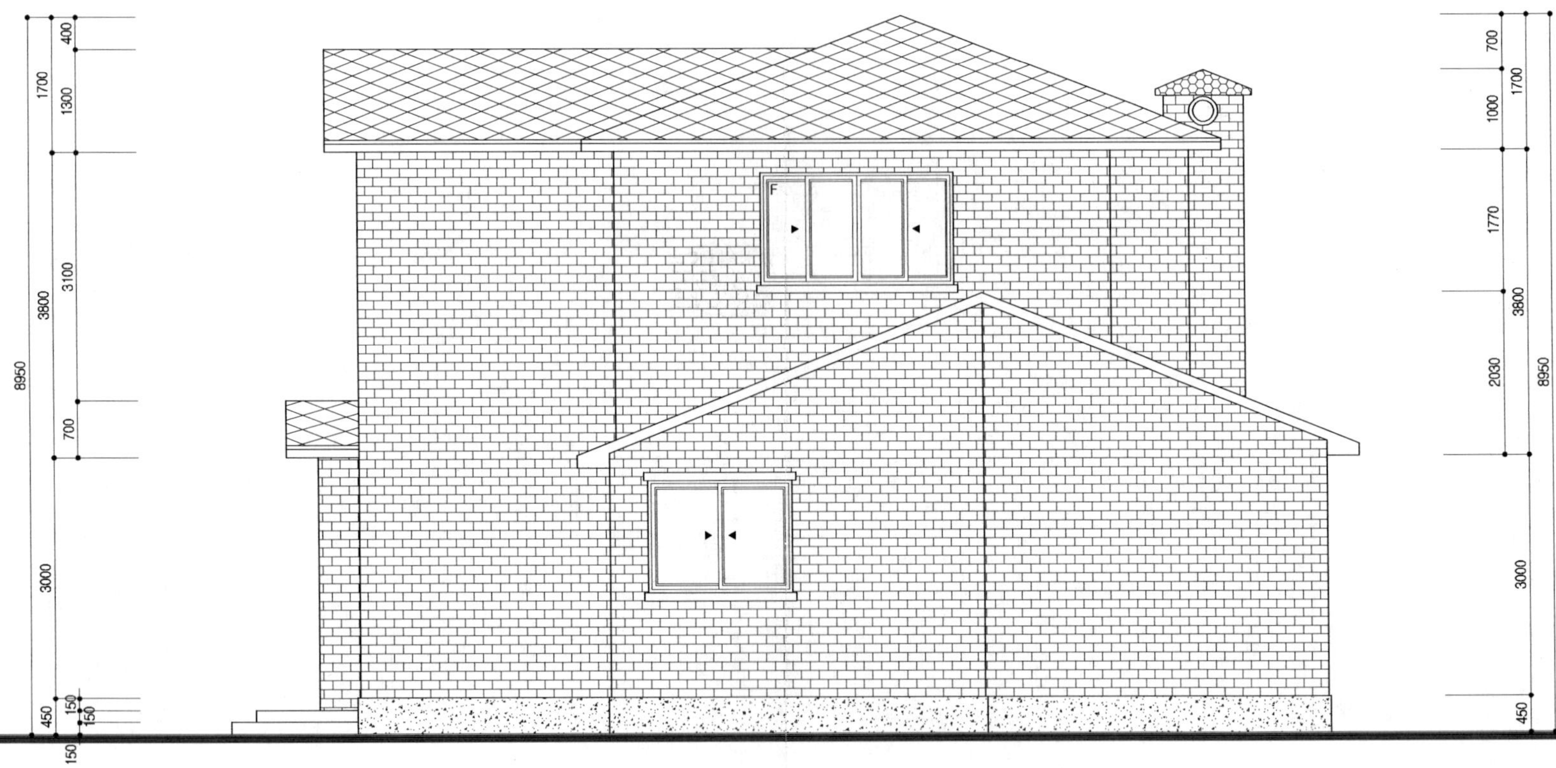

1 A 우 측 면 도

축 척 : 1 / 100

주택설계2

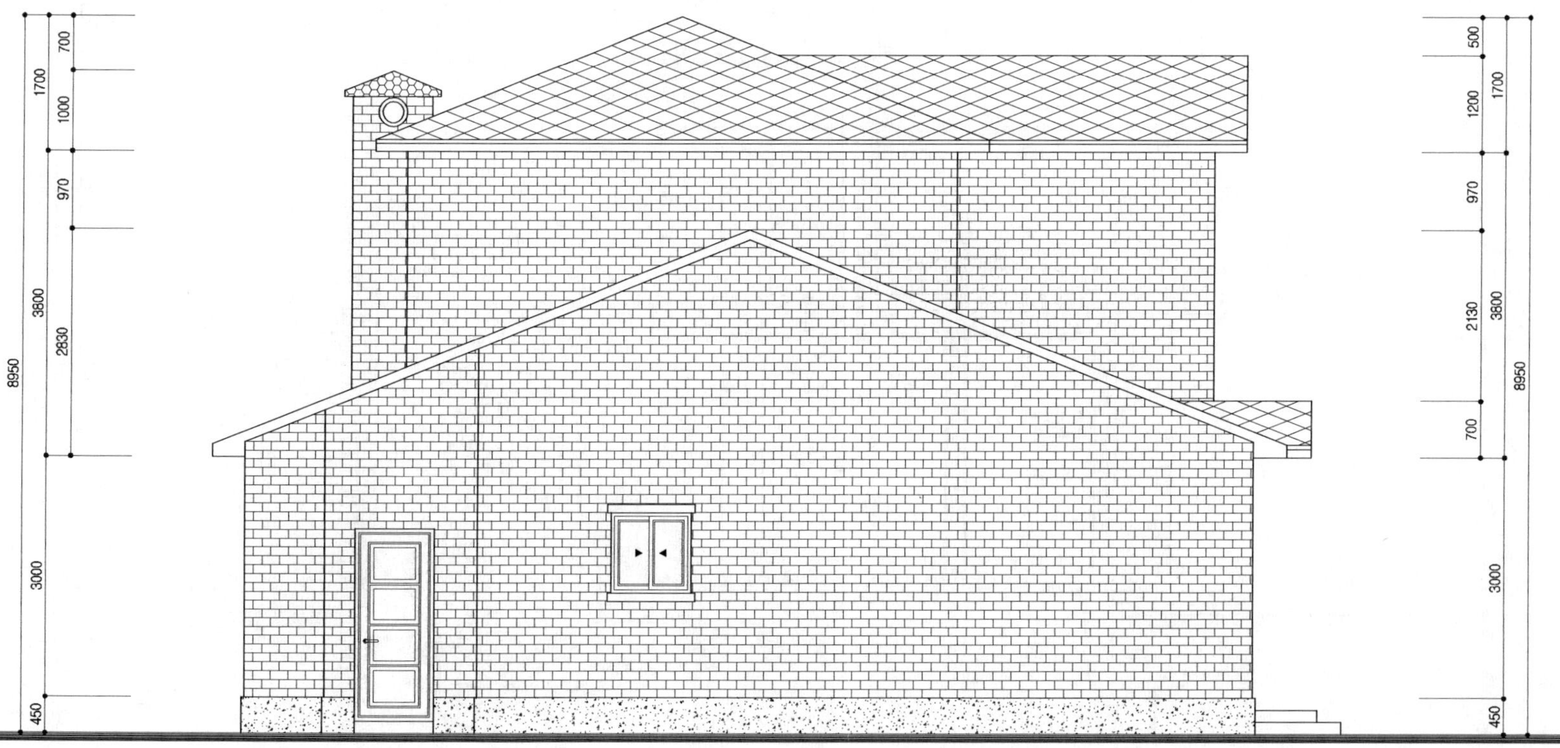

1 A 좌 측 면 도

축 척 : 1 / 100

주택설계2

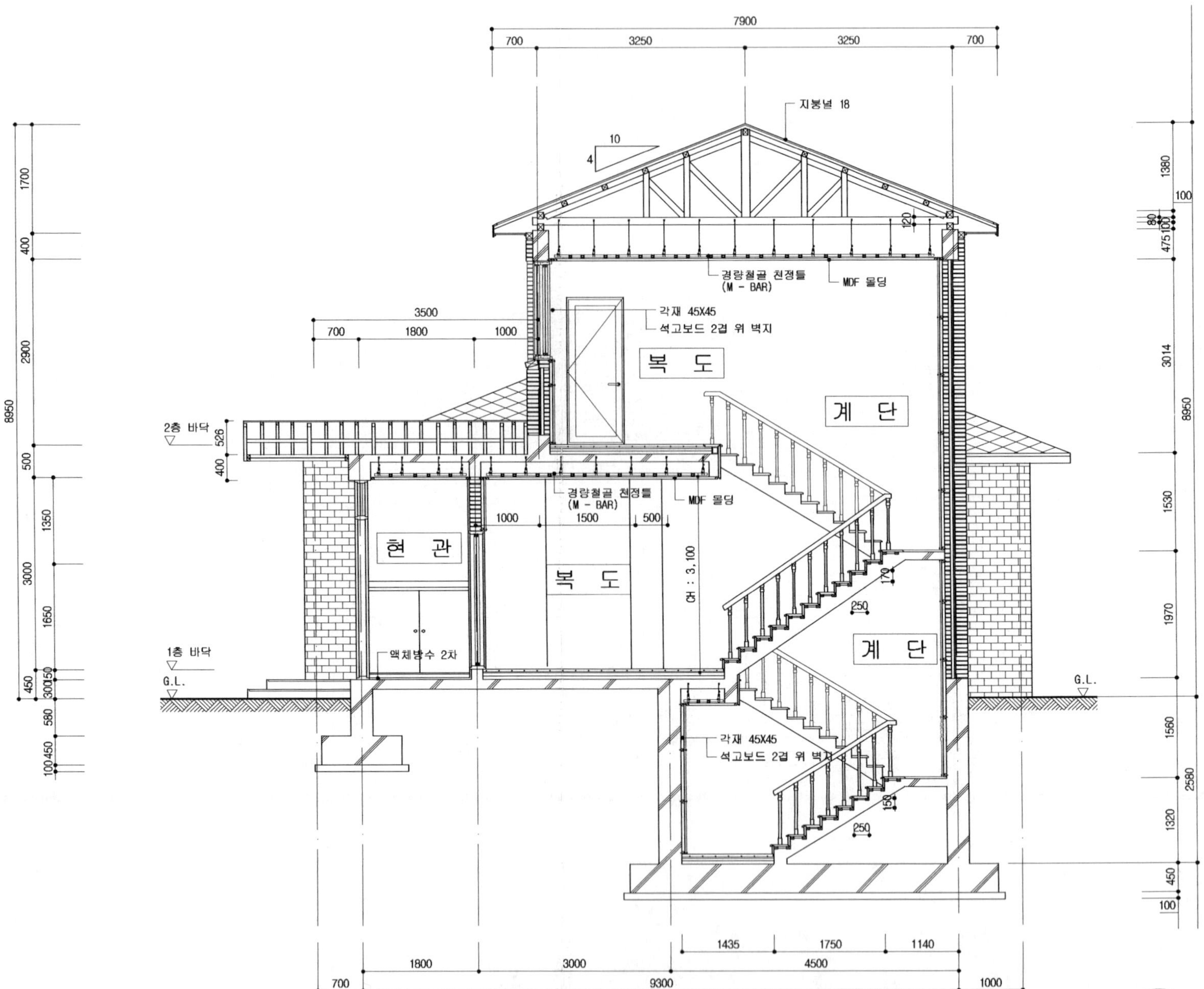

1 A

A 단 면 도

축 척 : 1 / 100

주택설계2

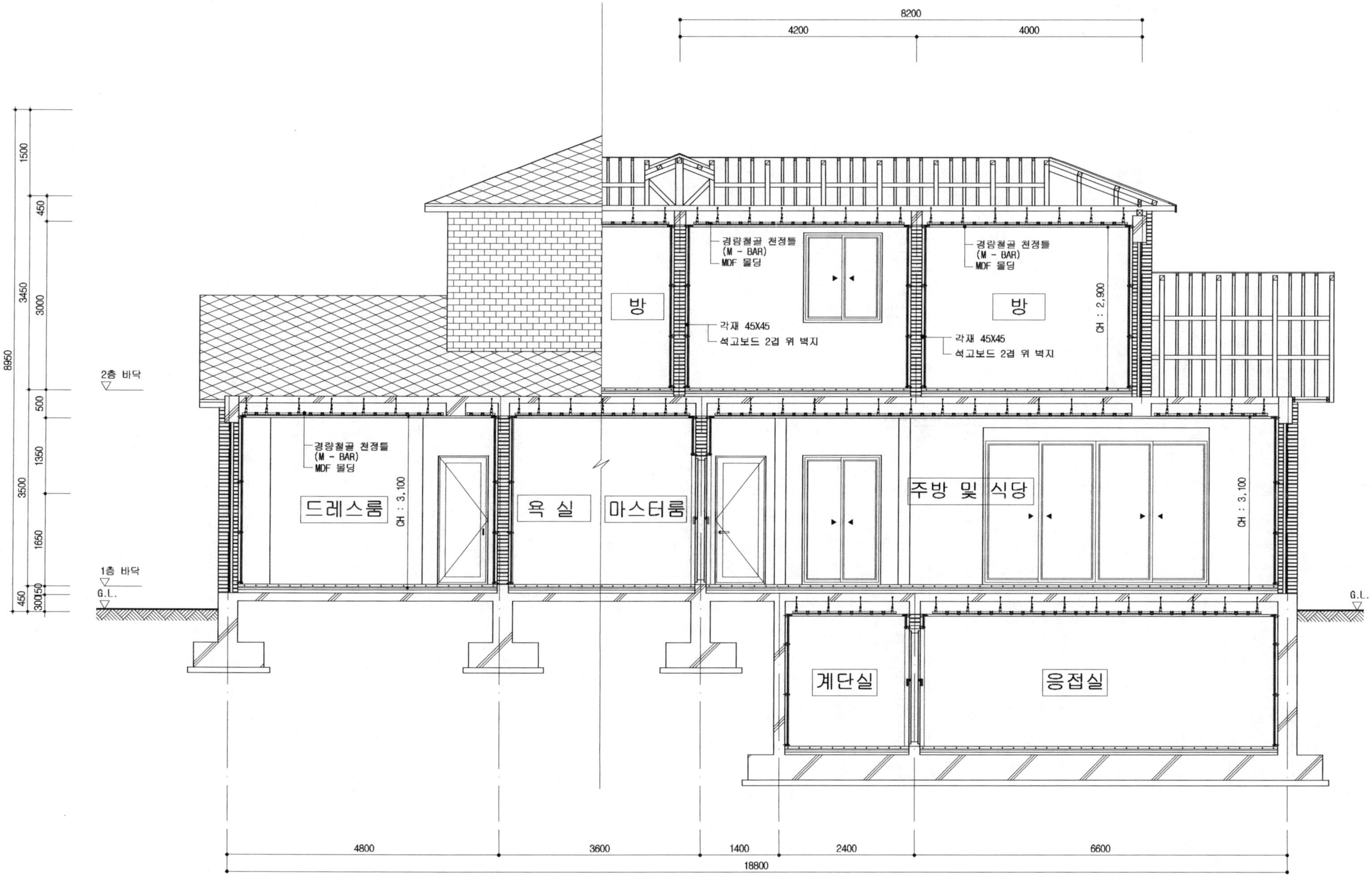

1 A B 단 면 도

축 척 : 1 / 100